21世纪电气信息学科立体化系列教材

电力电子技术

主　编　廖冬初　聂汉平
副主编　刘小红　刘晓兰

华中科技大学出版社
（中国·武汉）

内容简介

本书是高等工科院校自动化、机电一体化以及电气工程及其自动化专业学生必修的专业基础课教材。本书的内容涉及各种电力电子器件，DC/DC、DC/AC、AC/DC和AC/AC四类电力转换电路，电力电子变换系统中的辅助元器件和控制系统，谐振变换电路，以及电力电子技术在电力传输和电力控制、电力补偿中的应用技术。

本书精选和归纳了现代电力电子技术的基本原理和应用技术，并体现了其最新发展。全书结构合理，层次分明，适于教学。与教材配套的教学课件中，有本课程的学习重点、重难点解析、习题解答等内容，适于自学使用。索取教学课件联系方式：027－87556191，mei62821521@163.com。

本书适用于自动化、电气工程及其自动化、机电一体化以及高等学校引导性专业目录中的电气工程及其自动化相关专业的本科生，也可供相近专业学生选用或供工程技术人员参考。

图书在版编目(CIP)数据

电力电子技术/廖冬初　聂汉平　主编．—武汉：华中科技大学出版社，2007年9月
（2021.6重印）
ISBN 978-7-5609-4163-9

Ⅰ．电…　Ⅱ．①廖…　②聂…　Ⅲ．电力电子学-高等学校-教材　Ⅳ．TM1

中国版本图书馆CIP数据核字(2007)第133632号

电力电子技术　　　　**廖冬初　聂汉平　主编**

策划编辑：王红梅
责任编辑：王红梅　　　　封面设计：秦　茹
责任校对：陈　骏　　　　责任监印：周治超

出版发行　华中科技大学出版社(中国・武汉)　　电话：(027)81321913
武汉市东湖新技术开发区华工科技园　　邮编：430223

录　排：龙文排版工作室
印　刷：广东虎彩云印刷有限公司

开本：787mm×960mm　1/16　　印张：15　插页：2　　字数：328 000
版次：2007年9月第1版印刷　　印次：2021年6月第7次印刷　　定价：38.80元
ISBN 978-7-5609-4163-9/TM・94

前言

电能是迄今为止人类文明史上最优质的能源。人们使用的电能绝大部分是公用电网提供的频率固定、幅值固定的交流电。虽然人类在电能的产生、传输和利用方面已经取得了辉煌的成就，但如何更加合理、高效、精确和方便地利用电能，仍然是需要解决的重大问题。电力电子技术作为研究电能变换与控制的技术，是解决这一问题的重要手段。在世界范围内，经过电力电子装置变换和调节的用电量占用电总量的比例，已经成为衡量用电水平的重要指标，在发达国家，该指标的值目前为75%，预计不久将达到95%。电力电子技术广泛应用于电力工业、冶金工业、化学工业、机械工业、交通运输、航空航天、家用电器等诸多领域，如高压直流输电、太阳能发电、磁悬浮列车、电动汽车、数控机床、电动机变频调速以及各类电气电子设备，都离不开电力电子技术。

电力电子技术以电力电子器件为基础，通过控制电力电子器件开通与关断，实现对与该器件串联的电路接通与断开的控制，并通过高频 PWM 等控制技术，在负载侧获得期望的供电形式。同时，电路开关的高频化可使变压器、滤波电感、滤波电容等器件的体积减小、重量减轻、效率提高。因此，使用电力电子技术可以使电能高质量地为负载所利用，达到节能省材、提高电能利用率、提升系统整体性能的目的。因此，电力电子技术在改造传统产业、促进新兴机电一体化产业方面具有独特的优势。特别是在我国政府将节能减排作为社会经济发展重要战略目标的今天，电力电子技术必将发挥重要作用。

本书覆盖了电力电子技术的主要内容。第1章介绍了电力电子技术的概念及其主要研究内容、电力电子技术的发展概况及电力电子技术的典型应用。第2章介绍了常用电力电子器件的结构、工作原理及其基本特性，包括电力二极管、晶闸管、功率 MOSFET 和 IGBT 等，同时讨论了基本的电力电子器件驱动技术及典型运行保护方法。第3章首先讨论了应用于直流—直流变换的 PWM 技术的基本概念，在此基础上研究了典型直流—直流变换电路的结构、工作原理及基本数量关系，包括 Buck 电路、Boost 电路、Buck-Boost 电路、Cuk 电路等。第4章研究了逆变电路概念及典型逆变电路的结构、工作原理，讨论了逆变电路的 SPWM 控制技术，介绍了逆变技术在开关电源、变频器等领域的应用，最后介绍了应用于大功率电路的多重逆变技术。第5章研究了可控整流电路的基本结构、工作原理及其主要数量关系，讨论了整流装置的有源逆变工作状态，最后介绍了采用全控器件的 PWM 整流电路。第6章介绍了交流—交流变换电路的基本结构及工作原理，包括交流调压电路、相控交流变频电路、矩阵式交流变频电路等。第7章介绍了软开关的基本概念、分类及典型软开关电路的基本结构与工作原理，包括准谐振电路、移相全桥零开关PWM电路、Boost型零转换PWM电路等。

电力电子电路是非线性电路，分析电力电子电路的基本思路是以线性电路理论为基础，采用分段线性等效电路来分析、研究电力电子电路工作原理。

学习电力电子技术的一种直观方法是采用仿真分析。建议读者在阅读本书的过程中采用Matlab等仿真软件对典型电力电子电路进行仿真，以便更形象、深入地研究电力电子电路的工作过程。作为一门工程学科，加强实验与动手操作是学好电力电子技术的重要途径。

本书适合于大专院校电气信息类专业师生教学使用，也可供从事电力电子技术工作的工程技术人员阅读、参考。全书力图深入浅出地阐述电力电子技术的基本思想与主要分析方法，注重实用性。

本书第1章、第6章由湖北工业大学廖冬初编写，第2章由郑州大学刘晓兰编写，第3章、第5章由长江大学聂汉平编写，第4章、第7章由湖南大学刘小红编写。全书由廖冬初统稿。中南民族大学刘立航、江汉大学陈亮明参与制定编写大纲，并提出了富有建设性的建议，在此致以衷心的感谢！

编写本书的过程中参考了许多文献，在此特别要对书末所列参考文献的作者表示衷心的感谢。

由于编者学术水平及时间限制，书中错误在所难免。真诚欢迎读者对书中的不足、错误提出批评指正。编者电子信箱为：liaodc@mail.hbut.edu.cn 或 nie_hp@126.com 或 honhonl@163.com。

编　者

2007年6月

目录

1

电力电子技术概述

本章讨论电力电子技术的概念，概述电力电子技术研究的基本内容，叙述以电力电子器件为核心的电力电子技术发展概况，阐述电力电子技术在科学技术及经济领域的重要作用，最后介绍电力电子技术的典型应用。

1.1 电力电子技术的概念

电子技术有两大分支：信息电子技术与电力电子技术。二者在电子器件、电路分析等方面的理论基础相同，但应用方向不同。信息电子技术主要用于提取、识别、处理小功率电信号中包含的信息，如收音机、电视机中的调谐电路，信号测量中的滤波、放大电路，对输入信号进行逻辑处理、算术运算的数字电路等。通常所说的模拟电子技术、数字电子技术都属于信息电子技术范畴。电力电子技术主要用于将输入电能变换为期望的另一种形式的电能，涉及的电功率从几瓦到几兆瓦，如变频调速中将工频交流电变换为所需频率的交流电、直流电源中将电网输入的交流电变换为直流电等，都是电力电子技术的典型应用领域。

电力技术主要讨论利用发电机、变压器、输电线等实现电能的生产、传输与分配。电力电子技术处理的对象是电能，但它对电能的变换与控制是基于电力电子器件——电力半导体器件来完成的，因此电力电子技术是应用于电力技术领域的电子学，是利用电力半导体器件实现对电能的高效能变换与控制的一门学问。

由于电力电子器件涉及大功率电能处理，器件工作时存在功率损耗，这些损耗不仅降低电能处理效率，还会导致器件发热，从而影响器件工作的可靠性。为降低损耗，电力电子器件通常都处于开关工作状态。与模拟电子技术中器件工作在放大状态不同，电力电子器件工作在开关状态，这是电力电子技术的一个重要特点。数字电子电路中电子器件也工作在开关状态,但其目的是利用器件的不同状态表达不同的信息。

应用电力电子技术实现电能变换的装置通常称为电力电子系统或电力电子装置,其典型结构如图 1-1 所示。

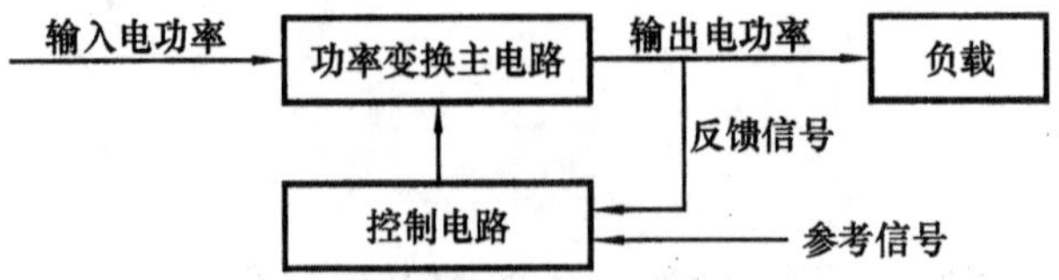

图 1-1 电力电子装置的典型结构

功率变换主电路以大功率电子器件为核心,在控制电路的作用下,将输入电能变换为负载所期望的电能形式输出。图 1-1 中,反馈信号反映了输出电能或被控制量的实际状态。反馈信号的获取、控制电路的物理实现都会涉及电子技术,如输出电功率的电流值可利用霍尔传感器进行检测,霍尔传感器输出的电流信号经电子电路滤波、放大后送控制电路使用。控制电路的作用就是根据主电路形式、对输出电能的要求、输出电能的实际状态等信息,按照一定的控制规律,确定对功率变换主电路中大功率电子器件开通与关断的控制。可见,电力电子技术与电力技术、电子技术、控制理论等有着密不可分的联系。正如 1974 年美国学者 W. Newell 所指出的,电力电子技术是由电气工程三大领域——电力技术、电子技术与控制理论交叉形成的学科。

电力电子技术广泛用于电气工程,如高压直流输电、静止无功补偿、电力机车牵引、交直流电力传动、电机励磁、电加热、高性能交直流电源等广泛采用了电力电子技术。因此,通常把电力电子技术归属于电气工程学科。

电力电子技术可以看成是弱电控制强电的技术,是弱电和强电之间的接口,而控制理论则是实现这种接口的一条强有力的纽带。因此,电力电子技术离不开控制理论。同时,电力电子装置广泛应用于基于控制理论的自动化系统,是自动化领域的基础元件和重要支撑技术。

国际电工委员会将电力电子学科命名为"power electronics",中文直译为"电力电子学"。电力电子技术与电力电子学并无实质的不同,只不过前者从工程技术角度而后者从学术角度来称呼所研究的学科。

1.2 电力电子技术研究的主要内容

电力电子技术主要研究电力电子器件、电力电子电路及其控制技术、电力电子装置与应用。

电力电子器件的理论基础是半导体物理,其制造技术是电力电子技术发展的基础。

电能有直流、交流两种基本形式,因此,实现电能变换的电力电子电路具有交流—直流变换(简称 AC/DC 变换)、直流—交流变换(简称 DC/AC 变换)、直流—直流变换(简称 DC/DC 变换)和交流—交流变换(简称 AC/AC 变换)四种典型表现形式。研究实现这些变换的电路结构及其工作原理是电力电子技术的重要内容。

AC/DC 变换是交流到直流的变换,这种变换称为整流,相应的装置称为整流器。采用晶闸管的相控整流装置应用很广,如直流调速、卫星地面接收站使用的直流电源等。

DC/AC 变换与整流过程相反,是直流到交流的变换,这种变换称为逆变,相应的装置称为逆变器。逆变器输出的交流频率可以根据应用要求调整,如计算机房使用的不间断电源(UPS)就是一种恒频输出的逆变器,交流电机调速使用的变频器是输出频率可调的逆变器。

DC/DC 变换是直流到直流的变换,其装置也称为斩波器,如直流电机斩波调速装置、太阳能发电装置中使用的直流电压升压电路等都属于 DC/DC 变换。

AC/AC 变换是对交流电参数进行变换。对电压有效值进行调节的称为交流调压,如有些温度控制系统就是采用调压来控制发热元件所输出的功率;将 50 Hz 工频交流电直接变换为其他频率交流电的过程称为交—交变频,相应的变流装置称为周波变换器。周波变换器广泛应用于低频、大功率交流调速。

依据使用的电力电子器件特性及器件开通与关断控制方案不同,电力电子电路的控制技术可分为相位控制与脉冲宽度调制(简称 PWM)两大类。相位控制技术通过控制电力电子器件在一个开关周期中开通的时刻来调节输出电能,主要用于采用电网换流的晶闸管电路。PWM 控制技术通过直接控制在一个开关周期中电力电子器件开通与关断的时间比例来调节输出电能,用于采用全控器件如功率场效应管的电力电子电路。在电力电子电路应用中,PWM 技术已成为主流控制方法。

电力电子电路中的大功率电子器件工作在开关状态,这种开关型的电路属于非线性电路。对非线性电路的分析,目前尚无广泛适用的定量分析方法。分析电力电子电路的基本方法是分段线性分析法,即对电力电子电路在不同时段采用不同的线性电路来模拟,进而利用线性电路理论进行分析。因此,电路理论是电力电子电路研究的基础。

电力电子装置与应用主要研究不同场合下电力电子电路及装置的设计、制造、运行与维护等工程应用技术。应指出,在实际应用装置中,可能同时使用多种变流器,如逆变开关稳压电源中经常使用 AC/DC→DC/AC→AC/DC 电路结构,采用了两种变流器。

作为自动化专业、电气工程及其自动化专业的一门专业基础课,电力电子技术主要介绍典型电力电子器件的工作机理,研究典型电力电子电路的结构、工作原理及其控制技术,介绍电力电子技术的典型应用。电力电子技术研究的核心问题是电能变换与控制的机理及效率。

1.3 电力电子技术的发展概况

电力电子技术的发展和电力电子器件的发展密切相关,新器件的出现促进新装置的开发，并开拓新的应用领域。不断拓展的应用又会对电力电子器件提出更多的要求，反过来促进电力电子技术的发展。

与电力电子器件发展相对应，电力电子技术发展经历了黎明期、晶闸管时代（1956 年到 20 世纪 70 年代初）、全控型器件大发展阶段（20 世纪 70 年代初到 2007 年）和功率集成电路的兴起（20 世纪 80 年代末到 2007 年）四个阶段，如图 1-2 所示。

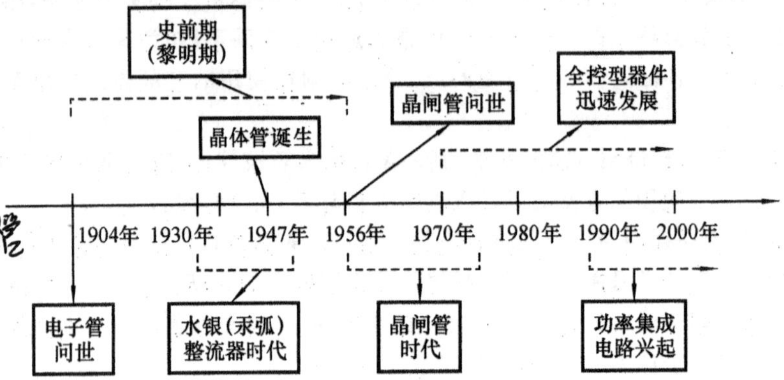

图 1-2　电力电子技术的发展史

在晶闸管整流电路广泛应用之前，实现交流电变为直流电的方法主要有两种：一是采用交流电动机—直流发电机组，即变流机组；二是水银整流器。和含有旋转部件的变流机组相对应，水银整流器不含旋转部件，因而称为静止变流器。

1956 年，美国发明了硅半导体器件——晶闸管（thyristor），次年将其引入市场。由于晶闸管具有可控的单向导电性，被首先用于整流电路，因此晶闸管也称为可控硅（silicon controlled rectifier，简称 SCR）。与变流机组及水银整流器相比，晶闸管整流装置在体积、重量、动态响应特性、控制方便性等诸多指标方面具有明显的优越性，因此很快得到推广应用。此后，晶闸管被用于 DC/AC 变换、AC/AC 变换、DC/DC 变换电路。到 20 世纪 70 年代末，晶闸管变流装置广泛应用于电力传动、电化学电源、感应加热电源等变流装置中。正是晶闸管变流装置的应用与发展奠定了现代电力电子技术的概念与基础。晶闸管制造水平目前已达到 10 000 V/8 000A 以上，是容量最大的可控电力电子器件。在大功率场合，晶闸管整流装置仍得到普遍应用。由于晶闸管是一种半控型器件，即可在其门极加上合适的触发脉冲使其开通，但不能通过在门极加上控制信号而使其关断。虽然控制晶闸管的开通方便，但其关断通常需借助电网电压等外部条件来实现，因此其应用受到一定限制。

可关断晶闸管（gate turn off thyristor，简称 GTO）是在 SCR 基础上开发出来的全控型电力电子器件。所谓全控型器件是指能在器件的控制极加上符合要求的信号实现器件的开通与关断。尽管 GTO 在 20 世纪 50 年代末即已问世，但一直应用于低电压、小功率的装置中，直到 20 世纪 70 年代末才得到较大发展。此后，GTO 被用于大功率电力传动、静止无功功率发生器、电力储能系统等装置中。

20世纪70年代末至2007年,随着电子器件制造技术的不断进步,全控型电力电子器件得到迅猛发展,大功率晶体管(giant transistor,简称GTR)、功率场效应晶体管(metal oxide semiconductor field effect transistor,简称MOSFET)、绝缘栅双极晶体管(insulated gate bipolar transistor,简称IGBT)、集成门极换流晶闸管(integrated gate commuted thyristor,简称IGCT)等新器件不断涌现,这促进了现代电力电子技术的迅速发展。

1978年,功率MOSFET在美国问世。这是一种全控型(电压控制型)电力电子器件,具有开关频率高(50 kHz以上)、驱动功率小、热稳定性优良等特点,在高频、中小功率变流器,特别是小型开关电源中得到了广泛应用。由于功率MOSFET是电力电子器件中开关频率最高的器件,而高频化有利于减轻变压器、滤波电感乃至整个装置的体积与重量,因而功率MOSFET仍将在低电压、高频、中小功率场合继续广泛应用。

1983年,IGBT在美国问世。IGBT是由GTR与MOSFET复合而成的电场控制型器件,只需在其栅源极之间建立、撤销电场即可使其开通、关断,因而易于控制。IGBT的电压、电流容量覆盖了大、中、小功率范围,其开关工作频率可达20 kHz以上,远高于GTR、GTO。因此,IGBT很快在几千瓦到几百千瓦功率范围内的各种变流装置中得到广泛应用,在许多场合已取代GTO、GTR,迅速成为电力电子装置设计、制造中的首选器件。应用IGBT的交流变频调速装置、大功率逆变电源等系统在电力工程、化学工业、冶金工业、机械制造、家用电器等许多领域的成功普及与推广应用,充分展示了电力电子技术在节能、节材、提高系统性能等方面所具有的重要作用。

1996年,IGCT在瑞典问世。IGCT是一种新型全控型器件,它将硬驱动的GTO及其驱动器做成一体,具有功率大、通态损耗小、驱动方便的特点。在大功率场合,IGCT是有望取代GTO的非常有发展前景的器件。目前,市场化IGCT器件的容量已达到6 500V/4 000A,展现了良好的发展态势。世界上第一套采用直接转矩控制策略的大功率感应电机传动系统ACS 1000应用了IGBT,最大输出功率达到5 000 kW;超导同步电动机的轮船推进系统中也采用了IGBT,输出功率达到25 000 kW。

随着全控型器件的不断发展,以往用于电子、通信工程等学科的PWM技术在电力电子技术中获得了广泛的应用。实际上,全控型器件与PWM技术的结合成就了今天电力电子技术的重要地位。

功率集成电路(power integrated circuit,简称PIC)是指将功率半导体器件及其驱动电路等组合在同一个芯片或同一个封装中的电路模块,即把功率部分和驱动控制部分、甚至保护电路都组合在一个器件中的电路。目前,功率集成电路内部使用的功率器件通常为MOSFET或IGBT。通常将由IGBT、驱动电路、保护电路集成的PIC称为智能功率模块(intelligent power module,简称IPM)。采用PIC可以提高电路的功率密度、简化安装工艺、对器件过流和短路等保护更为可靠,从而提高电力电子装置的使用性能。自20世纪80年代问世以来,PIC制造技术的发展十分迅速,已成为电力电子技术的重要发展方向。

PIC的最新发展趋势是电力电子积木(power electric building block,简称PEBB)。PEBB并不是一种特定的半导体器件,它是按一定功能组织起来的可处理电能的集成器件或模块,是依照最优的电路结构和系统结构设计的不同器件和技术的集成。PEBB不仅包括功率半导体器件,还包括门极驱动电路、电平转换、传感器、保护电路、电源和无源器件。PEBB有功率接口和通信接口,通过这两种接口,组合多个PEBB模块一起工作可以完成电压转换、能量的储存和转换、阻抗匹配等系统级功能。几个PEBB可以组成电力电子系统,这些系统可以像小型的DC/DC转换器一样简单,也可以像大型的分布式电力系统那样复杂。利用这种具有通用性的PEBB模块,电力电子系统的构建将可望像目前利用模块化的板卡构建计算机系统那样方便。

电力电子技术已经取得了显著进步,未来仍具有巨大发展潜力。

在应用方面,电力电子技术应用领域将会进一步扩大,如电力系统补偿控制器的研究与应用已经处在起步阶段、再生能源利用的无限发展空间也给电力电子技术的发展提供了更宽广的舞台等。同时,随着计算机技术、PEBB的发展及用户对用电要求的提高,电力电子技术向数字化、模块化、绿色化发展的趋势更加明显。

在电力电子器件材料方面,由于目前采用的硅基电子器件在耐高温、高压方面还不能满足应用需要,在今后的发展空间已经相对窄小,因此在未来一段时期,基于新型材料的电力电子器件特别是碳化硅(SiC)器件的开发是推动电力电子技术发展的重要途径。与其他半导体材料相比,SiC具有高禁带宽度、高饱和电子漂移速度、高击穿强度、低介电常数和高热导率等优异的物理特性,这些特性决定了SiC在高温(300～500℃)、高频率、高功率的应用场合是十分理想的材料。理论分析表明,SiC功率器件非常接近于理想的功率器件。可以预期,SiC器件的研发将成为未来电力电子技术的一个主要方向,并将极大地推动电力电子技术的进步。

1.4 电力电子技术的应用

电力电子技术的应用在促进电能的最佳利用、改造传统产业、发展机电一体化等新兴产业的发展方面发挥了重要作用,在国民经济中具有十分重要的地位。

电网供电的形式(我国使用的为50 Hz的正弦波)是固定的,而用电设备对电能形式的要求是多种多样的。为了合理、高效地利用电能,通常需要在用电设备的前端对电能形式进行变换与处理以达到最佳利用。目前,发达国家电能的75%要经过电力电子技术变换或控制后使用,预计不久的将来会达到95%以上;我国经过变换或控制后使用的电能仅占总电能的30%,利用电力电子技术控制电能的发展空间还很大。

应用电力电子技术改造传统产业,具有明显的节能、节材、改善产品性能等效果。例如,由于风机、水泵的输入功率与其转速的三次方成正比,当风机、水泵采用调节挡板或阀门变流量运行时,电能浪费很大;如改用变频调速运行,则降速10%可节电约30%,节能效果显著。又如,对规定容量的变压器,铁芯截面积与其供电频率成反比,采用高频逆变技术的电源装置的铁芯材料的使用比工频整流装置要少得多，因而在体积、重量等方面具有明显优势，如逆变式电焊机比工频交流和直流弧焊机节电30%～40%，节材约75%。

电力电子技术是发展机电一体化等新兴产业的重要技术手段。航天、激光、电动汽车、机器人、新能源（太阳能、风能、燃料电池）等领域都和电力电子技术有着密切关系，如太阳能发电中须利用DC/DC变换装置将太阳能电池输出的电能充给蓄电池，再用DC/AC变换装置将蓄电池储存的电能变换为交流电供用电设备使用或传输给电网。

从能否改善电网供电质量来划分，电力电子装置可分为电力电子变换电源、电力电子补偿控制器两大类。电力电子变换电源主要将电网电能变换为负载所需的电能形式供负载使用，或将其他形式的电能变换为工频电送给电网；电力电子补偿控制器的负载是电网本身，主要作用是改善电网质量。

1.4.1 电力电子变换电源及其应用

1. 直流开关电源

许多场合都会用到直流电源，如通信设备多使用48 V电源，计算机系统会同时用到+12 V、−12 V、+5 V等电源。实际上，几乎所有电子装置的控制系统部分都会使用低压直流电源。在各种电子装置中，以前大量采用线性稳压电源供电，开关电源由于体积小、重量轻、效率高，现在已逐渐取代了线性电源。因为各种信息电子装置都需要电力电子装置提供电源，可以说信息电子技术离不开电力电子技术。

2. 恒频、恒压逆变电源

在航空、舰船、车辆等应用场合，常常需要用恒频、恒压逆变电源装置将蓄电池、发电机等输出的直流电变换为恒频、恒压交流电供相关设备使用。

3. 工业用电力传动电源

工业中大量使用各种交直流电动机，如同步电动机励磁用可控整流电源、给直流电动机供电的可控整流电源或直流斩波电源等都是工业用电力电子装置。交流调速用变频器通过将固定频率的交流电转换成电压可调、频率可调的交流电，实现对交流电动机的无级调速。近十几年来，由于电力电子变频技术的迅速发展，使得交流电动机的调速性能可与直流电动机媲美，被大量应用并逐渐占据主导地位。大至几千千瓦的各种轧钢机，小到几百瓦的数控机床的伺服电动机，以及矿山牵引等场合都广泛采用变频调速技术。近年来，一些对调速性能要求不高的设备如大型鼓风机等也采用变频装置，以达到节能的目的。

4. 电力系统应用

典型应用有高压直流输电（HVDC）系统、水力及风力发电机的变速恒频系统、太阳能发电系统等。

高压直流输电是将发电厂发出的交流电通过换流阀变成直流电，然后通过直流输电线路送至用电端，再变成交流电注入用电端交流电网。直流输电最核心的技术集中于换流站设备，换流站实现了直流输电工程中直流和交流电能的相互转换。我国已有葛洲坝—上海、天生桥—广州、三峡—常州等多个远距离高电压直流输电线路。

水力发电的有效功率取决于水头压力和流量，当水头的变化幅度较大时(尤其是抽水蓄能机组)，发电机组的最佳转速也随之发生变化。风力发电的有效功率与风速的三次方成正比，风车捕捉最大风能的转速随风速而变化。为了获得最大有效功率，可使机组变速运行，通过调整转子励磁电流的频率，使其与转子转速叠加后保持定子频率，即输出频率恒定。此项应用的技术核心是变频电源。

大功率太阳能发电，无论是独立系统还是并网系统，通常需要将不稳定的直流电转换为标准的交流电，所以具有最大功率跟踪功能的控制器和逆变器成为系统的核心。

5. 交通运输

电力机车、电动汽车是电力电子技术在交通运输领域应用的典型例子。

6. 中高频感应加热电源

感应加热来源于法拉第发现的电磁感应现象，也就是交变的电流会在导体中产生感应电流，从而导致导体发热。感应加热可以用于多种场合，如有色金属的冶炼、金属材料的热处理、各种机械零件的淬火等热处理的加热，罐头以及其他金属包装的封口等。感应加热的核心是产生中高频交流电的加热电源。

7. 电解、电镀用低压大电流电源

20 世纪 70 年代以来，电解、电镀行业广泛使用晶闸管整流电源。近年来，国内外相继研制出以 IGBT 等全控型器件为核心的电解、电镀用低压大电流高频开关电源。

8. 其他应用

不间断电源(简称 UPS)是计算机、通信系统及其他要求提供不中断电能的场合所必须的高可靠、高性能电源。UPS 优点在于持续不间断、稳定；另外还起着交流、直流互相转换的作用。从功能上讲，UPS 可以在市电出现异常时，有效地净化市电；还可以在市电突然中断时持续一定时间给电脑等设备供电。

超导储能是未来的一种储能方式，它需要强大的直流电源供电，这离不开电力电子技术。

核聚变反应堆在产生强大磁场和注入能量时，需要大容量的脉冲电源，这种电源也是电力电子装置。

科学实验或某些特殊场合中，常常需要特种电源，这也是电力电子技术的用武之地。

1.4.2 电力电子补偿控制器

电力电子补偿控制器是 20 世纪 80 年代后期出现的新型电力电子装置，是电力电子技术与现代控制技术相结合的产物，主要用来补偿和控制电力系统的谐波电流、谐波电压、节点电压、线路阻抗、无功功率、功率潮流等，从而大幅度提高输电线路输送能力和电力系统稳定水平，降低输电损耗，并提高供电可靠性和电能质量。

本章小结

基于电力电子器件完成电能变换与控制的技术称为电力电子技术。电力电子技术的一个重要特点是电力电子器件工作在开关状态。电力电子器件的发展在电力电子技术的发展历史中具有决定性的作用。

电力电子技术具有工程学科的特点,归属于电气工程学科。

电力电子技术主要研究电力电子器件、电力电子电路及其控制、电力电子装置与应用等方面的问题,研究的核心问题是电能变换与控制的机理及效率。电力电子电路是非线性电路,对其分析的基本思想是分段线性模拟,分析的理论基础是电路理论。

电力电子技术应用范围十分广泛。它在促进电能的最佳利用、改造传统产业、发展机电一体化等新兴产业方面发挥了重要作用,在国民经济中具有十分重要的地位。从人类对宇宙和大自然的探索,到国民经济的各个领域,再到人们的衣食住行,到处都能感受到电力电子技术的存在和巨大魅力。

思考题与习题

1-1　阐述电力技术、电子技术与电力电子技术三者在研究内容上的联系与差别。

1-2　为什么电力电子器件都工作在开关状态?

1-3　电力电子电路有哪几种基本类型?

1-4　电力电子技术在国民经济建设中有何重要作用?

1-5　试举例说明电力电子技术的应用。

2

电力电子器件

电力电子器件是电力电子技术的核心，掌握电力电子器件的工作原理和特性是正确理解现代电力电子电路的结构及其实际应用的基础。本章介绍常见典型电力电子器件的结构、工作原理、外特性、应用特点等内容，并简要讨论功率集成电路的原理与特点。

2.1 电力电子器件概述

2.1.1 电力电子器件的概念与特征

1. 概念

在电气设备或电力系统中，直接承担电能的变换或控制任务的电路称为主电路，直接用于主电路中实现电能变换或控制的电子器件称为电力电子器件。相对于系统中的控制电路，主电路中的器件要承受较高的电压、通过较大的电流。

2. 特征

与信息处理用电子器件相比，电力电子器件一般具有如下特征。

1）处理电功率的范围较大

电力电子器件直接用于处理电能的主电路中，与信息处理用电子器件相比，电力电子器件处理电功率的容量范围较大，小至毫瓦级，大至兆瓦级。

电力电子器件承受电压和电流的能力，是其最重要的参数。

2）一般工作在开关状态

模拟电子电路中，电子器件用于信息处理，如对信号进行放大，它通常工作在放大状态。当电子器件处理的电功率不大时，器件上的功率损耗也不大。

电力电子器件直接对电能进行处理，其处理的电功率较大，减少器件自身损耗可以提高系统工作可靠性与工作效率，因此电力电子器件一般工作在开关状态。

电力电子器件导通时(通态)阻抗很小，接近于短路，器件压降接近于零，而电流由外电路决定。电力电子器件阻断时(断态)阻抗很大，接近于断路，电流几乎为零，而管子两端电压由外电路决定。因此，电力电子器件工作在导通或阻断状态时其损耗较小。理想的开关器件在开通时电压为零，关断时通过的电流为零。对电路工作原理进行分析时，为简单起见，往往用理想开关来模拟电力电子器件。

电力电子器件的动态特性(开关特性)也是电力电子器件特性很重要的方面。电力电子器件的开关(即从阻断到导通或从导通到阻断)需要时间，这决定了器件开关工作的上限频率，同时器件开关时的瞬时功率通常大于器件工作在开通或关断时的功率。器件工作在较高开关频率时，其开关损耗不容忽视。

3) 采用信息电子电路进行控制

电力电子器件在主电路中工作在开关状态。电力电子器件何时开通、何时关断则通常需要信息电子电路给出开关状态切换的控制信息，即电力电子器件的开关由控制电路进行控制。

控制电路根据系统的控制要求及主电路的状态，通过一定的信息处理后给出电力电子器件的开关控制信息。主电路的状态由检测电路进行检测。

由于控制电路通常是弱电回路，在主电路和控制电路之间，一般还需要一定的中间电路对控制电路的信号进行放大，这就是电力电子器件的驱动电路。

由上述可知，电力电子器件的应用系统通常包括以电力电子器件为核心的主电路、对主电路状态进行检测的检测电路、确定电力电子器件开关控制信息的控制电路和电力电子器件的驱动电路等部分。

4) 采取保护措施

电力电子器件通常价格昂贵，同时，由于电力电子器件直接用于处理电能的主电路中，器件的损坏将导致整个电气设备或系统工作崩溃，从而造成严重损失，因此要采取一定措施保证电力电子器件可靠工作。通常，对电力电子器件采取的保护措施有过热、过流、过压保护等。

尽管电力电子器件工作在开关状态，其自身的损耗仍远大于信息处理用电子器件。为保证电力电子器件不致于因损耗散热导致器件温度过高而损坏，不仅在器件制造上要求重视散热设计，器件应用时也需重视散热问题。可通过安装散热器、采取风冷或水冷等措施确保器件工作在容许的温度范围内。

电力电子器件能够处理的电功率是有限的，过高的电压、过大的电流以及过快的电压、电流变化等都会损坏器件。因此，限制器件上的过压、过流及过快的电功率变化有利于器件保护。对此，常用的保护措施有器件两端并联阻容吸收电路、采用霍尔元件等对电流进行快速检测及处理的电子过流检测保护等。

2.1.2 电力电子器件的分类

电力电子器件可根据其开关控制能力、参与导电的载流子类型、器件制造材料等特点分类。

1. 按控制能力分类

根据对器件开关控制能力的不同，电力电子器件分为不可控器件、半控型器件及全控型器件三类。

不可控器件的开通与关断由其所在的电路决定，如二极管。

半控型器件的开通可由控制信号控制，而其关断则由所在的电路决定，如晶闸管。

全控型器件的开通与关断均可由控制的信号控制，如大功率三极管(GTR)、功率场效应管(PMOSFET)、绝缘栅双极晶体管(IGBT)、绝缘栅门极换流晶闸管(IGCT)等。

通常将半控型、全控型器件统称为可控型器件。在这类器件中，通过从控制极注入和抽出电流来实现开关的器件称为电流控制型器件，如GTR；通过在控制极加上和撤除电压来实现开关的器件称为电压控制型器件，如功率MOSFET。

2. 按载流子类型分类

根据参与导电的载流子类型不同，电力电子器件可分为单极型、双极型和复合型器件三类。

通过半导体器件的电流由器件内部的电子或空穴作为载体，只有电子或只有空穴参与导电的器件称为单极型器件，如功率MOSFET；同时有电子、空穴参与导电的器件称为双极型器件，如GTR；由单极型器件与双极型器件复合而成的器件称为复合型器件，如IGBT。

3. 按制造材料分类

根据器件制造材料不同，电力电子器件可分为硅半导体器件、碳化硅器件等多种类型。

目前常见的电力电子器件均为硅半导体器件，碳化硅器件是正在发展中的新型器件。实验表明，碳化硅器件有比硅半导体器件更为良好的耐压、耐高温等性能，具有很好的发展前景。

2.1.3 电力电子器件的主要技术指标

描述电力电子器件的技术指标很多，从应用角度来看，主要有电气容量、开关特性、控制特性、热特性等指标。

电气容量指标主要指器件标称的额定电压、额定电流、极限电流等指标。

开关特性指标描述器件从通态到断态或从断态到通态时器件的电压、电流随时间变化的特性，主要包括开通时间、关断时间等指标。

控制特性指标描述可控型器件开通与关断的条件及其对控制信号的要求，如驱动电压、驱动电流等指标。

热特性指标描述器件损耗导致器件温升的特性，如最高结温、热阻等指标。系统中器件的温升和其应用状况如散热条件有很大关系。

显然，要使器件能在电气系统中可靠工作，器件的应用状况必须符合器件技术指标所限定的条件。

应该指出，不同类型器件的同类指标的含义可能有所不同。如晶闸管的额定电流指的是规定条件下容许通过器件的工频正弦半波电流的最大值，而功率 MOSFET 的额定电流指的是规定条件下容许通过器件的直流电流的最大值或规定宽度的脉冲电流的最大值。

2.2 不可控器件——电力二极管

电力二极管的开通与关断由器件所在的主电路决定，这种器件结构简单、工作可靠，自 20 世纪 50 年代初期就投入使用，目前仍广泛应用于电气设备中，如不可控整流、高频逆变、直流斩波等电路中。

2.2.1 电力二极管的结构与工作原理

与普通二极管相似，电力二极管也是由一个 PN 结组成的半导体元件，其结构及电气符号如图 2-1 所示，其引出端分别称为阳极(A)、阴极(K)。电力二极管的基本特性是单向导电性，即承受正向电压时器件处于导通状态——电流从阳极 A 流向阴极 K，否则处于阻断状态。

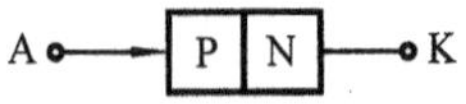

(a) 结构

(b) 电气符号

图 2-1 电力二极管的结构与电气符号

从模拟电子技术的学习中可知，N 型半导体是在本征半导体硅中掺入少量五族杂质元素，如砷或磷后形成的半导体。N 型半导体中自由电子的浓度远大于空穴的浓度，自由电子是导电的主要载流子，因此 N 型半导体中自由电子称为多数载流子(多子)，而空穴称为少数载流子(少子)。与此相应，P 型半导体是在本征半导体硅中掺入少量三族杂质元素，如硼或铝后形成的半导体。P 型半导体中空穴的浓度远大于自由电子的浓度，因此 P 型半导体中空穴称为多数载流子(多子)，而自由电子称为少数载流子(少子)。N 型半导体和 P 型半导体结合后，由于交界处两侧自由电子和空穴的浓度差别，造成各区的多子向另一区扩散，成为对方区内的少子，因此在交界面两侧分别留下了带正、负电荷但不能任意移动的杂质离子。这些不能移动的正、负电荷称为空间电荷。空间电荷建立的电场称为内电场或自建电场，其方向是阻止电荷扩散运动的，同时又吸引对方区内的少子(对本区而言则为多子)向本区运动，即漂移运动。扩散运动和漂移运动最终达到动态平衡，正、负空间电荷量达到稳定值，形成了一个稳定的由空间电荷构成的范围。这个范围称为空间电荷区，即 PN 结，如图 2-2 所示。按所强调的角度不同，空间电荷区也称为耗尽层、阻挡层或势垒区。在无外加电场或其他激发因素作用时，PN 结没有电流通过。

电力二极管的基本工作原理可以从其正向导通状态与反向阻断状态来理解，如图 2-3 所示。

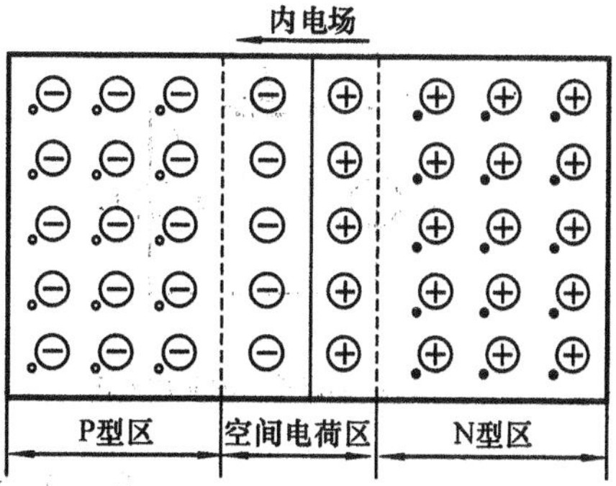

图 2-2 PN 结示意图

1. 正向导通状态

当电力二极管外加正向电压(称为正向偏置，如图 2-3(a)所示)——外加电压的正端、负端接二极管的阳极(P 区)、阴极(N 区)时，外加电场的方向与 PN 结形成的内电场方向相反，外加电场的作用将使空间电荷区的厚度减小，各区的多子易向对方扩散，从而形成电流，即 PN 结处于导通状态。导通后 PN 结的压降通常在 1 V 左右，而流过 PN 结的电流主要由外电路决定，所以正向偏置的 PN 结表现为低阻态。

2. 反向阻断状态

当电力二极管外加反向电压(称为反向偏置，如图 2-3(b)所示)——外加电压的正端、负端接二极管的阴极(N 区)、阳极(P 区)时，外加电场的方向与 PN 结形成的内电场方向相同，外加电场的作用将使空间电荷区的厚度增加，此时各区的多子难以向对方扩散，扩散电流几乎为零，而由少子漂移运动形成的漂移电流很小。反向偏置时流过 PN 结的反向电流在一定范围内几乎不随 PN 结反向电压的升高而增加，此时称 PN 结处于阻断状态。

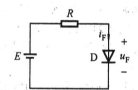

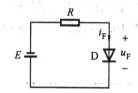

(a) 电力二极管的正向偏置电路　　(b) 电力二极管的反向偏置电路

图 2-3 电力二极管的工作原理

2.2.2 电力二极管的主要特性

1. 静态特性

电力二极管的静态特性指其伏安特性，即稳态时阳极电流与其阳极、阴极间电压的关系。电力二极管的静态特性如图 2-4 所示。

当电力二极管承受的正向电压很小时，流过电力二极管的电流基本为零。当电力二极管上的正向电压大到一定值(门槛电压 U_{TO})时，正向电流才开始明显增加，此后 AK 间电压——正向压降 u_F 变化很小，相应的二极管电流 i_F 变化范围很宽，大小主要由外电路决定。

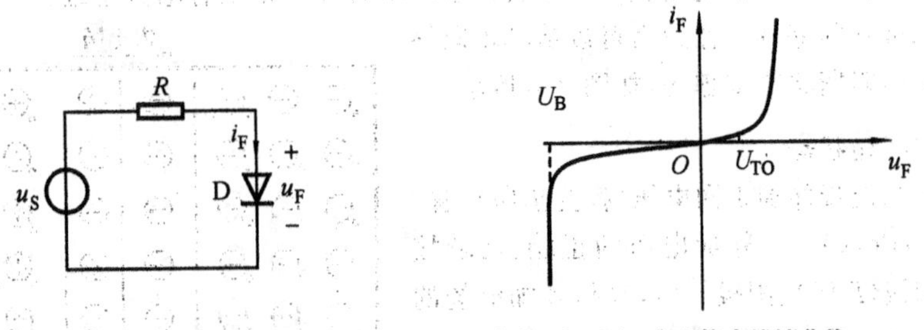

(a) 静态特性的测试电路　　(b) 典型静态特性曲线

图 2-4　电力二极管的静态特性

当电力二极管承受反向电压在一定范围内时，只有少子引起的微小反向漏电流。当反向电压增加到一定值(雪崩击穿电压 U_B)时，将会使少子数目迅速上升，反向漏电流急剧增加。此时如没有适当的限流措施，将会造成器件损坏。

2. 动态特性

因为 PN 结存在结电容，所以零偏置、正向偏置、反向偏置三种状态之间的转换必然有一个过渡过程。动态特性是指电力二极管的状态转换过程中二极管上电压、电流随时间变化的特性。

首先讨论正向偏置转换为反向偏置情形，测试电路仍如图 2-4(a)所示。

设在 t_F 时刻之前，电力二极管已处于稳定导通状态。在 t_F 时刻，电源 u_S 突然反向，其波形如图 2-5(a)所示，此后因反向偏置使流过电力二极管的电流逐渐减小，直至处于反向阻断状态。电力二极管上电压、电流变化的大致过程如图 2-5(b)所示。

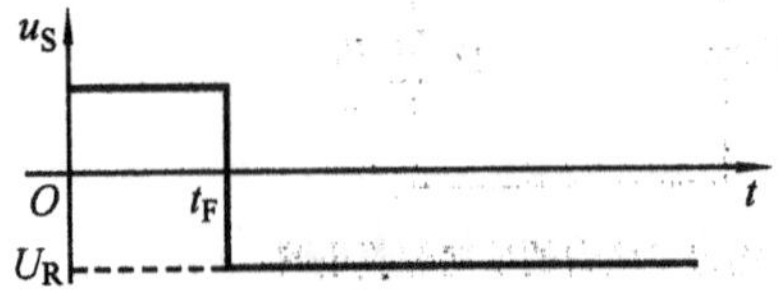

(a) 关断时外加电压波形

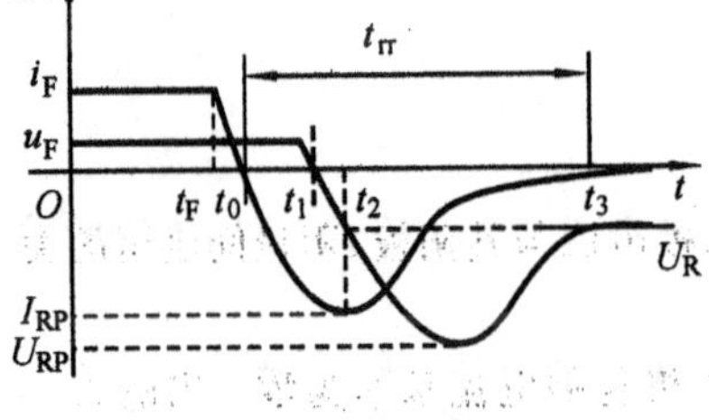

(b) 电压、电流变化过程

图 2-5　电力二极管的关断过程

$t_F \sim t_0$ 时段：正向电流下降，PN 结空间电荷区基本不变，t_0 时刻正向电流 $i_F = 0$。

$t_0 \sim t_1$ 时段：正向电流进一步下降(变负)，PN 结空间电荷区变宽，t_1 时刻恢复到零偏置，此时 $u_F = 0$。

$t_1 \sim t_2$ 时段：由于反向电压的作用，PN 结空间电荷区继续变宽，t_2 时刻 $u_F = U_R$，反向电流达最大值 $i_F = I_{RP}$。

$t_2 \sim t_3$ 时段：PN 结空间电荷区仍会变宽，$u_F < U_R$，反向电流将下降。由于等效电感的作用，电力二极管上将产生较高的反向过冲电压 U_{RP}，直至 t_3 时刻 $i_F = 0$，$u_F = U_R$。可见，在 t_3 之后电力二极管才真正具有反向阻断能力。图中 t_{rr} 称为反向恢复时间。

再讨论零偏置转换为正向偏置情形，测试电路仍如图 2-4(a)所示。电力二极管由零偏置转向正向偏置时，二极管上电压、电流要经过一定时间才能达到稳态值，如图 2-6 所示。图中 t_{fr} 称为正向恢复时间，或称为开通时间。

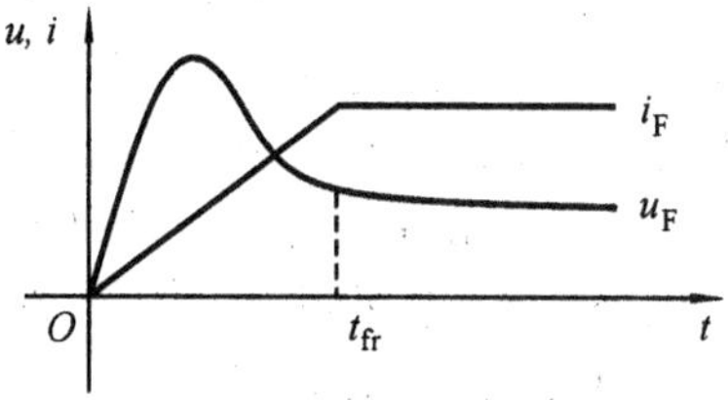

图 2-6 电力二极管的开通过程

2.2.3 电力二极管的主要参数

1) 正向平均电流 $I_{F(AV)}$

它是指在规定的散热条件与管壳温度下，电力二极管长期运行所允许流过的最大工频正弦半波电流的平均值。这也是标称器件额定电流的参数。

应该注意的是，正向平均电流的定义与器件运行中的发热情况密切相关。低频工作时器件发热主要是由正向电流的发热效应引起的，而电流的发热效应是由电流的有效值决定的，因此选用电力二极管时要按有效值相等的原则来确定器件电流定额，并应留有一定的裕量。

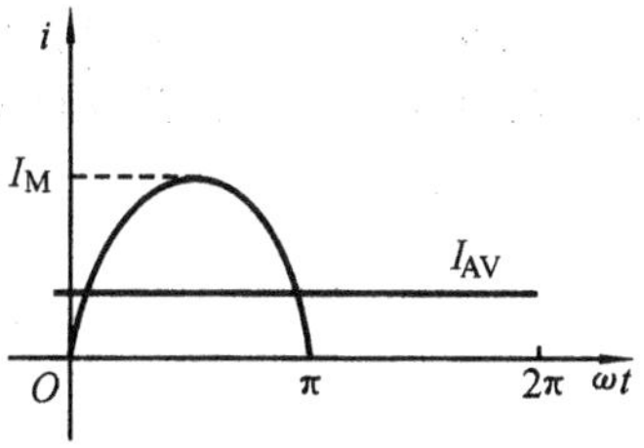

图 2-7 正弦半波电流波形示意图

对于正弦半波电流，其波形如图 2-7 所示。平均电流值 I_{AV} 与电流的峰值 I_M 关系为

$$I_{AV}=\frac{1}{2\pi}\int_0^{\pi} I_M \sin\omega t \, d\omega t=\frac{I_M}{\pi}$$

相应的有效值 I 与峰值关系为

$$I=\sqrt{\frac{1}{2\pi}\int_0^{\pi}(I_M\sin\omega t)^2 d\omega t}=\frac{I_M}{2}$$

从而有

$$I=\frac{\pi}{2}I_{AV}\approx 1.57I_{AV} \tag{2-1}$$

由式(2-1)可知，对额定电流为 $I_{F(AV)}$、裕量系数为 k 的电力二极管，允许通过的任意波形的电流有效值为 $1.57I_{F(AV)}/k$ A。通常 k 的取值范围为 1.5～2。

2) 反向重复峰值电压 U_{RRM}

它是指可重复施加的、不会损坏电力二极管的反向最高峰值电压。U_{RRM} 通常规定为雪崩击穿电压 U_B 的 2/3 倍。应用中所选电力二极管的反向重复峰值电压应为该二极管实际承受的反向电压峰值的 2～3 倍。

3) 正向压降 U_F

它是在指定的管壳温度下，电力二极管流过规定的稳态正向电流时对应的正向压降。显然，正向压降越低，通态损耗越小。

4) 反向恢复时间 t_{rr}

在电力二极管从导通到阻断的过程中，二极管中会流过一定的负电流。从电力二极管电流下降到零开始，直至再次回到零所需时间称为反向恢复时间 t_{rr}，如图 2-5(b)所示，$t_{rr}=t_3-t_0$。t_{rr} 表示电力二极管恢复对反向电压的阻断能力所需的时间，它限制了电力二极管的开关工作频率。

一般称 $t_{rr}>5\ \mu s$ 的电力二极管为普通电力二极管，$t_{rr}<5\ \mu s$ 的电力二极管为快恢复电力二极管。普通电力二极管多用于开关频率小于 1 kHz 的整流电路。在高频开关电路中，通常选择 t_{rr} 为其开关周期的 1%以下的电力二极管。

应该指出，肖特基二极管的正向压降小（小于 0.5 V）、反向恢复时间短（10～40 ns）、雪崩击穿电压较低，特别适用于 200 V 以下的低压大电流开关电路。

5）最高工作结温 T_{JM}

它是指在规定电流和散热条件和 PN 结不致损坏条件下所能承受的最高平均温度。

6）最大容许非重复浪涌电流 I_{FSM}

它是指电力二极管所能承受的一次工频半周期峰值浪涌电流，该项参数反应了二极管抵抗短路冲击电流的能力。显然，设计器件的保护电路时，保护电路的动作电流应小于该参数。

2.3 半控型器件——晶闸管

晶闸管曾被称为可控硅整流器或可控硅。自其 1956 年被发明以来，晶闸管大量应用于交流变直流的整流电路中，由此拉开了现代电力电子技术迅速发展的序幕。晶闸管是三端四层半控型电力电子器件，其工作频率较低，能承受的电压、电流容量是目前可控型器件中最大的，因而在低频、大容量应用场合占有重要地位。

2.3.1 晶闸管的结构与工作原理

1. 晶闸管的结构

晶闸管的内部结构如图 2-8(a)所示，它是由一硅半导体材料制造的四层(PNPN)三端(A、K、G)电力电子器件。晶闸管内含三个 PN 结，它的三个引出端分别称为阳极(A)、阴极(K)和门极(G)。门极是晶闸管的控制信号引入端。由于结合在一起的两个 PN 结可构成一个晶体管，因此由 PNPN 四层半导体构成的晶闸管可用双晶体管模型来模拟，如图 2-8(b)所示。晶闸管的电气符号如图 2-8(c)所示。

2. 晶闸管的工作原理

根据晶闸管的结构及其双晶体管模型，可以说明晶闸管的工作原理。

1）反向阻断状态

当阳极与阴极间电压 $u_{AK}<0$ 时，无论门极加何种电压，由于 PN 结 J_1 总是处于反向偏置状态，因而晶闸管处于阻断状态。

2）不加门极电压时正向阻断状态

当阳极与阴极间电压 $u_{AK}>0$ 且 $i_A=0$ 时，如果门极开路即门极电流 $i_G=0$，则由于 PN 结 J_2 处于反向偏置状态，晶闸管仍处于阻断状态。

3）导通工作状态

晶闸管从阻断到导通过程的测试电路如图 2-9 所示，此时阳极与阴极间电压 $u_{AK}>0$。

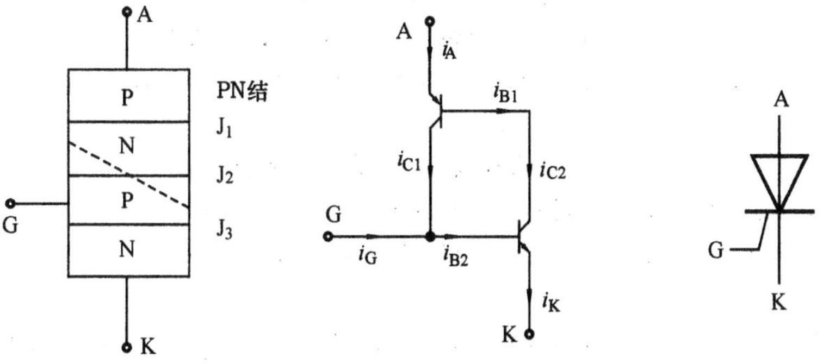

(a) 结构示意图 (b) 双晶体管模型 (c) 电气符号

图 2-8 晶闸管结构、双晶体管模型及其电气符号

由晶闸管的双晶体管模型，有

$$i_{C1}=\alpha_1 i_A+i_{CBO1},\quad i_{C2}=\alpha_2 i_K+i_{CBO2}$$

$$i_K=i_A+i_G,\quad i_A=i_{C1}+i_{C2}$$

从而有

$$i_A=\frac{\alpha_2 i_G+i_{CBO1}+i_{CBO2}}{1-(\alpha_1+\alpha_2)} \tag{2-2}$$

式(2-2)中，i_{CBO1}、i_{CBO2}分别为 T_1、T_2 晶体管共基极漏电流；i_{C1}、i_{C2}分别为 T_1、T_2 晶体管集电极电流；α_1、α_2 分别为 T_1、T_2 晶体管共基极电流放大系数，且 $\alpha_1=i_{C1}/i_A$，$\alpha_2=i_{C2}/i_K$。α_1、α_2 的值由晶闸管制造工艺确定，并随晶体管发射极电流不同而变化。

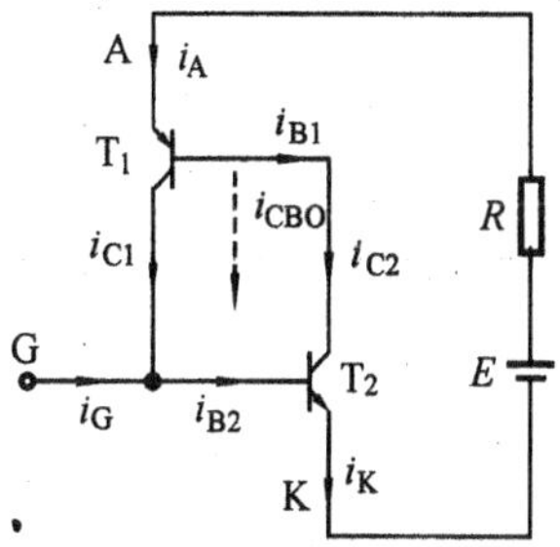

图 2-9 晶闸管导通状态测试电路

当 $i_G=0$ 且晶闸管处于阻断状态时，由于发射极电流很小，$\alpha_1+\alpha_2\approx 0$，$i_{CBO}\approx 0$，则阳极电流 i_A 很小，晶闸管维持阻断状态不变。

当晶闸管处于阻断状态且 $u_{AK}>0$ 时，在门极加上驱动电流 i_G，将激发如下电流变化过程：

$$i_G\rightarrow i_{B2}=i_{C1}+i_G\uparrow\rightarrow i_{C2}\uparrow\rightarrow i_{B1}=i_{C2}\uparrow\rightarrow i_{C1}\uparrow$$

这个正反馈过程使 T_1、T_2 晶体管发射极电流不断增加，$\alpha_1+\alpha_2\rightarrow 1$，阳极电流迅速增大，使晶体管进入饱和导通状态，晶闸管开通。不过晶闸管阳极电流的大小由外部限流电阻值的大小决定。

晶闸管一旦开通，具有自动维持开通的特点。晶闸管开通后，即使移掉门极驱动电流，此时 $i_{B2}=i_{C1}$ 已经大于触发所需电流值，因此晶闸管保持导通状态不变。这说明控制晶闸管开通只需要给晶闸管送一脉冲信号即可，这个脉冲信号称为触发脉冲。

上述分析表明，当阳极与阴极间电压 $u_{AK}>0$ 时，给门极加上触发脉冲电流信号，即可使晶闸管开通。晶闸管一旦开通，可维持导通状态不变。

除了用门极触发脉冲使晶闸管开通以外，还有其他方式可使晶闸管开通。

(1)升高阳极电压：阳极电压高于一定数值之后，中间结少数载流子漏电流会因雪崩效应而增大，双晶体管的正反馈作用又会使漏电流放大最终导致器件导通。

(2)过大的电压上升率(du_{AK}/dt)：过大的 du_{AK}/dt 导致对中间结的结电容充电电流较大，也会因正反馈作用导致晶闸管开通。

(3)温度作用：过高的结温会使漏电流增加从而使晶闸管开通。

显然，这些方法都是难以控制的。应该指出，过高的阳极电压、过大的 du_{AK}/dt 及高温等都是损坏晶闸管的重要因素，因此在使用中应力求避免。

4) 关断条件

给阳极加反压，即使 $u_{AK}<0$ 时，由于 PN 结 J_1 处于反向偏置状态，因而晶闸管将自动进入阻断状态。此外，如果去掉阳极正向电压，或者降低阳极电流，使通过晶闸管的电流小于一定数值，这个电流就会使晶闸管内等效双晶体管处于放大工作状态，并进入阳极电流减小的正反馈过程，最终将使阳极电流为零导致晶闸管关断。

2.3.2 晶闸管的主要特性

1. 晶闸管的伏安特性

晶闸管的阳极与阴极间的电压和它的阳极电流间的关系称为晶闸管的伏安特性。晶闸管的伏安特性如图 2-10 所示，分析典型伏安特性曲线可知其具有如下特点。

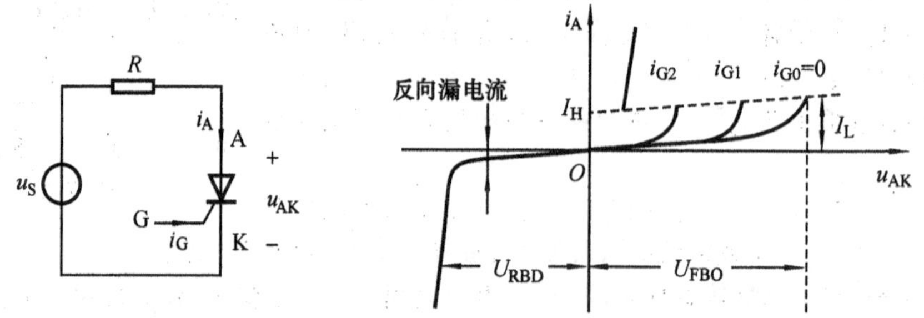

(a) 伏安特性测试电路 (b) 典型伏安特性曲线 ($i_{G2}>i_{G1}>i_{G0}$)

图 2-10 晶闸管的伏安特性

(1)存在转折电压。如果 $u_{AK}>0$，晶闸管通常处于正向阻断状态，但当 u_{AK} 增大到一定值后，将会击穿内部 PN 结 J_2，使晶闸管由阻断状态转向导通状态，这个击穿电压称为转折电压。转折电压随门极电流加大而降低。在 $i_G=0$ 时，对应的最大正向阻断电压称为正向转折电压 U_{FBO}，对应的由阻断状态转变为导通状态且维持导通的最小阳极电流称为擎住电流 I_L。

(2)从阻断状态转向导通状态须经过负阻区——阳极电流增加，阳极阴极间电压下降。

(3)导通后晶闸管压降较小(约为 1 V)。

(4)当阳极电流降低至某一数值时，晶闸管会恢复到阻断状态；维持晶闸管导通的最小电流称为维持电流 I_H。

(5)存在反向击穿电压。晶闸管 A、K 极之间加上反向电压($u_{AK}<0$)时，晶闸管处于反向阻断状态，阳极漏电流很小。当反向电压增加到一定值以后，漏电流急剧增大，导致晶闸管反向击穿而损坏。使晶闸管由反向阻断状态变为反向击穿的最小电压称为反向击穿电压 U_{RBD}。

2. 晶闸管的动态特性

晶闸管的动态特性指其开通和关断过程中，阳极电流、阳极与阴极间电压及晶闸管的动态损耗随时间变化而变化的特性。晶闸管的动态特性的测试电路仍如图 2-10(a)所示，典型晶闸管开通和关断过程波形如图 2-11 所示。

1) 开通过程

由于建立阳极电流增加的正反馈过程需要时间，因此晶闸管门极加上触发电流后，阳极电流需要延迟一段时间才有明显增加。从门极加触发电流到阳极电流上升至稳态值的 10%所需的时间称为延迟时间 t_d。阳极电流从稳态值的10%上升到稳态值的 90%所需的时间称为上升时间 t_r。延迟时间 t_d 与上升时间 t_r 之和称为开通时间 t_{on}。

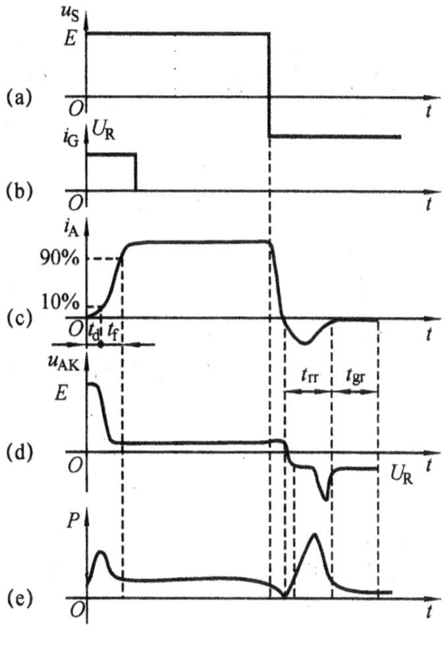

图 2-11 晶闸管的开通和关断过程

晶闸管导通时管压降很小，通常约1 V。为确保晶闸管开通，触发脉冲宽度通常在20～50 μs。

2) 关断过程

当外加电压反向时，在反向电压作用下，晶闸管阳极电流将会逐渐下降。阳极电流下降到零时晶闸管不会立即关断，此时反向偏置的 PN 结空间电荷层厚度将会增加，这种变化导致反向电流的存在，这种电流称为反向恢复电流。由于电路等效电感的作用，反向恢复电流会逐步增加，达到峰值后再逐步衰减。在反向恢复电流变化的同时，同样由于电路等效电感的作用，晶闸管两端的电压在反向的过程中会出现一个尖峰电压，最后达到稳态值。

晶闸管阳极电流从导通时的稳态值下降到零开始，到反向恢复电流再次接近于零时所需的时间称为反向阻断恢复时间 t_{rr}。在 t_{rr}之后如立即对晶闸管施加正向电压，晶闸管可能立即正向导通，因此需维持反向电压一段时间，以恢复正向阻断能力，这个时间称为正向阻断恢复时间 t_{gr}。

反向阻断恢复时间 t_{rr}与正向阻断恢复时间 t_{gr}之和称为关断时间 t_{off}，有 $t_{off}=t_{rr}+t_{gr}$。普通晶闸管的开通时间约 5 μs，关断时间为 50～100 μs。

开通时间与关断时间的存在限制了晶闸管的开关工作频率。

晶闸管开关时功耗较大(见图 2-11 功耗 P 与时间关系曲线)。高频应用时,晶闸管的开关损耗不能忽略。应该注意的是,触发脉冲幅值、前沿陡度都会影响开通时间。幅值愈大,前沿愈陡,开通时间愈短。这样可降低开通损耗,有利于安全运行。

2.3.3 晶闸管的主要参数

晶闸管的参数很多,这里主要介绍阳极电压和电流参数、动态参数、门极定额参数、温度特性参数等。

1. 晶闸管阳极电压和电流参数

晶闸管阳极电压参数有:正向、反向重复峰值电压,通态平均电压、电流等。

1) 正向(断态)重复峰值电压 U_{DRM}

U_{DRM}是在门极断路、结温额定时,允许重复加在器件上而不会使其开通的峰值电压,也称断态重复峰值电压。国家标准规定测试 U_{DRM}时施加电压的重复频率为 50 次/s,每次持续时间不超过 10 ms。规定 U_{DRM}的值为断态不重复峰值电压 U_{DSM}的 90%,而 U_{DSM}的值应低于正向转折电压 U_{FBO},所留裕量由生产厂家自定。

2) 反向重复峰值电压 U_{RRM}

U_{RRM}是在门极断路、结温额定时,允许重复加在晶闸管上而不使其反向击穿的峰值电压。规定 U_{RRM}的值为反向不重复峰值电压 U_{RSM}的 90%,而 U_{RSM}的值应低于反向转折电压 U_{RBD},所留裕量由生产厂家自定。

通常把 U_{DRM}和 U_{RRM}中的较小值标作器件的额定电压。

在电路开通或关断过程中,晶闸管两端往往会产生瞬时的超过正常工作值的电压,称为操作过电压。如果加上适当的保护电路,可以限制这种过电压,但不可能完全消除。为确保电路可靠工作,晶闸管必须能够承受一定的可能重复出现的操作过电压。因此,在设计电路与选择器件时,应使这类操作过电压小于 U_{DRM}。通常在选用晶闸管时,应使晶闸管的额定电压为正常工作电压峰值的 2～3 倍。

3) 通态平均电压 U_T

U_T是在结温额定、晶闸管中通过额定通态平均电流时,阳极与阴极间的平均电压值。使用中应选择 U_T较小的晶闸管,以减少损耗。

4) 通态平均电流 $I_{T(AV)}$

$I_{T(AV)}$是晶闸管在环境温度为 40 ℃、规定的冷却条件、稳定结温不超过额定值并带电阻性负载时,允许通过的最大工频正弦半波电流的平均值。按我国相关标准规定,取该参数的整数值标作器件的额定电流。

应该注意的是,$I_{T(AV)}$的测试必须按照规定的测试条件,特别是环境温度和冷却条件。条件不同,允许通过的电流大不相同。此外,晶闸管的额定电流是以平均电流方式定义的,但从发热方面来看,决定管子结温的是电流有效值而不是电流平均值,因此在使用中应按电流有效值相等的原则来选择晶闸管。

由式(2-1)可知,额定电流为 $I_{T(AV)}$时,允许通过的电流有效值为 $\pi I_{T(AV)}/2$。另一方面，电路设计有效值为 I 时，应至少选择额定电流为 $2I/\pi$ 的晶闸管。

在实际选用晶闸管时，还应留有一定的裕量。通常选择额定电流为正常工作值 1.5～2 倍的晶闸管。

5）维持电流 I_H

I_H是指晶闸管维持通态所必需的最小阳极电流。

6）擎住电流 I_L

由图 2-10 可知，I_L就是 $I_G=0$ 时提高阳极电压，晶闸管刚从断态进入通态时对应的阳极电流。通常 $I_L=(2\sim4)I_H$。

7）断态重复峰值电流 I_{DRM}和反向重复峰值电流 I_{RRM}

I_{DRM}、I_{RRM}分别是晶闸管在断态重复峰值电压和反向重复峰值电压作用时产生的峰值漏电流。显然，这种漏电流愈小愈好。

8）浪涌电流 I_{TSM}

I_{TSM}是在规定条件下，一个工频正弦半周期内流过晶闸管的最大正向过载峰值电流。浪涌电流有上、下两级，可用来设计保护电路。规定在晶闸管的有效使用期内应可承受不少于 100 次浪涌电流。

【例 2-1】 如图 2-12 所示，设电路中晶闸管需通过幅值为 I_M、周期为 T、占空比为 D（一个周期中导通时间 T_{ON} 与周期之比，$D=T_{on}/T$）的脉冲电流。设 $I_M=100$ A，当$D=1/9$，1/3，1时，在考虑 2 倍安全裕量条件下，晶闸管应分别选多大额定电流为宜？

解 占空比为 D 时电流有效值为

$$I=\sqrt{\frac{1}{T}\int_0^{\delta T} {I_M}^2 \mathrm{d}t}=\sqrt{D}I_M$$

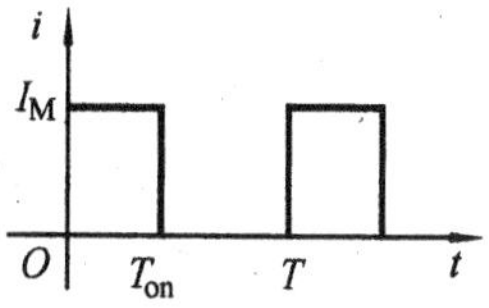

图 2-12 例 2-1 图

$D=\dfrac{1}{9}$ 时 $\qquad I_1=\sqrt{\dfrac{1}{9}}\times 100\ \text{A}=33.3\ \text{A}$

$D=\dfrac{1}{3}$ 时 $\qquad I_2=\sqrt{\dfrac{1}{3}}\times 100\ \text{A}=57.7\ \text{A}$

$D=1$ 时 $\qquad I_3=1\times 100\ \text{A}=100\ \text{A}$

晶闸管额定电流为 $I_{T(AV)}$ 时，电流有效值为 $I=1.57I_{T(AV)}$。根据有效值相等原则，并考虑到 2 倍裕量及定额标准，额定电流应分别选择如下。

$I_{T(AV)}=\dfrac{I_1}{1.57}\times 2=\dfrac{33.3}{1.57}\times 2\ \text{A}\approx 40\ \text{A}$，选定额标准为 50 A 的晶闸管；

$I_{T(AV)}=\dfrac{I_2}{1.57}\times 2=\dfrac{57.7}{1.57}\times 2\ \text{A}\approx 70\ \text{A}$，选定额标准为 100 A 的晶闸管；

$I_{T(AV)}=\dfrac{I_3}{1.57}\times 2=\dfrac{100}{1.57}\times 2\ \text{A}\approx 121\ \text{A}$，选定额标准为 150 A 的晶闸管。

2. 晶闸管的动态参数

动态特性是指开通和关断过程中流过晶闸管的电流、电压与时间之间的关系。对应用来说，主要关心其开通时间、关断时间及动态损耗。

1）断态电压临界上升率 du/dt

断态电压临界上升率是指在结温额定和门极开路情况下，不导致从断态向通态转换的最大阳极电压上升率。从晶闸管的结构图可知，在正向阻断状态下，PN 结 J_2 处于反向偏置。它相当于一个电容，当阳极电压上升率较大时，有较大充电电流通过，这个电流也会流过 PN 结 J_3，产生类似触发脉冲的作用。du/dt 过大，将导致晶闸管误开通。显然，在应用中为防止晶闸管误开通，实际电压上升率必须小于此临界值。

2）通态电流临界上升率 di/dt

通态电流临界上升率是指在规定条件下，晶闸管能随时通过的无有害影响的最大通态电流上升率。晶闸管刚导通时，电流主要分布在门极附近的小区域内，电流上升过快，有可能造成局部过热而损坏器件。

3）开通时间 t_{on}

如图 2-11 所示，开通时间 $t_{on}=t_d+t_r$。

4）关断时间 t_{off}

如图 2-11 所示，关断时间 $t_{off}=t_{rr}+t_{gr}$。

3. 门极定额参数

1）门极触发电流 I_{GT}

I_{GT}是在室温下，阳极电压为直流 6 V 时使晶闸管从断态转入通态所需的最小门极电流。

2）门极触发电压 U_{GT}

U_{GT}是产生门极触发电流所需的最小门极电压。

我国国家标准只规定了 I_{GT}及 U_{GT}的下限，设计触发电路时应使触发电压与电流适当大于器件的实测数值。但不应大于晶闸管所容许的最大触发电流与最大触发电压，以及最大门极功率和门极平均功率。

4. 温度特性参数

1）结温 T_{JM}

T_{JM}是晶闸管正常工作时所能允许的最高结温，晶闸管的额定结温通常为 125 ℃或 150 ℃。

2）结壳热阻 $R_{\theta JC}$

结壳热阻描述了晶闸管每瓦功率损耗导致的内部 PN 结与晶闸管外壳之间的温差。该参数可用于晶闸管的散热系统设计。

2.3.4 晶闸管的门极触发电路

晶闸管承受正向电压时，给门极加上触发脉冲可使其导通。对门极触发信号有如下要求。

(1)门极电流上升率:触发脉冲前沿要陡,即触发导通时 I_G上升要快。

(2)门极电流幅值:合理的电流幅值可使晶闸管导通,脉冲前沿较大的电流幅值可使晶闸管更快的导通,以减少开通损耗。

(3)门极脉冲信号宽度:晶闸管导通有一个过程,需要门极脉冲信号具有一定宽度。

(4)门极脉冲信号应不超过门极电压、电流、功率等最大限定值。

(5)触发可靠,抗干扰能力强。

基本的晶闸管门极触发电路如图 2-13 所示。图中 i_B 为控制电路给出的脉冲信号。$i_B>0$ 时 T 导通,电源电压 U_D 通过脉冲变压器 Tr 传递到副边,经 D_2、R_G 触发晶闸管。由于电容电压不能突变,在 T 刚导通时,C 上电压为零,U_D 全部加在 Tr 原边,此后 C 上电压上升,Tr 原边电压将下降,这样 Tr 副边将输出一个前沿幅值较高的脉冲波形。D_1、R_D 的作用是 T 关断时释放储存在 Tr 中的磁场能量,防止关断时因脉冲变压器原边电感产生过高的反电势而击穿晶体管 T。D_3 的作用是将关断时脉冲变压器副边产生的负电压信号短路,防止其损坏晶闸管门极。

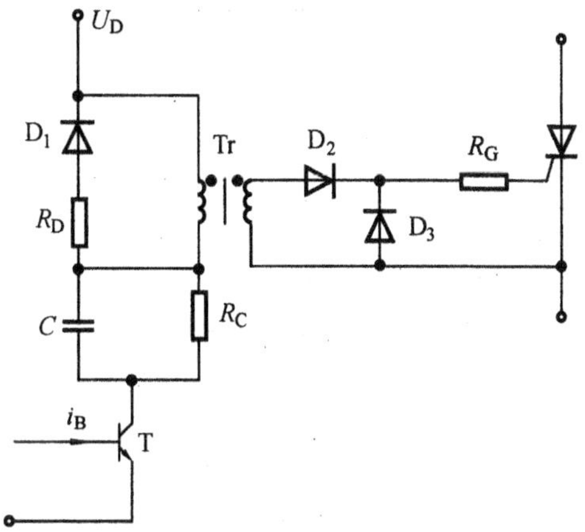

图 2-13 典型晶闸管门极触发电路

2.3.5 晶闸管的派生器件

晶闸管的派生器件很多,如双向晶闸管、逆导晶闸管等。

1. 双向晶闸管

双向晶闸管也是一个三端器件,有两个主电极 T_1、T_2 和门极 G。双向晶闸管的等效电路、电气符号如图 2-14 所示。

双向晶闸管可看作由两个普通晶闸管反并联组成。触发信号加在门极 G 和主电极 T_2 之间。主电极在正、负电压作用下均可用同一门极触发导通。双向晶闸管门极加正、负脉冲都可以触发(正负:G 相对 T_2)。但 $U_{T1T2}<0$ 时,虽可采用正脉冲触发,因灵敏度较低,一般不用。因此,$U_{T1T2}>0$ 时,可采用正、负脉冲触发;$U_{T1T2}<0$ 时,只采用负脉冲触发。

双向晶闸管抗 du/dt 能力较差,一般须用阻容吸收电路限制 du/dt。同时,由于双向晶闸管主要用于交流电路,因而多采用电流有效值作为双向晶闸管的电流定额标示。

双向晶闸管多用于交流调压电路(如小型异步电机调压调速、电加热电路等)、固态继电器等电路中。

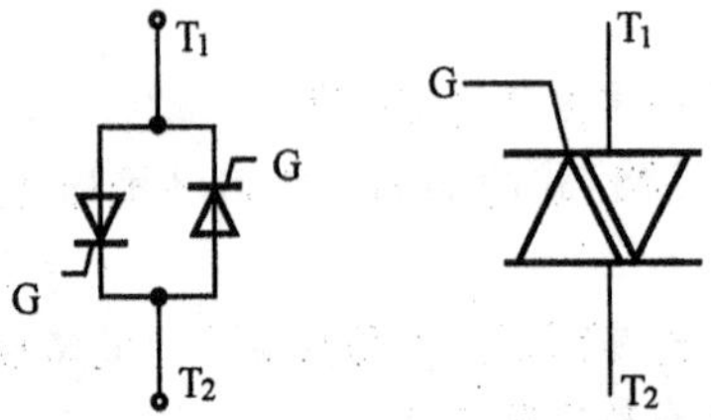

(a) 等效电路 (b) 电气符号

图 2-14 双向晶闸管的等效电路与电气符号

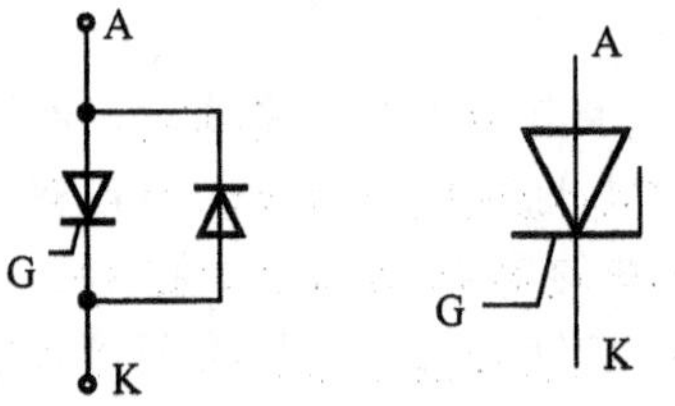

(a) 等效电路 (b) 电气符号

图 2-15 逆导晶闸管的等效电路与电气符号

2. 逆导晶闸管

逆导晶闸管相当于一个普通晶闸管与二极管反并联。逆导晶闸管的等效电路、电气符号如图 2-15 所示。

逆导晶闸管的正向特性与普通晶闸管相同，具有开通可控性，而反向特性与二极管正向导电特性相同，即逆导晶闸管承受反向电压时具有导通特点，不受控制信号控制。

与普通晶闸管相比，逆导晶闸管具有正向压降小、关断时间短等特点，可用于不需要阻断反向电压的电路中。

2.4 全控型器件

利用控制信号可控制开通与关断的器件称为全控型器件，通常也称为自关断器件。

全控型器件通常分为电流控制型与电压控制型两类。电流控制型器件从控制极注入或抽取电流信号来控制器件的开通或关断，如可关断晶闸管(GTO)、大功率晶体管(GTR)、集成门极换流晶闸管(IGCT)等。这类器件的主要特点是控制功率较大、控制电路复杂、工作频率较低。电压控制型器件通过在控制极建立电场——提供电压信号来控制器件的开通与关断，如功率场效应管(简称功率 MOSFET)、绝缘栅双极晶体管(IGBT)等。与电流控制型器件相比，这类器件的主要特点是控制功率小、控制电路简单、工作频率较高。

由于全控型器件的种类很多，本节主要介绍可关断晶闸管(GTO)、功率场效应管(MOSFET)、绝缘栅双极晶体管(IGBT)、集成门极换流晶闸管(IGCT)等常用器件的结构、工作原理、基本特性及其主要参数等内容。

2.4.1 可关断晶闸管

1. 可关断晶闸管的结构与工作原理

可关断晶闸管(GTO)也是一种三端四层(PNPN)器件，和普通晶闸管不同，GTO 在制造上不再是单一的 GTO 元件，而是由很多个小的 GTO 元件并联构成的功率器件，因此 GTO 仍可用双晶体管模型来等效。GTO 的结构示意图、等效电路、电气符号如图 2-16 所示。

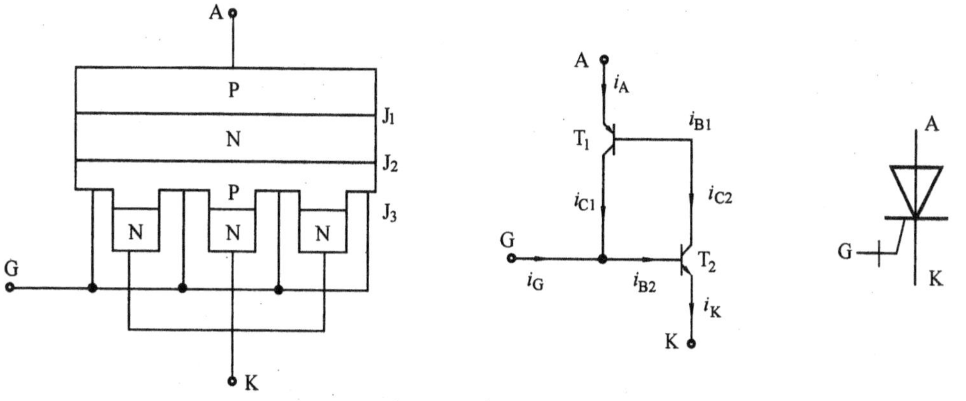

(a) 结构　　(b) 等效电路　　(c) 电气符号

图 2-16 GTO 的结构示意图、等效电路与电气符号

从 GTO 的结构可知，GTO 的开通原理和普通晶闸管相同。与普通晶闸管不同的是，给 GTO 门极 G 提供合适的负电流脉冲，可使 T_1、T_2 从饱和导通状态进入放大状态。GTO 关断的过程如下。

$$I_G<0\rightarrow I_{B2}=(I_{C1}+I_G)\downarrow\rightarrow I_{C2}\downarrow\rightarrow I_{B1}\downarrow\rightarrow I_{C1}\downarrow\rightarrow I_{B2}\downarrow$$

这种正反馈过程使 GTO 关断的关键是能从门极抽取电流，改变两个晶体管的工作状态。GTO 是从制造工艺上做到这点的：使 PN 结 J_3 的中心和门极很近，这样容易将通过 J_3 的电流转向门极，使 T_1，T_2 进入放大状态。

普通晶闸管为单元结构，PN 结 J_3 的中心离门极较远，不能通过门极抽取很多电流，因此不能利用门极负脉冲关断。

2. 主要参数

与普通晶闸管相比，GTO 有几个参数值得注意。

1）最大可关断阳极电流 I_{ATO}

I_{ATO} 是利用门极脉冲可以关断的最大阳极电流。I_{ATO} 是标称 GTO 额定电流容量的参数。

2）门极关断电流 I_{GM}

GTO 是用门极负脉冲关断的，使 GTO 从通态转为断态所需的门极反向瞬时峰值电流的最小值称为门极关断电流 I_{GM}。I_{ATO} 与 I_{GM} 之比称为电流关断增益 β_{off}，有 $\beta_{off}=I_{ATO}/|I_{GM}|$。通常 $\beta_{off}\approx 5\sim 10$。对于 $I_{ATO}=1\ 000$ A 的 GTO，如果 $\beta_{off}=5$，则关断时门极负电流 I_{GM} 达到 200 A。这样大的关断电流使得 GTO 的驱动电路远比 MOSFET、IGBT 的复杂。

3) 额定通态电流有效值 $I_{T(rms)}$

$I_{T(rms)}$ 指在规定使用条件下，GTO稳定工作时不超过额定结温的周期性（$f<100$ Hz）方波电流的最大有效值。

与普通晶闸管类似，GTO还有开通时间、关断时间、断态重复峰值电压等参数。

目前，GTO是电气容量最大的全控型器件。但由于GTO驱动电路比较复杂，开关频率也不高，只有在大容量场合才选用GTO。

2.4.2 功率场效应管

功率场效应管（功率MOSFET）是具有漏极（D）、源极（S）与栅极（G）的三端器件。场效应管（MOSFET）分为结型、绝缘栅型两类。绝缘栅型MOSFET利用栅极与源极间的电压来控制漏极与源极间的等效电阻，从而控制器件的导通与阻断状态。本节以绝缘栅型MOSFET为例介绍MOSFET的工作原理及其主要特性、参数。

1. 功率场效应管的结构与工作原理

以垂直导电扩散场效应管（VDMOSFET）为例来介绍绝缘栅型MOSFET，其结构、电路符号如图2-17所示。

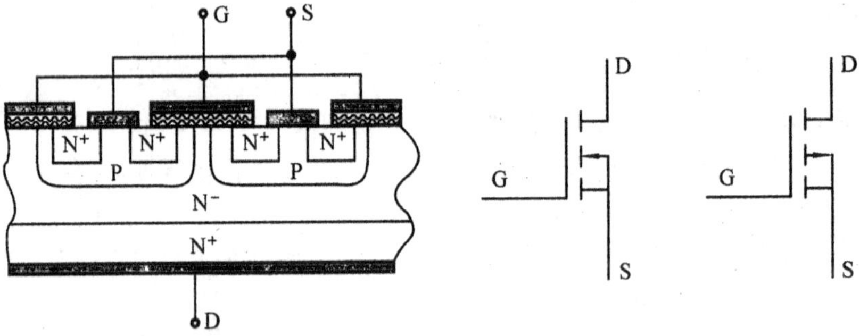

(a) VDMOSFET单元结构（N沟道）　(b) N沟道电气符号　(c) P沟道电气符号

图2-17　VDMOSFET单元结构与电路符号

从绝缘栅型MOSFET结构示意图可以看出，功率MOSFET是由许多小MOSFET并联组成的。制造N沟道时，先在N区上用扩散工艺形成P型区域，再在P区内采用扩散工艺形成N型区域（即采用所谓双扩散工艺），在栅极与P、N型半导体之间用绝缘材料隔离，引出源极时扩散的P、N区是短接的。

根据绝缘栅型MOSFET的结构可说明其工作原理。

当漏、源极之间的电压（简称漏源电压）$u_{DS}<0$ 时，源、漏极之间相当于一个二极管接有正向电压，器件处于导通状态。

当漏源电压 $u_{DS}>0$ 时，如果栅、源极之间的电压（简称栅源电压）$u_{GS}\leqslant 0$，由于 N^-、P 承受反向电压，漏、源极之间呈现高阻特性，相当于器件处于阻断状态；如果 $u_{GS}>0$，栅源结相当于一个电容，此时栅极带正电荷，将在靠近栅极的P区内感应产生电子，即在P区内形成一个反型层(P变到N)。在u_{GS}电压高到一定程度后，这个反型层作为导电沟道将源极N^+与漏极N^-连接在一起，形成电流通道，使MOSFET处于导通状态。这个电流通道均为多数载流子导电，因此功率MOSFET称为单极型器件。

当撤去u_{GS}即恢复$u_{GS}\leqslant 0$时，反型层消失，漏、源极之间恢复阻断状态。

由此可见，只需建立栅、源极之间的电场，即给栅、源极之间结电容充电即可使功率MOSFET开通而给栅、源极之间结电容放电即可使功率MOSFET关断。因此，可以通过控制u_{GS}大小来控制漏、源极之间的开通与关断。这种通过调节控制极电压大小来改变开通与关断状态的器件称为电压控制型器件。由于功率MOSFET栅、源极之间结电容很小，电容充、放电时间很短，因此驱动电路简单，驱动功率小，开关速度快。

由于漏、源极之间电流由反型层提供通道，允许通过电流的能力有限，因此功率MOSFET电流容量较低。同时，由于功率MOSFET反型层等效电阻较大，因而导通压降高，通态损耗较大。

功率MOSFET主要用于高频、小功率场合。

2. 功率MOSFET的主要特性

1) 静态特性

功率MOSFET的静态特性包括转移特性与输出特性，功率MOSFET静态特性的测试电路如图2-18所示。

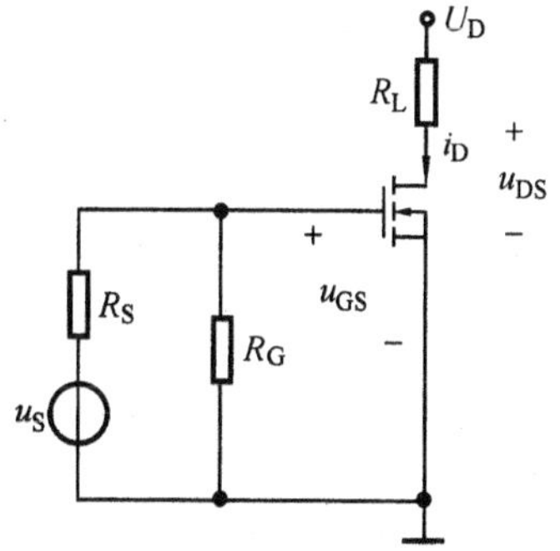

图2-18 静态特性测试电路

转移特性描述了一定漏源电压下漏极电流i_D和栅源电压u_{GS}之间的关系。图2-19(a)显示了功率MOSFET的典型转移特性。只有当栅源电压u_{GS}大于开启电压$U_{GS(th)}$时，i_D才会明显增加。

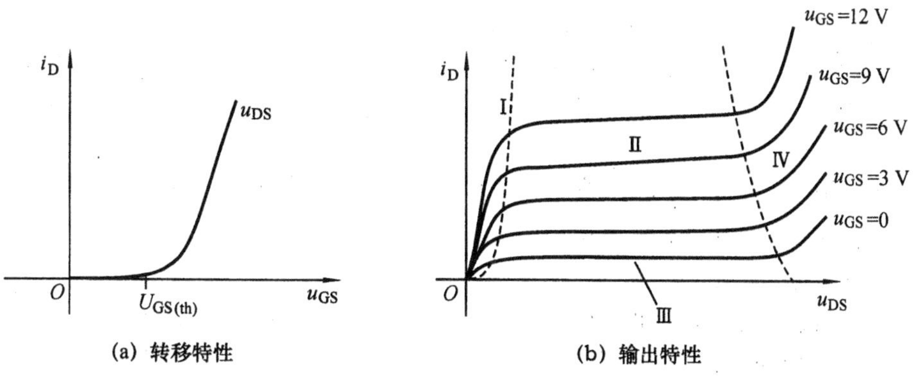

图2-19 MOSFET的典型静态特性

输出特性描述了一定栅源电压u_{GS}下，漏极电流i_D与漏源电压u_{DS}之间的关系。图2-19(b)显示了功率MOSFET的典型输出特性。

功率 MOSFET 的输出特性曲线可分为非饱和区（Ⅰ区，也称可变电阻区）、饱和区（Ⅱ区，也称恒流区）、截止区（Ⅲ区）和雪崩击穿区（Ⅳ区）四个区域。在Ⅰ区，对不同的 u_{GS}，i_D 与 u_{DS} 近似成正比，但对应的导通电阻不同；在Ⅱ区，u_{GS} 给定不变时 i_D 维持不变；在Ⅲ区，$u_{GS} \leqslant 0$ 时，$i_D \approx 0$；当 u_{DS} 上升到一定值以后，i_D 会随 u_{DS} 的增加显著增加，即进入Ⅳ区，此时易使器件损坏，应用中应予避免。

在电力电子电路中，功率 MOSFET 主要工作在非饱和区、截止区，即工作在开关状态。

2）动态特性

动态特性反映了功率 MOSFET 的开关过程，如图 2-20 所示。

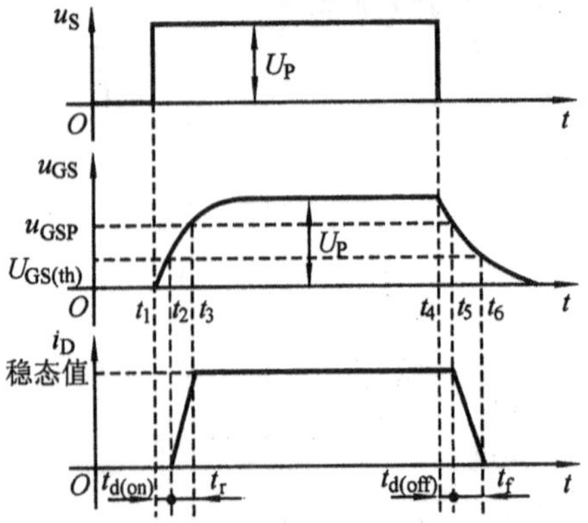

图 2-20 功率 MOSFET 开关过程波形示意图

功率 MOSFET 的栅极与漏极、源极是由薄绝缘层隔离的，这使得栅漏、栅源之间存在等效电容。考虑结间电容的影响，在 t_1 时刻，当栅极驱动电压 u_S 发生阶跃变化时，栅源电压 u_{GS} 从零开始增加，漏极电流 $i_D = 0$；到 t_2 时刻，$u_{GS} = U_{GS(th)}$ 以后，漏极电流 i_D 从零开始随着 u_{GS} 的上升而增加；直到 t_3 时刻，i_D 达到主要由漏极电压及负载决定的稳态值，此时 $u_{GS} = u_{GSP}$；而后 u_{GS} 进一步上升直到驱动电压幅值 U_P。栅极驱动电压 u_S 在 t_4 时刻下跳到零，随之 u_{GS} 从 U_P 开始下降；t_5 时刻，$u_{GS} = u_{GSP}$，此时 i_D 开始减小；到 t_6 时刻，$u_{GS} = U_{GS(th)}$，$i_D = 0$，功率 MOSFET 关断。

从栅极驱动电压发生上跳，到漏极电流 i_D 从零开始增加的时间称为上升延迟时间 $t_{d(on)}$，有 $t_{d(on)} = t_2 - t_1$。漏极电流 i_D 从零开始增加到达到稳态值所需时间称为上升时间 t_r，有 $t_r = t_3 - t_2$。

从栅极驱动电压下跳到零，到漏极电流 i_D 从稳态值开始减少的时间称为下降延迟时间 $t_{d(off)}$，有 $t_{d(off)} = t_5 - t_4$。漏极电流 i_D 从稳态值开始减少，到数值为零所需时间称为下降时间 t_f，有 $t_f = t_6 - t_5$。

由于栅源间结电容很小，使其充、放电时间很短，因此功率 MOSFET 开关速度很快。

3. 功率 MOSFET 的主要参数

1）静态特性参数

（1）漏极击穿电压 U_{DS}：指场效应管能承受的最高工作电压，是标称 MOSFET 额定电压的参数。通常选 U_{DS} 为实际工作电压的 2～3 倍。

（2）漏极直流电流 I_D 和漏极脉冲电流幅值 I_{DM}：指在规定的测试条件下，最大漏极直流电流、漏极脉冲电流的幅值，是标称功率 MOSFET 额定电流的参数。

（3）通态电阻 R_{on}：指在一定栅源电压下，功率 MOSFET 从可变电阻区进入饱和区时的直流电阻值。由功率 MOSFET 输出特性曲线可知，在一定范围内，R_{on} 将随着 u_{GS} 的增加而减小。显然，通态电阻 R_{on} 越小，通态损耗越小。另外，R_{on} 具有正的温度系数，即结温升高时 R_{on} 增加。R_{on} 的正温度系数特性使得通过各功率 MOSFET 的电流趋于平均，便于功率 MOSFET 并联应用。

(4)开启电压 $U_{GS(th)}$：漏、源极之间形成导电沟道所需的最小栅源电压，多为 5 V 左右。

(5)栅源击穿电压 BU_{GS}：保证栅源绝缘不被击穿的最高电压，通常为±20 V。栅源驱动电压通常为 12 ～15 V。

(6)跨导。在一定漏源电压下，栅源电压高低决定了漏极电流大小。跨导定义为漏极电流对栅源电压的导数，即

$$g_m = \left.\frac{di_D}{du_{GS}}\right|_{U_{DS}=\text{const}}$$

跨导反映了栅源电压对漏极电流的控制能力。

2) 动态特性参数

(1)开关时间。从功率 MOSFET 的动态特性讨论可知，功率 MOSFET 的开关过程需要时间。开通时间 t_{on} 定义为上升延迟时间与上升时间之和，即 $t_{on} = t_{d(on)} + t_r$。关断时间 t_{off} 定义为下降延迟时间与下降时间之和，即 $t_{off} = t_{d(off)} + t_f$。

MOSFET 的开关过程很快，通常开通时间和关断时间都小于 1 μs，因而适合在高频开关电路中作为开关元件使用。

(2)du_{DS}/dt 限制。过高的 du_{DS}/dt 可能使功率 MOSFET 误导通，易损坏器件。目前功率 MOSFET 的 du_{DS}/dt 容量达 30 V/ns。

3) 功耗与温度特性参数

功率 MOSFET 作为一种半导体器件，工作时存在最大允许功耗 P_{Dmax}、最高工作结温 T_{JM}、壳温 T_C、结壳热阻 $R_{th(jc)}$ 等指标。

设功率 MOSFET 开关频率为 f，通过电流的有效值为 I_D，一次开通、关断损耗分别为 P_{on}、P_{off}，则有

开关损耗 $$P_S = (P_{on} + P_{off})f$$

通态损耗 $$P_C = R_{on} I_D^2$$

断态损耗 $$P_L = 0$$

则功率 MOSFET 内部发热功率

$$P_D \approx P_S + P_C \tag{2-3}$$

使用时应限制器件的功耗，使 $P_D < P_{Dmax}$，并提供良好的散热条件使器件温升不超过额定温升。注意，应用高频开关时不能忽略开关损耗。

功率 MOSFET 允许的最高结温是确定的，而壳温与外部散热条件密切相关。因此，外部散热条件决定了功率 MOSFET 器件的实际允许功耗。

应该指出，功率 MOSFET 栅极输入电阻极大，栅、源极之间的击穿电压较低，因此功率 MOSFET 容易受到静电危害。通常使用时应在栅、源极之间并接电阻。

此外，MOSFET 中寄生有一个反并联二极管，使用中有时需要利用该管进行续流，这时还要注意这个二极管的使用特性，该寄生二极管不是快速二极管。

4. 功率 MOSFET 的栅极驱动电路

功率 MOSFET 是电压控制型器件，开关过程中只要对等效输入电容充、放电即可。

功率 MOSFET 的等效输入电容应按其开通所需总栅极电荷 Q_G 来计算。总栅极电荷包括栅源电容充电电荷、栅漏电容充电电荷。设功率 MOSFET 稳态导通时栅源电压为 U_{GS}，等效输入电容为 C_{in}，则 $C_{in}=Q_G/U_{GS}$。如设计开通时间为 t_{on}，则开通时驱动电路提供的充电电流近似为 $I_{G(on)}=C_{in}U_{GS}/t_{on}$。同理，设计关断时间为 t_{off} 时，驱动电路从 C_{in} 抽取的电流值近似为 $I_{G(off)}=C_{in}U_{GS}/t_{off}$。栅极驱动电流是设计驱动电路的参考依据。通常，驱动电路输出极采用互补射极跟随输出。

一个采用光耦隔离的功率 MOSFET 的典型驱动电路如图 2-21 所示。

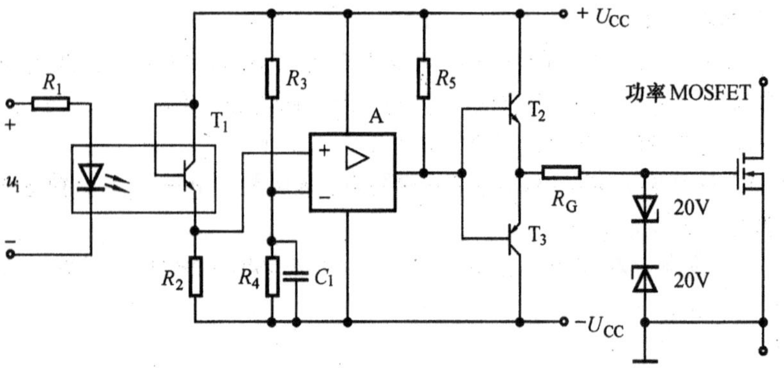

图 2-21 采用光耦隔离的功率 MOSFET 的典型驱动电路

图 2-21 中，T_1 为光电耦合器，A 为比较器。当输入电压 u_i 为高电平时，光耦 T_1 发射极有电流输出，比较器输出高电平，T_2 开通，T_3 关断，U_{CC} 通过 R_G 给功率 MOSFET 等效输入电容充电，功率 MOSFET 开通。当输入电压 u_i 为低电平时，光耦 T_1 输出晶体管关断，其发射极输出电流为零，比较器输出低电平，T_3 开通，T_2 关断，$-U_{CC}$ 通过 R_G 给功率 MOSFET 等效输入电容放电，功率 MOSFET 关断。

图 2-21 中，R_G 用来限制驱动电流峰值，与栅源并联的稳压二极管用来限制栅源电压并防止功率 MOSFET 受到静电危害。$-U_{CC}$ 端可以改为直接与源极相连，但采用一定负电压可加快功率 MOSFET 关断速度，减少器件开关损耗，同时可提高器件关断时的抗干扰能力。

除了用分立元件构建功率 MOSFET 驱动电路外，目前常用的还有集成驱动电路，如 EXB840、EXB850 及 IR2110 等。这些集成模块既包含了驱动电路部分，也包含了集电极过电流保护部分，应用十分方便。

2.4.3 绝缘栅双极晶体管

1. 绝缘栅双极晶体管的结构与工作原理

绝缘栅双极晶体管(IGBT)是一种性能优良的半导体器件，是在 MOSFET 的基础上增加 P^+ 层漏极形成的新型器件。IGBT 结构如图 2-22(a)所示，从 P^+ 层引出的电极称为集电极(C)，与 MOSFET 的源极相连的电极称为发射极(E)，控制极仍称为栅极(G)。由结构可知，IGBT 相当于一个功率 PNP 管与 MOSFET 复合而成的新型器件，其等效电路如图 2-22(b)所示，电气符号如图 2-22(c)所示。

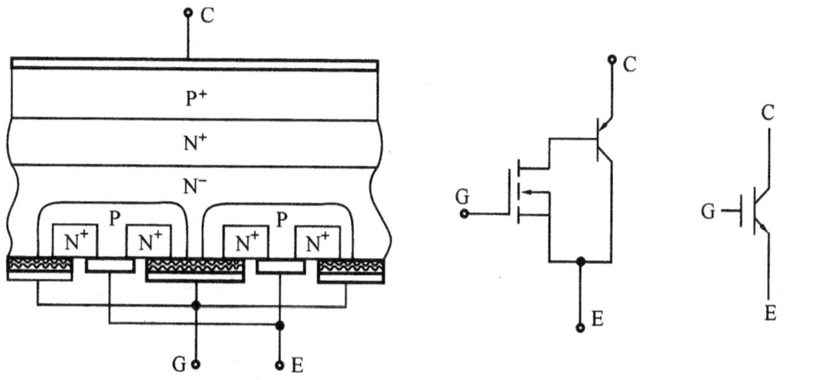

(a) 结构　(b) 等效电路　(c) 电气符号

图 2-22　IGBT 的结构、等效电路与电气符号

从 IGBT 等效电路可见，当 MOSFET 关断时，PNP 管也关断，IGBT 处于阻断状态；当 MOSFET 导通时，PNP 管随之导通，IGBT 处于导通状态。这样可通过控制 MOSFET 来控制 PNP 三极管，从而控制整个器件的开通与关断。

从 IGBT 的结构还可知道，当 IGBT 承受反向电压即发射极电位高于集电极电位时，靠近集电极的 PN 结处于反向偏置状态，因而此时 IGBT 处于阻断状态。由于 IGBT 常用于感性负载电路，而 IGBT 关断时需给负载电流提供续流通道，因此目前许多 IGBT 内部集成有反并联二极管。

2. 绝缘栅双极晶体管的主要特性

1) 静态特性

静态特性主要指 IGBT 的转移特性与伏安特性。

IGBT 的转移特性是指在一定集射电压 u_{CE} 下，输出集电极电流 i_C 与栅射电压 u_{GE} 之间的关系。IGBT 的典型转移特性如图 2-23 所示，它与 MOSFET 的转移特性相同。由图可见，IGBT 也存在开启电压 $U_{GE(th)}$。当 $u_{GE}<U_{GE(th)}$ 时，IGBT 处于阻断状态。只有当 $u_{GE}>U_{GE(th)}$ 时，IGBT 才可能有 i_C 产生。IGBT 导通后，在大部分集电极电流范围内，i_C 与 u_{GE}

成近似线性关系。最高栅射电压 U_{GE} 受最大集电极电流 I_C 的限制，其最佳值一般取为 15 V 左右。

IGBT 的伏安特性是指以栅射电压 u_{GE} 为参变量时，集电极电流 i_C 与集射电压 u_{CE} 之间的关系，又称为 IGBT 的输出特性。集电极输出电流 i_C 受 u_{GE} 的控制，u_{GE} 越高，i_C 越大。IGBT 的典型伏安特性如图 2-24 所示，它与三极管的输出特性相似，也可分为截止区、饱和区、放大区、击穿区、反向截止区等部分。在截止区，$u_{GE}<U_{GE(th)}$，IGBT 处于阻断状态。在饱和区，IGBT内 PNP 管饱和导通，此时 u_{CE} 几乎不随 i_C 增加而增加。在放大区，由于 u_{GE} 的控制作用，对给定的 u_{GE}，i_C 不随 u_{CE} 的变化而变化，但 i_C 随 u_{GE} 增加而增加。当 u_{CE} 超过正向击穿电压 U_{FBR} 时，i_C 随 u_{CE} 的增加而迅速增加，此时器件被击穿，特性曲线进入击穿区。在 $u_{CE}<0$ 时，靠近集电极的 PN 结处于反向偏置状态，IGBT中只有很小的漏电流通过，此即 IGBT 处于反向截止区。当 u_{CE} 反向增加超过击穿电压 U_{RM} 时，反向电流迅速增加，IGBT 将被反向击穿。

电力电子电路中，IGBT 工作于开关状态，IGBT 工作时在饱和区、截止区间切换。

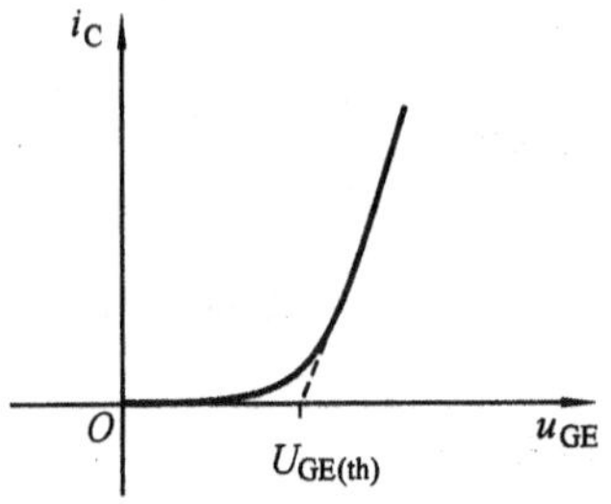

图 2-23　IGBT 的转移特性

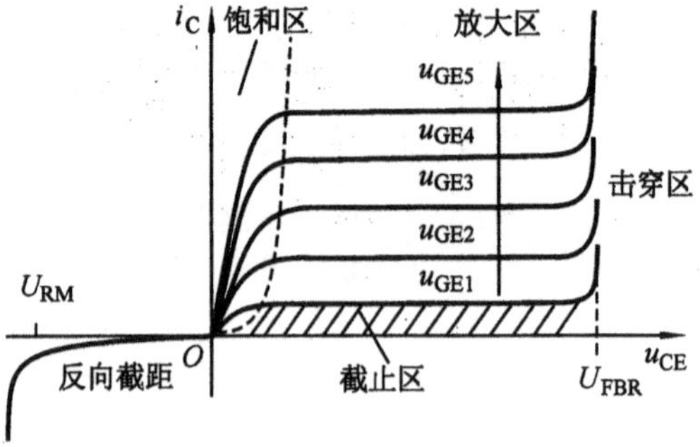

图 2-24　IGBT 的伏安特性

2）动态特性

IGBT 的动态特性指其开通和关断过程中集电极电流 i_C、集射电压 u_{CE} 及动态损耗随时间变化的特性。图 2-25 所示的电路为 IGBT 动态特性的测试电路，开关过程典型波形如图 2-26 所示。

IGBT 在开通过程中，大部分时间是作为 MOSFET 来运行的，只是在 u_{CE} 下降过程后期，PNP 晶体管由放大区至饱和区，又增加了一段延迟时间。驱动电压发生正跳变后，将通过栅极电阻给 IGBT 等效输入电容充电，只有栅源电压超过开启电压后，i_C 才从零开始增加。从驱动电压发生跳变，到 i_C 开始增加需要的时间称为开通延迟时间 $t_{d(on)}$。i_C 从零增加到稳态值所需时间称为电流上升时间 t_{ri}。i_C 上升期间，负载电流 I_O 一部分流经集电极，一部分通过二极管续流，此时 u_{CE} 维持不变。只有 i_C 达到稳态值后，u_{CE} 才开始下降。u_{CE} 的下降时间由 t_{fv1} 和 t_{fv2} 组成，如图 2-26 所示。实际应用中，通常给出集电极电流开通时间 t_{on}，$t_{on}=t_{d(on)}+t_{ri}$。

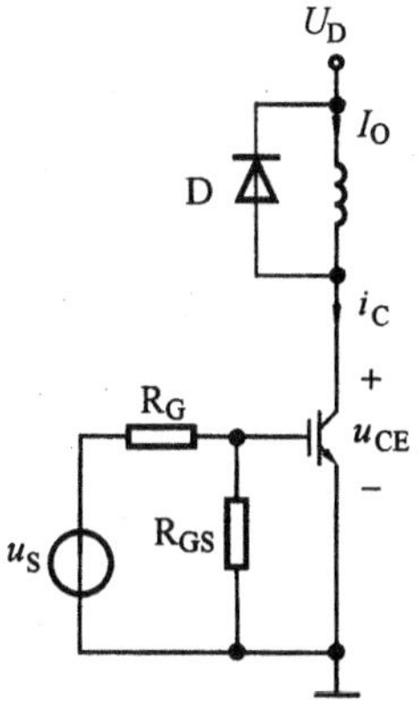

图 2-25 IGBT 动态特性测试电路

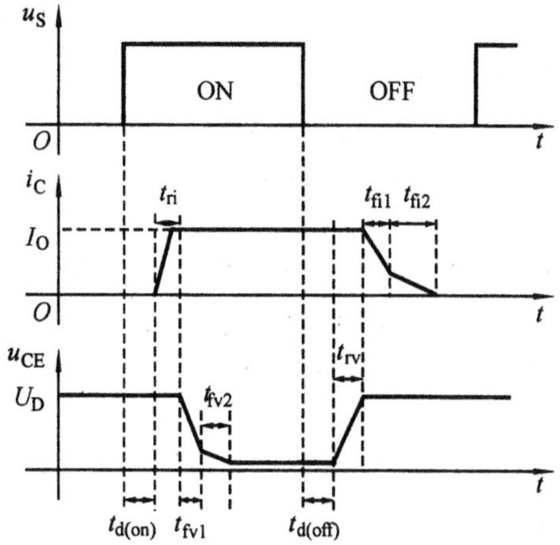

图 2-26 IGBT 开关过程波形

IGBT 在关断过程中，首先是 u_{CE} 上升，而后才是 i_C 下降。驱动电压发生下跳即变为零后，IGBT 等效输入电容将通过栅极电组放电。在栅源电压下降到输出集电极电流 I_O 所需最小栅源电压之前，i_C 与 u_{CE} 都不会变化。这段时间称为关断延迟时间 $t_{d(off)}$。此后 u_{CE} 开始上升，u_{CE} 的上升时间为 t_{rv}。只有 u_{CE} 上升到稳态值即达到 U_D 后，二极管 D 开始续流，i_C 才开始下降。下降主要集中在从 i_C 开始减小，到栅源电压下降到开启电压（此后内部 MOSFET 关断）的这段时间（图中 t_{fi1}）。由于 PNP 晶体管的存储电荷难以迅速消除，内部 MOSFET 关断后 i_C 下降仍需较长的尾部时间（图中 t_{fi2}）。实际应用中常常给出 i_C 的下降时间 t_f，$t_f = t_{fi1} + t_{fi2}$，而 i_C 关断时间为

$$t_{off} = t_{d(off)} + t_{rv} + t_f$$

式中，$t_{d(off)}$ 与 t_{rv} 之和又称为存储时间。

3. 擎住效应与安全工作区

从 IGBT 的结构可知，中间层 N^-、P、N^+ 组成一个 NPN 晶体管，因此 IGBT 等效电路又可表示为图 2-27 所示的形式。图中 R_b 表示 IGBT 等效体电阻。R_b 很小，通常情况下上压降不足以使 T_2 开通，MOSFET 的开通与关断可控制 T_1 的开关。但 i_C 过大时，R_b 上压降可使 T_2 开通，T_2 开通之后，T_1、T_2 组成了一个晶闸管，可维持导通状态，此时 MOSFET 失去对器件的控制，这种情况称为擎住效应。此时如果外电路不能限制 i_C 的增长，则可能损坏器件。除了过大的 i_C 可导致擎住效应外，u_{CE} 过高、变化过快等也会导致擎住效应。在使用时，应通过限流等措施防止 IGBT 出现擎住效应。

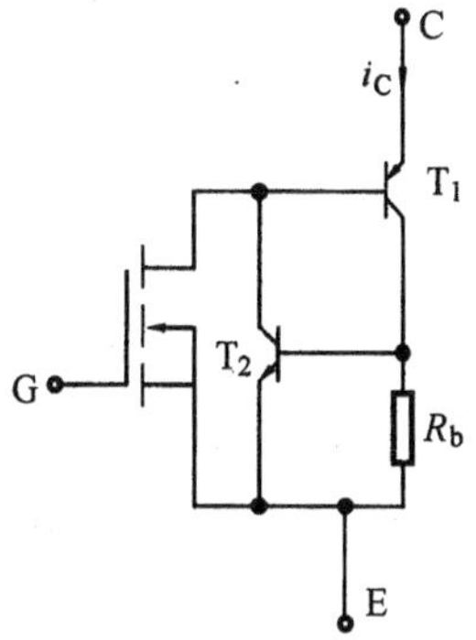

图 2-27 IGBT 的等效电路二

IGBT 应在其最高栅射电压、最大集电极电流 I_{CM}、最高集射电压 U_{CEM}、最大允许功耗及最高允许结温等限制条件下工作。

IGBT 的安全工作区(safe operating area,SOA)定义为器件工作时的功耗不会导致其损坏的输出特性所在区域。IGBT 开通(栅射电压为正)时的安全工作区称为正向偏置安全工作区。正向偏置安全工作区由三条线段,即最大集电极电流、最高集射电压、最高结温等组成,如图 2-28 所示。器件的温升由工作时器件的功耗决定,与其在一个周期中的导通时间有关。一秒内仅通过一次数微秒的电流时,安全工作区基本上是矩形(由 OAQDO 组成);当通过直流时,安全工作区要小些(由 OABCDO 组成);当 IGBT 关断(栅射电压从正变零或负)时,安全工作区称为反向偏置安全工作区。反向偏置安全工作区也由三条线段,即最大集电极电流、最高集射电压、最高集射电压变化率等组成,如图 2-29 所示。过高的集射电压变化率会导致器件出现擎住效应。集射电压变化率愈大,安全工作区愈小。

4. IGBT 的主要参数

(1)栅极—发射极开启电压 $U_{GE(th)}$:栅射电压 u_{GE} 高于此电压时 IGBT 才能导通。

(2)栅极—发射极击穿电压 BU_{GE}:当集电极、发射极短路时能击穿栅极、发射极的最小电压。

(3)集电极—发射极正向击穿电压 U_{FBR}:当栅极、发射极短路时能正向击穿集电极、发射极的最小电压。

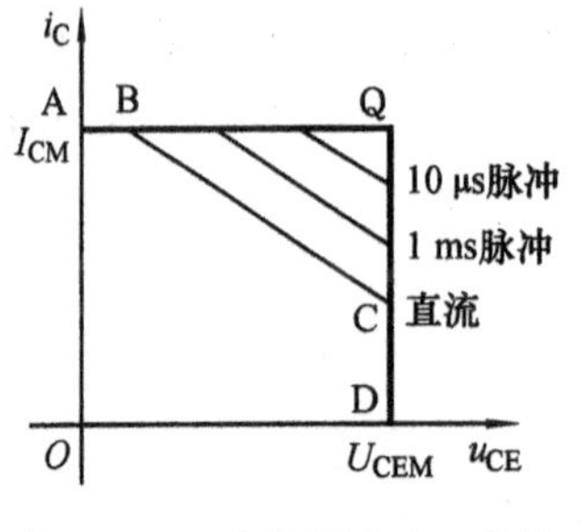

图 2-28 正向偏置安全工作区

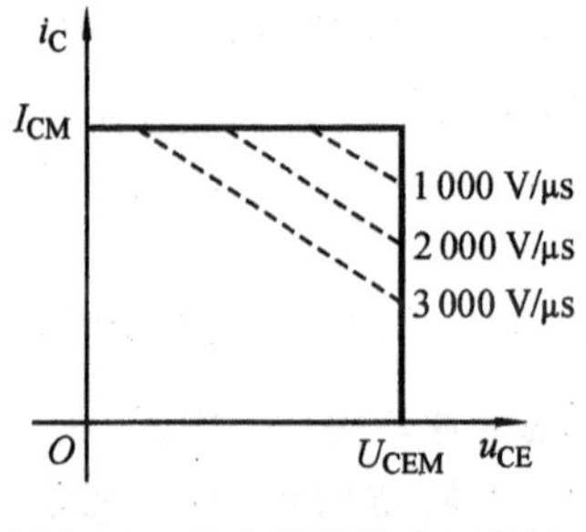

图 2-29 反向偏置安全工作区

(4)最大集电极电流:包括最大直流电流 I_C 和 1 ms 脉宽的最大脉冲电流 I_{CP}。

(5)最高结温 T_{JM}:器件工作时的最高允许结温。

(6)结壳热阻 $R_{\theta JC}$:稳态工作时器件功耗 1 W 导致的结壳温差。

(7)饱和压降 $U_{CE(sat)}$:规定集电极电流和栅射电压下的集射电压。该值愈小表明通态损耗愈小,但该值会随结温的上升而显著增大。

(8)开关时间:如前动态特性所述,包括开通时间与关断时间。

受半导体材料特性及制造工艺限制,目前 IGBT 的最高栅极电压通常为 20 V,最高允许结温为 150 ℃。

IGBT 的栅极驱动电压通常为 12~15 V。目前商用 IGBT 的集电极电流最大可达到

3 600 A，集射电压可达到 4 500 V 以上。中小容量 IGBT 的开关工作频率通常在 20 ～ 40 kHz，大容量 IGBT 的开关工作频率通常在 5 kHz 左右。

IGBT 的开通与关断是通过控制器件内部的 MOSFET 的开关来实现的，因此 IGBT 的驱动电路工作原理和 MOSFET 的相同。目前，大中容量器件常采用集成驱动电路，如 EXB 840 等。

IGBT 具有优良的开关特性与较大的电气容量，已成为目前应用最为广泛的电力电子器件。

2.4.4 集成门极换流晶闸管

集成门极换流晶闸管（IGCT）是将门极驱动电路与门极换流晶闸管 GCT 集成于一体形成的器件。GCT 是基于 GTO 结构的一种新型电力半导体器件，它不仅与 GTO 有相同的高阻断能力和低通态压降，而且有与 IGBT 相似的开关性能。本节主要介绍 GCT 的结构、工作原理及 IGCT 的基本特点。

1. GCT 的结构及工作原理

GCT 的结构及其等效电路如图 2-30 所示。

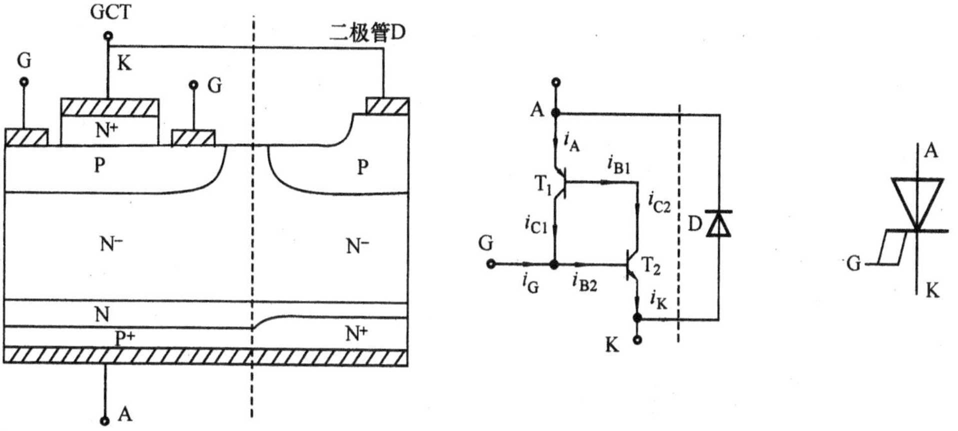

(a) GCT的结构　(b) GCT的等效电路　(c) 电气符号

图 2-30 GCT 的结构及其等效电路

门极换流晶闸管 GCT 的结构如图 2-30(a)所示，其中左边部分是 GCT，右边部分是反并联二极管。将 GCT 与二极管做成一体的原因是 GCT 通常仅用于需要续流的大功率电力电子电路中。GCT 与 GTO 相似，也是四层三端器件。GCT 内部由上千个小 GCT 组成，其中各小 GCT 的阳极和门极分别直接从相应的半导体层引出、阴极分别引出再并联在一起。与 GTO 的重要区别是 GCT 阳极内侧 P 与 N^- 半导体之间多了 N 型缓冲层，同时阳极是由电子易于通过的较薄的 P 型半导体构成的，这种阳极称为透明阳极。如果忽略N和N^-半导体间的差异，则GCT和GTO结构相同，都可用双晶体管模型来模拟，如图2-30(b)所示。因此，GCT正向偏置时从门极注入电流可使GCT开通，而从门极抽取足够多电流可使GCT关断。应该指出，GCT导通机理与GTO一样，但由于GCT具有透明阳极与N型缓冲层，其关断过程与GTO有所不同。在GCT的关断过程中，采用"硬驱动"很快将阴极电流转换到门极(门极换流概念的来源)，从而使T_2首先关断，然后GCT相当于一个基极断开的PNP管与驱动电路串联。因为此时等效PNP晶体管基极开路，因而将很快关断，同时能承受很大的阳极电压变化率。GTO关断过程中必须经过两个等效晶体管电流同时减小的正反馈过程，为了防止关断时过高的阳极电压变化率使两个等效晶体管重新进入电流增加的正反馈过程而使GTO导通，GTO需要很大的吸收电路来抑制关断时阳极电压的变化率。

所谓"硬驱动"，是指在GCT开关过程中，短时间内给其门极加以幅值及上升率都很大的驱动电流信号。采用硬驱动一方面使关断时间绝对值和离散性大大减小，为GCT的高压串联应用打开了方便之门；另一方面，T_2先于T_1关断使GCT能承受很高的阳极电压变化率，从而使原先在关断瞬态用来抑制过电压的吸收电路得以简化，甚至可以取消。

GCT的电气符号目前尚未统一，图2-30(c)给出了的GCT的一种图示符号。

2. GCT的驱动技术

由于GCT关断时须将阴极电流全部转移到门极，因此关断时门极抽取的电流与阳极电流相同，即门极关断增益仅为1。由于要求门极驱动电路能迅速转移所有阴极电流，因此GCT驱动电路设计的关键就在于采用等效电感非常小的门极驱动电路。

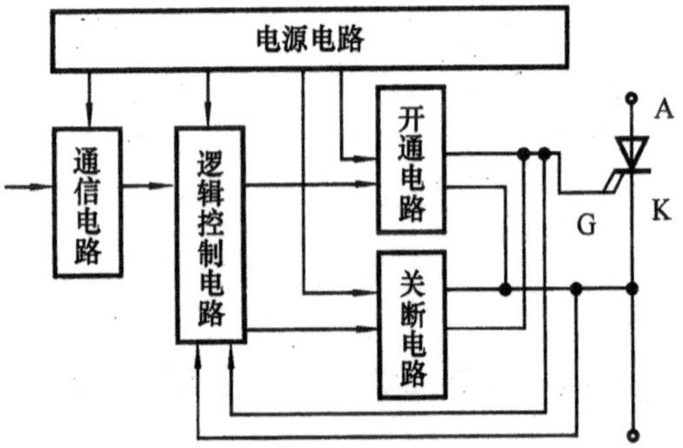

图2-31　GCT门极驱动电路的结构

GCT门极驱动电路通常分为通信电路、逻辑控制电路、开通电路、关断电路及电源电路五个部分，如图2-31所示。

GCT门极驱动电路各部分的主要功能如下。

(1)通信电路：负责GCT与控制电路的指令传输。

(2)逻辑控制电路：接收通信电路传输的指令并全面地控制开通电路和关断电路的开关器件，完成对GCT的操作，同时要检测控制信号。

(3)开通电路：负责打开GCT的操作。

(4)关断电路：负责关闭GCT的操作。

(5)电源电路：提供各部分电路的工作电源。

GCT开通与关断电路是实现"硬驱动"的核心其典型电路结构如图2-32所示。图中，KA、KB是开关控制信号，Q_1、Q_2、Q_7、Q_8组成GCT开通驱动电路，Q_3、Q_4、Q_5、Q_6、Q_9、Q_{10}、Q_{11}、Q_{12}组成GCT关断驱动电路。在开通驱动电路部分，Q_1、Q_7是驱动保持电路，

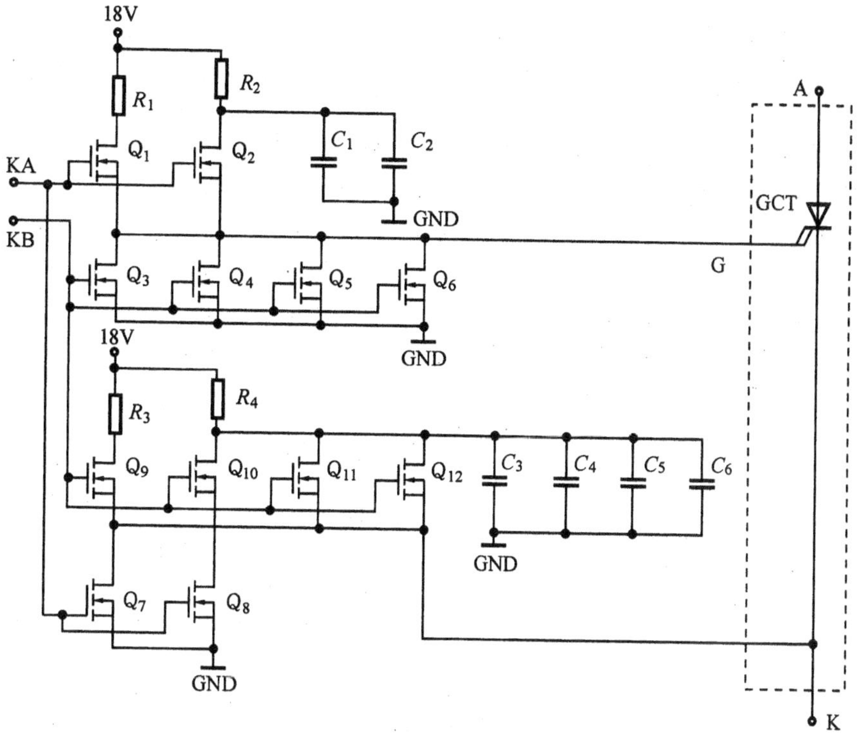

图 2-32 GCT **开通与关断电路的一种拓扑结构**

Q_2、Q_8 是硬驱动电路，电容 C_1、C_2 为硬驱动提供足够大的驱动电流。在关断驱动电路部分，Q_3、Q_9 是驱动保持电路，Q_4、Q_5、Q_6、Q_{10}、Q_{11}、Q_{12} 是硬驱动电路，电容 C_3、C_4、C_5、C_6 为硬驱动提供足够大的驱动电流。当 KA=1、KB=0 时，Q_1、Q_2、Q_7、Q_8 导通，其余管子截止，这时电源通过 R_1、R_2、Q_1、Q_2 为 G 极提供电流，同时电容 C_1、C_2 也通过 Q_1、Q_2 放电，为 G 极提供瞬态电流，K 极与控制地相短路，这样在 G、K 之间可得到满足 GCT 开启的瞬态电流。反之，当 KA=0、KB=1 时，Q_1、Q_2、Q_7、Q_8 截止，其余管导通，G 极接地，K 极通过电阻接电源，C_3、C_4、C_5、C_6 放电，可在 G、K 之间形成上升率和幅值很大的电流驱动信号。

3. IGCT 的特点

由于 GCT 对门极驱动要求很高，目前商用 GCT 产品都将 GCT 单元与其门极驱动电路集成在一起，此即 IGCT。IGCT 内部通过印制板把 GCT 与门极驱动电路直接相连，所以门极驱动电路与 GCT 极为靠近，便于硬驱动的实现，提高产品的一致性与可靠性。通常 IGCT 利用光纤与控制电路交换信息。集成驱动电路降低了门极驱动电路的元器件数、热耗散、电应力及内部热应力。具有这种集成门极驱动装置的 IGCT 给设计和使用带来了极大的方便。

IGCT 自 1997 年商品化以来，已成功应用于工业和牵引传动、电力传输等大功率应用场合，是一种较理想的兆瓦级、中压开关器件。

2.4.5 大功率晶体管

大功率晶体管(GTR)是一种高压大电流三极管，其工作原理、基本特性等和模拟电子技术中所述小功率三极管相同。电力电子电路中实际应用的 GTR 多为 NPN 型结构，其结构、电气符号和内部载流子的流动示意图如图 2-33 所示。

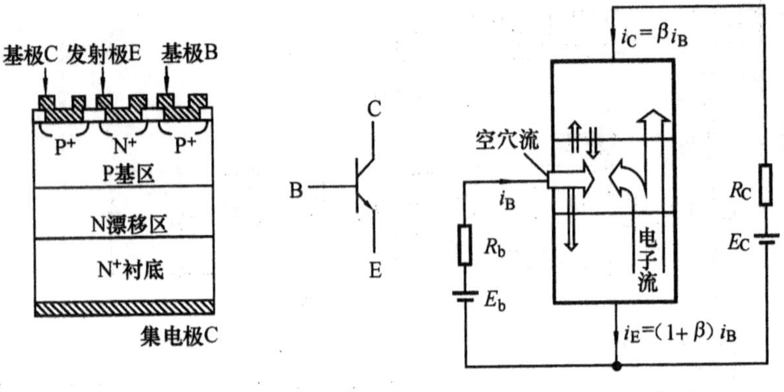

(a) 结构　　(b) 电气符号　　(c) 内部载流子的流动示意图

图 2-33　GTR 的结构、电气符号和内部载流子的流动示意图

GTR 为电流控制型器件。图 2-33(c)所示共发射极接法电路中，$\beta=i_C/i_B$ 称为 GTR 的电流放大系数。系数 β 反映了基极电流对集电极电流的控制能力。对大功率器件，β 约为 10；对小功率器件，β 可达到几十甚至几百。在电力电子电路中，GTR 只工作于截止或饱和导通状态，不能工作在放大状态。$i_B>0$ 时，GTR 开通；$i_B\leqslant 0$ 时，GTR 关断。

由于 IGBT 的开关特性、电气容量等性能指标优于 GTR，GTR 已被 IGBT 逐步取代并淡出市场。

2.5 功率集成电路

功率集成电路(PIC)是指将功率半导体器件及其驱动电路等组合在同一个芯片或封装中，即把更多功能的控制部分、功率部分或保护电路都组合在一个器件中。采用 PIC 可以提高电路的功率密度，简化安装工艺，提高电力电子装置性能。目前，PIC 内部使用的功率器件通常为 MOSFET 或 IGBT。PIC 自 20 世纪 80 年代问世以来，发展十分迅速，已成为电力电子技术的重要发展方向。

PIC 有很多品种，如智能功率模块(interlligent power module，简称 IPM)、用户专用智能功率模块(application specific IPM，简称 ASIPM)、简单 PIC 等。

IPM 就是将电力电子器件与驱动电路、保护电路、检测电路等集成在一个芯片或模块内，使装置更趋小型化、智能化。目前，IPM 中的功率器件一般由 IGBT 充当，主要用于交流传动系统的电动机控制、家用电器等。IPM 体积小、可靠性高、使用方便，得到了广泛应用。

ASIPM 同微电子技术中的用户专用集成电路类似，在电力电子技术中，按照用户提供的整机线路，把所有元器件全部以裸片（或半裸片）和芯片的形式集成到一个模块中，构成用户专用集成模块。

简单 PIC 是指处理功率较小、包含控制电路等部分、功能较完整的一种功率集成电路，如用于直流开关电源的 PIC 芯片 MIC 3172 等。

IPM 处理功率较大，应用 IPM 的系统控制较复杂，因此目前 IPM 内部通常不含控制电路。

本节以 IPM 为例分析 PIC 的结构、功能。

2.5.1 IPM 的结构

IPM 内部多采用 IGBT 作为功率器件。根据内部功率电路配置的不同，IPM 内部可集成多个 IGBT 单元，常用的 IPM 内部封装了一个、二个、六个或七个 IGBT。小功率的 IPM 使用多层环氧绝缘系统，中大功率的 IPM 使用陶瓷绝缘。

典型的 IPM 功能框图如图 2-34 所示。IPM 内置驱动和保护电路，隔离接口电路需用户自己设计。

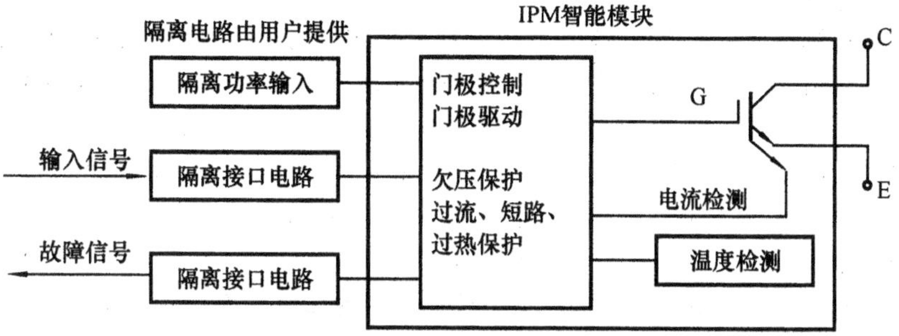

图 2-34 IPM 的功能框图

2.5.2 IPM 的内置功能

IPM 内置有驱动和保护电路。驱动电路与功率器件可以更好地匹配，这使得功率器件工作更可靠。保护电路可以实现控制电压欠压保护、过热保护、过流保护和短路保护。如果 IPM 模块中有一种保护电路的动作，IGBT 栅极驱动单元就会关断门极电流并输出一个故障信号。

(1)控制电压欠压保护：IPM 使用单一电源供电，若供电电压低于规定值且时间超过设定值，则发生欠压保护，封锁门极驱动电路，输出故障信号。

(2)过热保护：在靠近 IGBT 芯片的绝缘基板上安装了一个温度传感器，当 IPM 温度传感器测出其基板的温度超过规定温度值时，发生过热保护，封锁门极驱动电路，输出故障信号。

(3)过流保护：若流过 IGBT 的电流值超过规定过流动作电流，且时间超过规定值，则发生过流保护，封锁门极驱动电路，输出故障信号。

IPM 内置的驱动和保护电路使系统硬件电路简单、可靠，缩短了系统开发时间，也提高了故障下的自保护能力。与普通的 IGBT 模块相比，IPM 在系统性能及可靠性方面都有进一步的提高。

2.6 电力电子器件的保护

电力电子器件只有在规定的条件下才能可靠工作。由于各种因素影响，电力电子电路中可能出现过压、过流、过热及过高的电压、电流上升率等不利于器件可靠工作的因素，应采用一定的手段避免这些因素对电力电子器件造成损害。

2.6.1 过电压保护

1. 过电压产生的原因

电力电子装置可能发生的过电压有外因过电压和内因过电压两类。

外因过电压主要由雷击和系统操作过程等外部因素造成。雷击过电压指由雷电引起的过电压。系统操作过电压由分闸、合闸等开关操作引起。电力电子电路中通常含有变压器、电感(包括线路等效电感)等器件。电路分闸断开电路的过程中，因电感电流不能突变，会在变压器、电感等元件中产生感应过电压，这种电压施加到电力电子器件上会形成操作过电压。电路合闸瞬间，由于变压器原、副边分布电容的存在，高压变压器原边电压会直接传递到副边，也会在电力电子器件上形成操作过电压。

内因过电压主要来自电力电子装置内部器件的开关过程。

(1)换相过电压：晶闸管或与全控型器件反并联的二极管在换相结束后，不能立即恢复反向阻断能力，在外部电源作用下会有较大反向电流流过二极管，使内部载流子恢复，PN 结空间电荷层由导通时的较薄逐渐变厚，在其恢复反向阻断能力后，反向电流急剧减小，这时线路电感会在器件两端感应出过电压。

(2)关断过电压：全控型器件在高频下工作，当其关断时，正向电流迅速降低而由线路电感在器件两端感应出过电压。

2. 过电压保护措施

图 2-35 所示的电路给出了典型过电压抑制措施及配置位置。图中 S 为上电开关，K 为接触器或断路器。

避雷器、变压器静电屏蔽层、静电感应过电压抑制电容等器件通过接地保护抑制过电压。RC 电路是应用非常广泛的过电压抑制电路，它可用在变压器的输入侧(也称为网

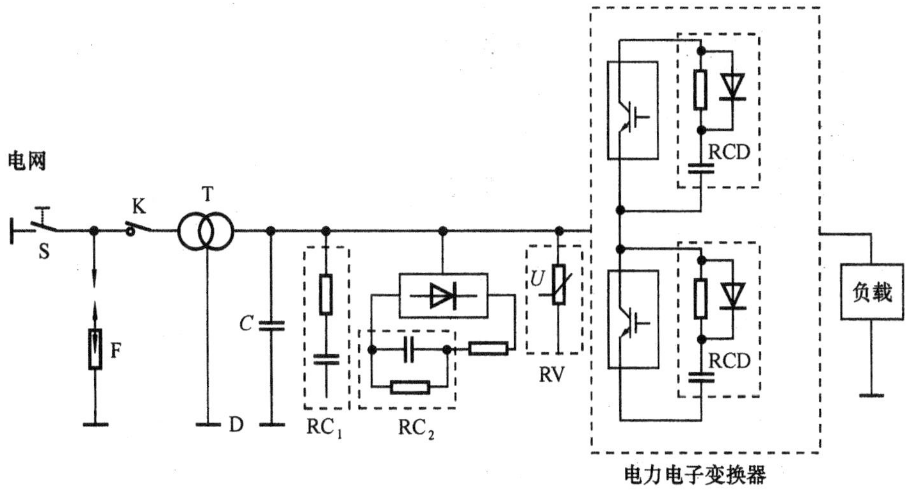

F 为避雷器　D 为变压器静电屏蔽层　C 为静电感应过电压抑制电容
RC_1 为浪涌过电压抑制用 RC 电路　RC_2 为浪涌过电压抑制用反向阻断式 RC 电路
RV 为压敏电阻过电压抑制器　RCD 为开关器件关断过电压抑制用 RCD 电路

图 2-35　过电压抑制措施及配置位置

侧)、输出侧(也称为阀侧)、变流装置的中间直流侧、负载侧等。RC 及 RCD 电路利用电容电压不能突变的特性来抑制过电压,电容串联电阻的目的是限制电容充、放电电流。图中 RCD 主要用来抑制器件关断时导致的电压上升率,其作用将在缓冲电路部分进一步阐述。典型 RC 过电压抑制电路连接形式如图 2-36 所示。当电力电子装置容量较大时,也可采用反向阻断式 RC 电路,如图 2-37 所示。

2.6.2　过电流保护

1. 过电流故障分类、产生原因及检测

过电流是电力电子装置中常见的故障。过电流可分为两类:一类是由电力电子变换装置的负载引起的,负载过重甚至发生短路,必然导致装置内的器件发生过电流;第二类发生在电力电子变换装置电路内部。当器件参数变化、器件损坏、温度变化、电路整定参数变化、电磁干扰导致控制电路工作不正常等情况下均可能发生过电流。

从电路结构看,负载通常连接于输出滤波电路之后,当负载过重或短路发生时,首先是滤波电容、滤波电感的电流上升,如果这种过电流状态维持时间过长,电流增长到了较大数值,就会使主电路开关器件受到损坏。为了防止这种过电流导致故障发生,必须尽快检测出负载电流的变化,并通过保护电路制止过电流继续增长,此时电流检测设置应设置于负载侧。

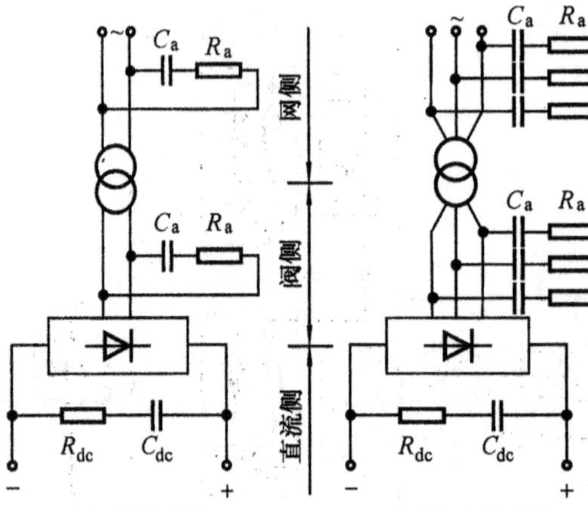

(a) 单相电路　　(b) 三相电路

图 2-36　典型 RC 过电压抑制电路连接形式

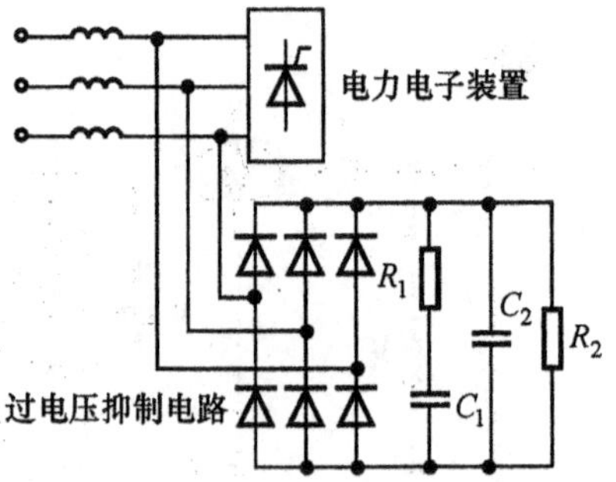

图 2-37　反向阻断式 RC 电路

对由电力电子变换装置电路内部原因引起的过电流，此时过电流保护的设置较为复杂，不同的电路有不同的保护方案。对有中间直流环节的逆变电路而言，电路内部的过电流可反映到逆变电路输入端的直流母线上，为了简化电路，可在中间直流环节滤波电路之后、逆变电路输入端之前设置过电流检测装置。由于负载、变流装置的过电流最终都会在电源输入侧反映出来，因此直接在输入变压器的原边或副边设置过电流检测装置也十分常见。

对于交流电流，过电流检测装置可使用电流互感器或霍尔电流检测器件。它们的检测速度快，线性好。霍尔电流检测器件价格较贵，电流互感器较经济。

对于直流电流，过电流检测装置可使用电流分流器或霍尔电流检测器件。分流器原理和电阻相同，当直流电流通过分流器时，在其两端产生压降，可用该电压向保护电路提供电流信号。用分流器检测电流时，如不采取特殊措施，主电路和保护电路将共地。考虑到隔离要求，直流电流通常采用霍尔电流传感器进行检测。

2. 过电流保护措施

过电流保护电路根据需要可设计成为限流型或截止型。在不允许电源变换装置断电的应用场合，须按限流型设计，限流功能通常利用闭环控制原理实现，如对稳压电源，当检测到负载过电流时控制电路可自动改成恒流控制方式，输出恒定电流。截止型保护电路的设计思路是当检测到过电流信号时直接关闭主开关器件，停止变流装置工作。

除电子保护外，当变流装置发生不可逆转的损坏时，必须使装置从电网上脱离开。切断装置和电网的连接，一般由快速熔断器或过电流继电器控制的自动开关来完成。

应该指出，实际应用中通常同时采用几种过电流保护措施，以提高可靠性和合理性。电子电路作为第一保护措施，快速熔断器仅作为短路时的保护。快速熔断器整定在电子电路动作之后实现保护，过电流继电器整定在过载时动作。典型的过电流保护措施及保护配置框图如图 2-38 所示。

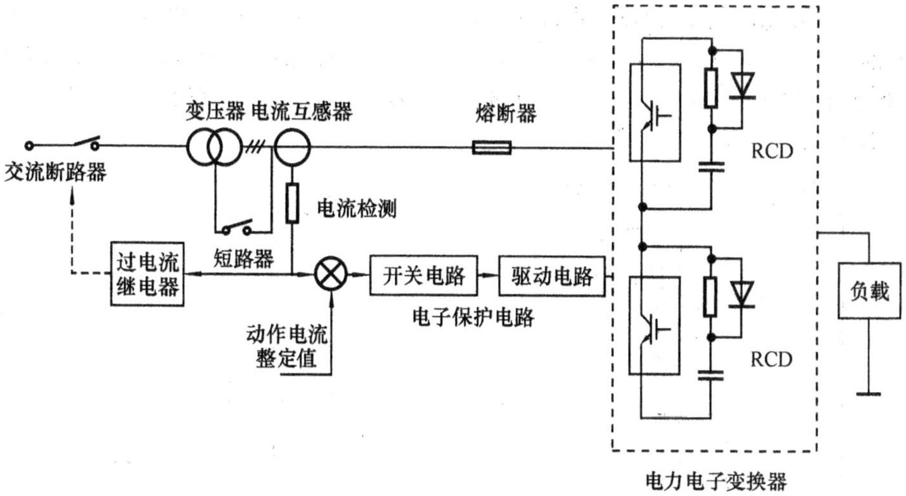

图 2-38 典型的过电流保护措施及保护配置框图

2.6.3 缓冲电路

电力电子器件工作于开关状态，在其开关过程中，器件会承受过电压、过高的 du/dt、过电流、过高的 di/dt 及过大的瞬时功率，如不采取防护措施，这些因素都可能损坏器件。因此，电力电子器件须设置开关过程的保护电路，以抑制器件的内因过电压、du/dt、过电流和 di/dt，减小器件的开关损耗。这种开关过程的保护电路称为缓冲电路或吸收电路。缓冲电路的结构取决于开关器件的类型和对变换器的要求。

改善关断特性的缓冲电路称为关断缓冲电路（也称 du/dt 抑制电路），主要用来吸收器件的关断过电压和换相过电压，抑制 du/dt，减小关断损耗。

改善开通特性的缓冲电路称为开通缓冲电路（也称 di/dt 抑制电路），主要用来抑制器件开通时的电流过冲和 di/dt，减小器件的开通损耗。

有时也将关断缓冲电路和开通缓冲电路结合在一起，这种缓冲电路称为复合缓冲电路。通常所说的缓冲电路专指关断缓冲电路，而将开通缓冲电路称为 di/dt 抑制电路。

缓冲电路有并联 RC、并联 RCD、串联电感、限幅箝位电路等多种形式。RC 缓冲电路主要用于小容量器件，RCD 缓冲电路适用于中等容量的场合，限幅钳位电路用于中等容量或大容量器件。本节以 RCD 关断缓冲电路、串联电感开通缓冲电路为例说明缓冲电路的作用。

1. RCD 缓冲电路

分析如图 2-39 所示的直流变换电路，图中给出了 RCD 缓冲电路的结构及连接形式。假设负载电感 L 上电流基本不变，在关断 IGBT 前流过的电流为 I_o。

在没有 RCD 缓冲电路时，如果关断 IGBT 器件 T，关断过程中 T 等效电阻增大，流经

T 的电流 i_T 从 I_o 开始下降(不妨设线性下降)。由于 L 电流不变,故关断 T 的过程中,流经 D_1 的电流 $i_D=I_o-i_T>0$,一旦 D_1 导通,T 上承受的电压即为电源电压。关断过程中 T 的波形变化如图 2-40 所示,可见,关断时 IGBT 上电压上升很快,关断损耗约为 $P_{off}=EI_o t_{off}/2$。

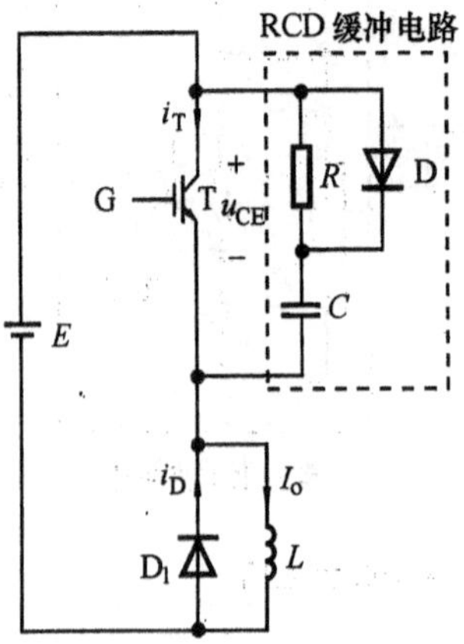

图 2-39　直流变换电路

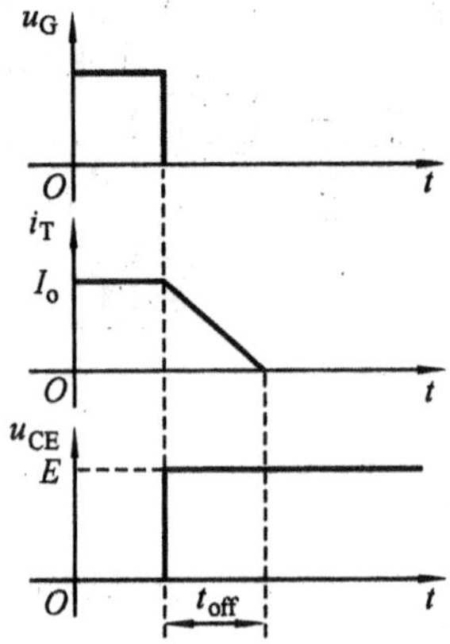

图 2-40　无缓冲电路时关断过程 T 波形

在装有 RCD 缓冲电路时,设关断 T 前 C 上电压为零。关断 T 过程中,T 等效电阻增大,流经 T 的电流 i_T 从 I_o 开始下降(不妨设为线性下降,且 $i_T(t)=I_o(1-t/t_{off})$)。由于 L 电流不变,C 上电压不能突变,故 T 电流下降时,将有电流 I_o-i_T 经二极管 D 向电容 C 充电,C 及 T 两端电压 u_{CE} 开始上升,直到 C 上电压充到和电源电压相等时,二极管 D_1 才会导通,此后 T 承受的电压保持为电源电压,如图 2-41 所示。如果 T 关断时其上的电压 u_{CE} 恰好为电源电压,则称此缓冲电路为临界缓冲电路,所需缓冲电容为临界缓冲电容。如果

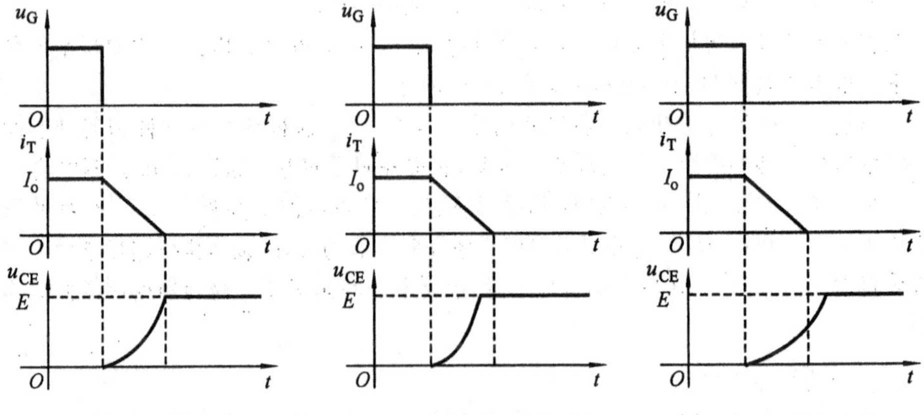

(a) 临界缓冲情形　　(b) 弱缓冲情形　　(c) 强缓冲情形

图 2-41　有 RCD 缓冲电路时关断过程 T 波形

T 关断前其上的电压 u_{CE} 为电源电压，则称此缓冲电路为弱缓冲电路。如果 T 关断时其上的电压 u_{CE} 低于电源电压，则称此缓冲电路为强缓冲电路。显然，此时 T 上电压上升率比没有缓冲电路时要小很多，关断时 T 的损耗随缓冲电容 C 的增大而减小。但需注意的是，关断后缓冲电容 C 上电压为 E，储能为 $CE^2/2$，，这部分能量将在 T 导通后消耗在电阻 R 上，因此缓冲电容也并非愈大愈好。通常可按临界缓冲情况进行缓冲电路设计。

2. 串联电感开通缓冲电路

分析如图 2-42(a)所示的直流变换电路，图中给出了 RLD 缓冲电路的结构及连接形式。假设负载电感 L 上电流基本不变，在关断 IGBT 前流过的电流为 I_o。

在没有 di/dt 缓冲电路即 $L_i=0$ 时，如开通 T，则理论上 T 电流瞬间从 0 上升到稳态值 I_o，T 电流上升率很大，如图 2-42(b)所示，有可能损坏器件。

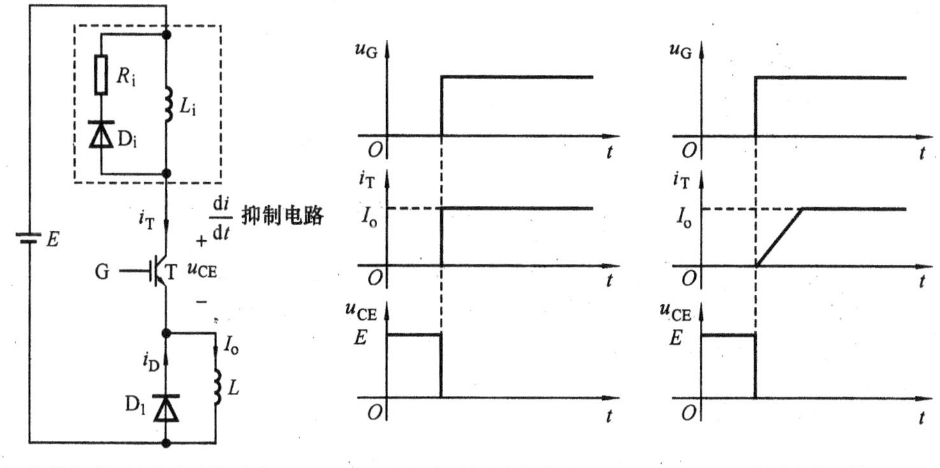

(a) 串联电感缓冲电路连接形式　(b) 无缓冲电路情形　(c) 有缓冲电路情形

图 2-42 串联电感缓冲电路及开通过程 T 波形

在装有 di/dt 缓冲电路时，如开通 T，设 T 即刻导通，由于 $L_i>0$，L_i 电流不能突变，因而 T 电流 i_T 也只能从零开始缓慢上升，如图 2-42(c)所示。L_i 电流上升期间 D_1 导通，因而此间 L_i 承受的电压为电源电压，L_i 电流线性上升。L_i 愈大，i_T 上升愈慢。需要注意的是，由于 L_i 的存在，T 关断过程中 L_i 电流减小而产生的反电势会加到 T 上，这对器件关断不利；此外，T 导通时储存在 L_i 中的能量在 T 关断后将消耗在 R_i 上，因此 L_i 也并非愈大愈好。L_i 大小的选择应使 i_T 上升率控制在允许的范围内。

设置有复合缓冲电路时，如图 2-43(a)所示，可改善器件的开关过程，开关过程的电压、电流波形如图 2-43(b)所示。注意，关断过程中 u_{CE} 上出现了超过电源电压的峰值，这是关断过程中 L_i 电流减少产生的反电势所致。实际上，由于线路电感的存在，即使 $L_i=0$，关断过程中 u_{CE} 仍会出现超过电源电压的峰值，因此，电力电子装置的设计、制造过程中应特别注意减小线路电感。

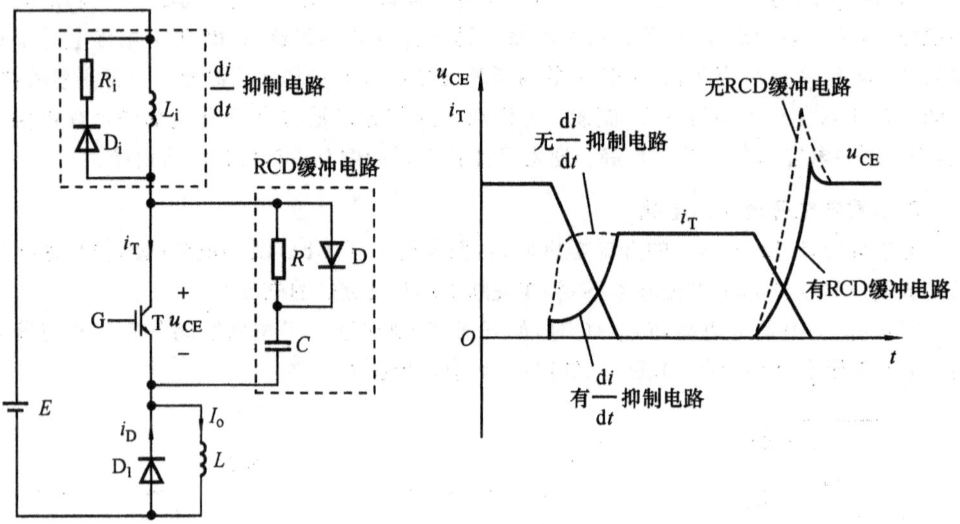

(a) 复合缓冲电路　　　　(b) 开关过程波形

图 2-43　复合缓冲电路及开关波形

还应该指出，全控型器件多用在高频开关电路中，缓冲电路所用二极管应选用快恢复二极管，额定电流应不小于主电路器件电流的 1/10。此外，晶闸管在实际应用中一般只承受换相过电压，没有关断过电压，关断时也没有较大的 du/dt，一般采用 RC 吸收电路即可。

2.6.4　器件温度控制

电力电子器件在工作过程中会产生功率损耗，从而导致器件温度上升。过高的温升将损坏器件，因此设计、使用中应限制器件的功耗，设法使器件温升控制在规定的范围内，确保器件不致因过热而损坏。本节主要讨论利用热阻概念设计散热系统实施器件温度控制的方法。

1. 热阻的概念

物体的温度是能量——热能的表现。如果一个物体两端的温度不同，热能将会从温度高的一端向温度低的一端转移，如图 2-44 所示，即存在热传导现象。研究表明，与外界隔绝的孤立物体，单位时间内转移的能量——功率和温度差存在比例关系，即

$$T_2 - T_1 = R_\theta P \tag{2-4}$$

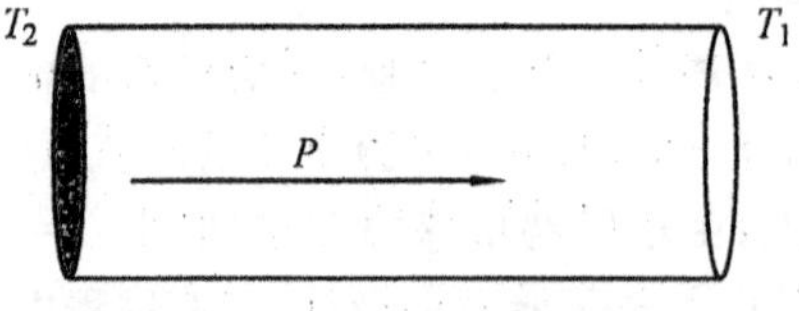

图 2-44　孤立物体的热传导示意图

式(2-4)中，系数 R_θ 仅和材料的性质、形状、大小等有关，称为热阻系数，单位为℃/W；T_1、T_2 分别表示物体两端的温度，单位为℃；P 为传导的功率，单位为 W。

2. 热能转移

对相互接触的不同物体，如果两物体间存在温度差，则同样有热能从温度高的物体向温度低的物体转移的现象，此时仍可用式(2-4)描述热能转移特性。不过，这时的热阻系数不仅和材料特性有关，还和接触状况(接触面积、紧密程度等)有关。

对功率半导体器件，工作时器件的功耗引起硅片—PN结发热，然后通过接触面传导到与之紧密结合的外壳，如果器件安装有散热器，则再通过外壳与散热器的接触面传导到散热器上，最后将热量散发到周围环境中，如图2-45所示。

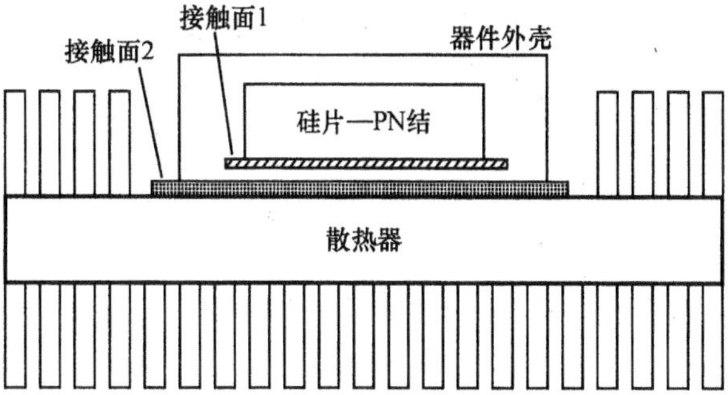

图2-45 半导体器件的散热系统

设器件产生的功耗为 P，器件结温为 T_j，器件壳温为 T_c，散热器温度为 T_S，周围环境温度为 T_a。由于稳态时器件产生的热量需全部散发到周围环境中，因此有

$$\left.\begin{aligned} T_j-T_c&=R_{\theta jc}P \\ T_c-T_S&=R_{\theta cS}P \\ T_S-T_a&=R_{\theta Sa}P \end{aligned}\right\} \tag{2-5}$$

式(2-5)中，$R_{\theta jc}$、$R_{\theta cS}$、$R_{\theta Sa}$ 分别表示结—壳热阻、壳—散热器热阻、散热器—环境热阻。

从而有

$$T_j-T_a=(R_{\theta jc}+R_{\theta cS}+R_{\theta Sa})P \tag{2-6}$$

由于器件允许的最高结温是确定的，式(2-6)表明，在散热器环境温度为 T_a 的条件下，器件允许的最大功耗由散热系统的总热阻决定。总热阻愈小，器件允许的功耗愈大。

器件生产厂家通常会给出器件的结—壳热阻。

壳—散热器热阻不仅与散热器材料特性有关，还和接触状况等相关，即与安装工艺有关。为减少热阻，常在接触面敷设一层很薄的导热硅酯，并让器件与散热器紧密接触。

散热器的生产厂家通常会给出一定条件下(如自然冷却、风冷、水冷)散热器—环境热阻。散热器与周围环境通风良好有利于减少散热器—环境热阻。

散热系统设计主要是根据器件允许的最高结温、功耗等情况选择合适的散热器，使器件的温升控制在允许范围内。

【例2-2】 设一功率半导体器件工作时最高结温不得超过150 ℃，最高环境温度55 ℃，结—壳热阻 $R_{\theta jc}=0.1$ ℃/W，壳—散热器热阻 $R_{\theta cS}=0.05$ ℃/W，如散热器—环境热

阻 $R_{\theta Sa}=0.1$ ℃/W，此时器件允许功耗是多少？如果器件最大允许功耗为 500 W，则散热器—环境热阻应是多少？

解 当散热器—环境热阻 $R_{\theta Sa}=0.10$ ℃/W 时，由式(2-6)知，此时允许的功耗为

$$P=\frac{T_j-T_a}{R_{\theta jc}+R_{\theta cS}+R_{\theta Sa}}=\frac{150-55}{0.1+0.05+0.1}\ \text{W}=380\ \text{W}$$

如果器件最大允许功耗为 $P_D=500$ W，由式(2-6)知，需散热器—环境热阻为

$$R_{\theta Sa}=\frac{T_j-T_a-(R_{\theta jc}+R_{\theta cS})\times P_D}{P_D}$$

$$=\frac{150-55-(0.1+0.05)\times 500}{500}\ ℃/\text{W}=0.04\ ℃/\text{W}$$

此时散热器—环境热阻应不超过 0.04 ℃/W。

本 章 小 结

本章从应用的角度介绍了常见电力电子器件的结构、工作原理、基本特性及其主要参数。

二极管是不可控器件，具有正向偏置时导通的特点。

晶闸管是典型的半控型器件，在其阳极正向偏置时，给门极加上触发脉冲即可使其导通。晶闸管一旦开通，不能通过门极控制其关断，必须施加负电压或使阳极电流接近零来使其关断。

全控型器件不仅可以通过控制极使其开通，也可以通过在控制极加上适当信号使其关断。

GTO、IGCT、GTR 等是电流控制型器件，即开关时需对控制极加上适当的电流信号。GTO、IGCT 只需脉冲信号即可控制器件开关，但控制电流信号的幅值与阳极主电流几乎具有相同数量级，因而控制电流也较大，驱动电路复杂，通常只用于大功率变流电路。由于 IGCT 内部集成有驱动电路，因而便于应用。

功率 MOSFET、IGBT 等是电压控制型器件，即开关时需对控制极加上适当的电压信号。IGBT 是由 MOSFET 与 GTR 复合而成的，不仅具有 MOSFET 控制方便、开关频率高等特点，同时具有 GTR 电流容量大、通态压降低等特点，是目前电力电子装置中广泛应用的器件，也是大、中型电力电子装置设计时首选的器件。功率 MOSFET 主要用于高频、小功率装置中，而 GTR 已逐步被 IGBT 取代而淡出市场。

应用器件时应掌握器件的电压、电流、开关时间等参数。

由于电力电子器件通常较昂贵，且器件损坏时会影响整个装置或系统工作，带来严重后果，因此使用电力电子器件时必须注意器件的保护，如过电流、过电压、过热保护等。

功率集成电路(PIC)是现代电力电子技术的发展趋势，随着 PIC 的进一步发展，电力电子技术的应用将更方便、更广泛，同时也将在社会经济建设中发挥更大作用。

思考题与习题

2-1 说明半导体 PN 结单向导电的基本原理。

2-2 晶闸管开通的条件是什么？关断的条件又是什么？

2-3 试描述晶闸管的开关特性。

2-4 比较 GTO 与 IGCT 的工作原理、特点。

2-5 功率 MOSFET 与 IGBT 各有何特点？

2-6 额定电流 100 A 的晶闸管允许通过的电流有效值是多少？某应用晶闸管的电路须通过电流的有效值为 150 A，晶闸管的额定电流至少应为多少？

2-7 为什么要对电力电子器件进行保护？说明采用电子电路进行过电流保护的方案。

2-8 查阅文献资料，了解电力电子器件及其应用的发展趋势。

3

DC/DC 变换电路

本章首先介绍了 PWM 技术的基本思想，接着讨论了几种基本的直流斩波电路：降压斩波电路、升压斩波电路、升降压斩波电路、库克变换电路；并分析了它们的电路结构、工作原理及其主要数量关系。随后介绍了可在两个象限、四个象限运行的复合斩波电路、多相多重斩波电路及变压器隔离的DC/DC 变换电路——单端正激变换器与单端反激变换器。

将直流电能(DC)转换成另一种固定电压或电压可调的直流电能(DC)的电路称为直流变换电路。它利用电力开关器件周期性的开通与关断来改变输出电压的大小，因此也称为开关型 DC/DC 变换电路或直流斩波器。DC/DC 变换电路主要以全控型电力电子器件作为开关器件，采用脉冲宽度调制(pulse width modulation，简称 PWM)控制技术并通过变换电路控制输出电压的大小。开关频率越高，越容易用滤波器抑制输出电压的纹波，减小对交流电网的影响。

随着生产实际的需要和技术的发展，产生了多种 DC/DC 变换电路。按变换功能分，可分为降压变换电路、升压变换电路、升降压变换电路、库克变换电路等。

3.1 直流 PWM 控制技术基础

PWM 控制技术以其控制简单、灵活和动态响应好等优点而成为电力电子技术中应用最广泛的控制方式。在大量应用的逆变电路中，绝大部分都采用 PWM 控制。

PWM 控制是对脉冲的宽度进行调制的技术，即通过对一系列脉冲的宽度进行调制，来等效地获得所需要波形(包括形状和幅值)。PWM 控制的基本原理很早就已经提出，但是受电力电子器件发展水平的制约，一直未能在电力电子领域推广。直到 20 世纪 80 年代，随着全控型电力电子器件的迅速发展，PWM 控制技术才真正得到广泛应用。随着电力电子技术、微电子技术和自动控制技术的进步，PWM 控制技术获得了空前的发展。到目前为止，已出现了多种 PWM 控制技术。本节主要介绍 DC/DC 变换电路中 PWM 控制技术的基本思想及方法。

3.1.1 直流变换的基本原理及 PWM 概念

基本的直流变换电路如图 3-1(a)所示，T 为全控型开关管，R 为纯电阻性负载。当开关管 T 在 t_{on}时间开通时，电流 i_d 流经负载电阻 R，R 两端就有电压 u_o；开关管 T 在 t_{off}时间关断时，R 中电流 i_o 为零，电压 u_o 也就变为零。直流变换电路的负载电压、电流波形如图 3-2(b)所示。

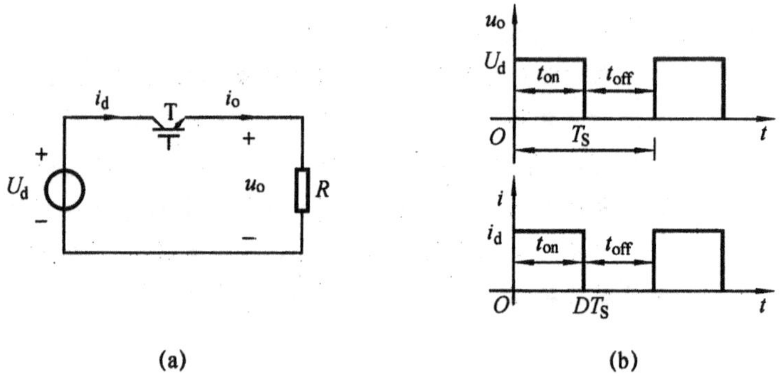

图 3-1 基本的直流变换电路及其负载波形

可以定义上述电路中占空比 D 为

$$D=\frac{t_{on}}{T_S}=\frac{t_{on}}{t_{on}+t_{off}} \tag{3-1}$$

式中，T_S 为开关管 T 的工作周期，t_{on}为开关管 T 的导通时间。

由图 3-1(b)的波形可知，输出电压的平均值为

$$U_o=\frac{1}{T_S}\int_0^{T_s}U_d\mathrm{d}t=\frac{t_{on}}{T_S}U_d=DU_d \tag{3-2}$$

注意，这里开关管控制信号的电平与输出电压的电平具有对应关系，即控制开关管的导通与关断来控制输出电压。

式(3-2)说明，通过改变占空比 D 的大小，就可以改变输出电压平均值的大小。

由式(3-1)可知，改变占空比 D 有以下三种基本方法。

(1)维持 t_{on}不变，改变 T_S。改变 T_S 就改变了输出电压的周期或频率，这种方式就是脉冲频率调制(PFM)的基本思想。

(2)维持 T_S 不变，改变 t_{on}。在这种方式中，输出电压波形的周期不变，仅改变脉冲宽度。这种方式就是脉冲宽度调制(PWM)的基本思想。

(3)同时改变 t_{on}、T_S。这种方式就是混合脉冲宽度调制。

广义的脉冲宽度调制技术包含上述三种控制方式。如果不特别指出，PWM 通常指周期固定的脉冲宽度调制方式。

在 PFM 方式中，输出电压波形的周期是变化的，因此输出谐波的频率也是变化的，这使得滤波器的设计比较困难，会导致输出谐波干扰严重。

在 PWM 方式中，输出电压波形的周期是不变的，因此输出谐波的频率也不变，这使得滤波器的设计变得较为容易，因而这种方法在电力电子技术中应用广泛。

3.1.2 PWM 技术基础

1. 面积等效原理

在图 3-1 中，输出电压波形是脉冲直流波形，即输出电压中除直流分量外，还有较大的谐波成分。对需要直流电的负载而言，谐波成分是不期望的。

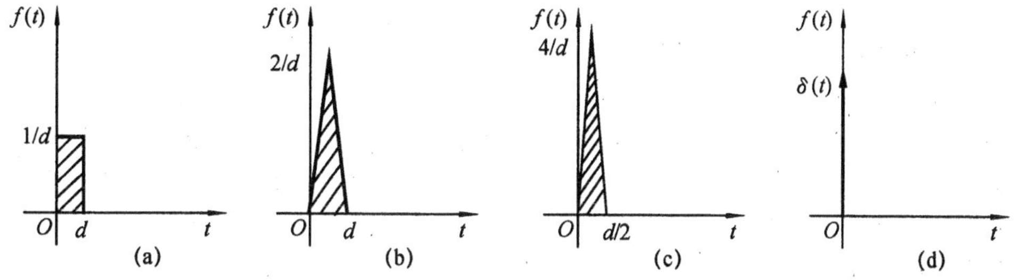

图 3-2 形状不同而冲量相同的各种窄脉冲

从自动控制理论的学习可知，冲量相等而形状不同的窄脉冲加在具有惯性的环节上时，其效果基本相同。这里冲量指脉冲面积，效果基本相同指环节的输出波形基本相同。例如，分别将如图 3-2 所示的面积相同的电压窄脉冲加在一阶惯性环节（RL 电路）上，如图 3-3(a)所示，其输出电流 $i(t)$对不同窄脉冲的响应波形如图 3-3(b)所示。图 3-2 中$\delta(t)$表示单位冲激函数。从波形可以看出，在上升段，$i(t)$的形状略有不同，但其下降段则几乎

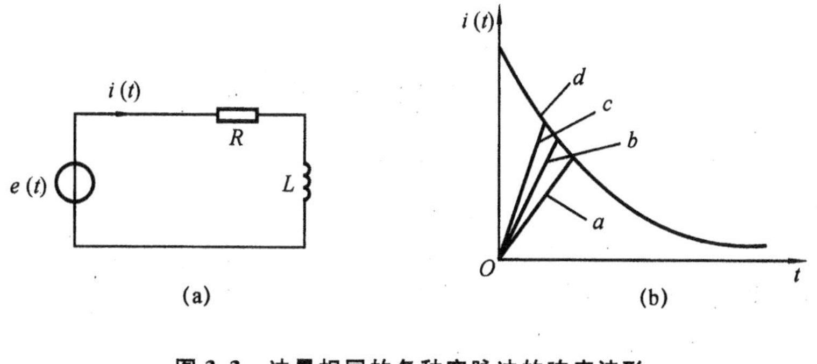

图 3-3 冲量相同的各种窄脉冲的响应波形

完全相同。脉冲越窄，各 $i(t)$ 响应波形的差异也越小。如果周期性地施加上述脉冲，则响应 $i(t)$ 也是周期性的。用傅里叶级数分解后可看出，各 $i(t)$ 在低频段的特性非常接近，仅在高频段有所不同。例如，将幅值为 E 的直流电压信号施加到图 3-3 所示的电路上，则稳态输出电流为 $i(\infty)=E/R$。如果施加幅值为 $2E$、占空比为 0.5 的一列脉冲电压信号，则可以证明，此时稳态输出电流平均值仍为 $i(\infty)=E/R$。这说明，只要输入信号的低频成分相同，则经过一阶惯性环节作用后，输出的低频成分也相同。

上述原理可以称为面积等效原理。根据该原理，将平均值为 u_p 的一系列幅值相等而宽度不相等的脉冲加到包含惯性环节的负载上，将与施加幅值为 u_p 的恒定直流电压所得结果基本相同，这样一来就可用一列脉冲波形代替直流波形。除了直流波形可用 PWM 波形来代替外，根据面积等效原理可以进一步推出，可以在一段时间内按一定规则生成 PWM 波形来代替所需的任何波形，如用正弦脉冲宽度调制波形来代替正弦波，第 4 章中将对此进一步讨论。

2. 直流 PWM 波形的生成方法

生成 PWM 波形有多种方法，常见的有计算法、调制法等。计算法是在每个时间段，利用计算机技术直接计算出当前所需要的脉冲宽度，据此对电力电子器件进行开关控制进而获得 PWM 波形。调制法是利用高频载波信号与期望信号相比较来确定各脉冲宽度信息进而生成 PWM 波形。图 3-4 显示了利用调制法生成 PWM 波形的系统框图及其输出的 PWM 波形。

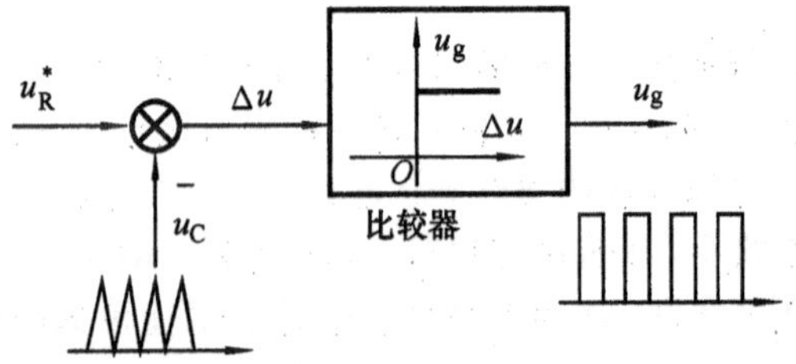

(a) 系统框图

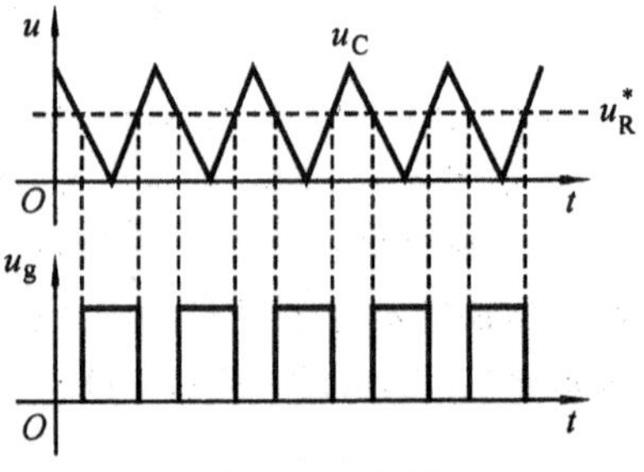

(b) PWM波形

图 3-4 调制法的系统框图及其输出波形

在图 3-4 中，u_R^* 为期望电压或与期望电压成比例的占空比信号，u_C 为高频载波信号，$\Delta u=u_R^*-u_C$，当 $\Delta u>0$ 时，比较器输出 u_g 为高电平，反之输出 u_g 为低电平。PWM 信号 u_g 用来控制电力电子器件的开关。

在采用闭环控制的直流变换电路中，期望电压信号 u_R^* 通常由闭环控制器给出。

3.2 基本的直流斩波电路

3.2.1 降压变换电路

降压变换电路输出电压的平均值低于输入直流电压，又称为 Buck 型变换器。

降压变换电路如图 3-5(a)所示，T 为全控型开关管，D 为续流二极管，其开关速度与 T 同等级(常用快恢复二极管)。L、C 分别为滤波电感和电容，组成低通滤波器，R 为负载。为了简化分析过程，在本章的电路分析中假设所有的元器件都处于理想状态，即 T、D 是无损耗的理想开关管，输入直流电源 U_d 是理想电压源，其内阻为零，L、C 中的损耗可忽略，R 为理想负载。

如图 3-5 所示，触发脉冲在 $t=0$ 时使 T 导通，在 t_{on} 期间，L 中有电流流过，且 D 反向偏置，导致电感两端呈现正电压 $u_L=U_d-u_o$，在该电压的作用下，电感中的电流 i_L 线性增大，其等效电路如图 3-5(b)所示。当触发脉冲在 $t=DT_S$ 时刻使 T 阻断而处于 t_{off} 期间，由

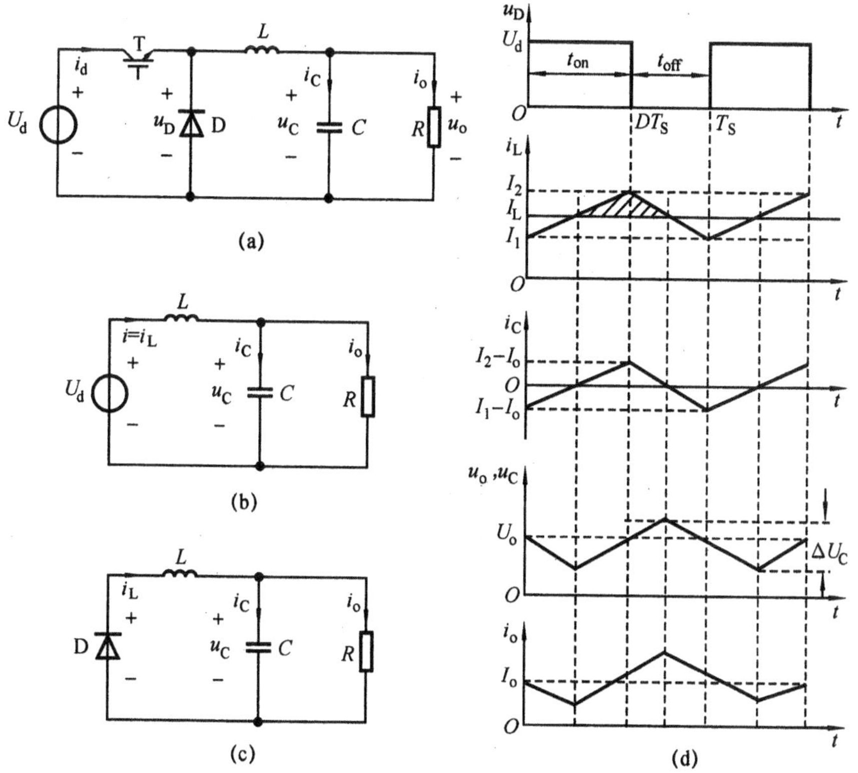

图 3-5 降压斩波电路及其波形图

于电感已储存了能量，D导通，i_L 经过D续流，此时 $u_L=-u_o$，L 中的电流 i_L 线性减小，其等效电路如图 3-5(c)所示。降压变换电路的主要波形如图 3-5(d)所示。

由波形可计算输出电压的平均值为

$$U_o=\frac{1}{T_S}\int_0^{T_s}u_o(t)\mathrm{d}t=\frac{1}{T_S}\left(\int_0^{t_{on}}U_d\mathrm{d}t+\int_{t_{on}}^{T_s}0\mathrm{d}t\right)=\frac{t_{on}}{T_S}U_d=DU_d \tag{3-3}$$

式中，U_d 为输入直流电压。因为 D 是 0～1 之间变化的系数，因此输出电压 U_o 总是小于输入电压 U_d，改变 D 值就可以改变输出电压平均值的大小。

在理想条件下，输入功率等于输出功率，即

$$P_o=P_d \tag{3-4}$$

$$U_oI_o=U_dI_d \tag{3-5}$$

因此，电源输出电流 I_d 与负载电流 I_o 的关系为

$$I_o=\frac{U_d}{U_o}I_d=\frac{1}{D}I_d \tag{3-6}$$

降压变换电路有两种可能的运行情况：电感电流连续和电感电流断续。电感电流连续是指电感电流在整个开关周期 T_S 内都存在，如图 3-6(a)所示；电感电流断续是指在开关管断开的 t_{off} 期间后期内，电感输出电流已降为零，如图 3-6(c)所示；电感电流处于连续与断续的临界状态，如图 3-6(b)所示。

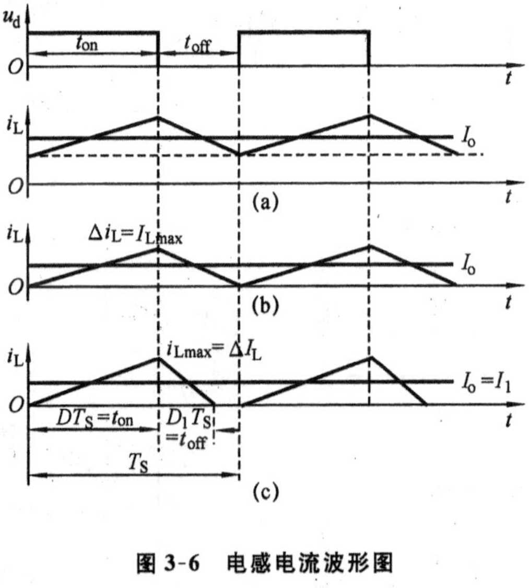

图 3-6 电感电流波形图

下面进一步分析电感电流连续时降压变换电路的主要数量关系。

在 t_{on} 期间，开关管 T 导通，电感上的电压为

$$u_L=L\frac{\mathrm{d}i_L}{\mathrm{d}t} \tag{3-7}$$

在此期间，由于 L 和 C 无损耗，因此电流从 I_1 线性增长到 I_2，式(3-7)可近似写成

$$U_d - U_o = L\frac{I_2 - I_1}{t_{on}} = L\frac{\Delta I_L}{t_{on}} \tag{3-8}$$

$$t_{on} = \frac{(\Delta I_L)L}{U_d - U_o} \tag{3-9}$$

式中，$\Delta I_L = I_2 - I_1$ 为电感上电流的变化量，U_o 为输出电压的平均值。

在 t_{off} 期间，T 关断，D 导通续流。依据假设条件，电感中的电流 i_L 从 I_2 线性减小到 I_1，则有

$$U_o = L\frac{\Delta I_L}{t_{off}} \tag{3-10}$$

$$t_{off} = L\frac{\Delta I_L}{U_o} \tag{3-11}$$

由式(3-9)、式(3-11)可求出开关周期 T_S 为

$$T_S = \frac{1}{f} = t_{on} + t_{off} = \frac{\Delta I_L L U_d}{U_o(U_d - U_o)} \tag{3-12}$$

由式(3-12)可求出

$$\Delta I_L = \frac{U_o(U_d - U_o)}{fLU_d} = \frac{U_d D(1-D)}{fL} \tag{3-13}$$

式中，ΔI_L 为流过电感电流的峰—峰值，最大为 I_2，最小为 I_1。电感电流一周期内的平均值与负载电流 I_o 相等，即

$$I_o = \frac{I_2 + I_1}{2} \tag{3-14}$$

$$I_1 = I_o - \frac{U_d T_S}{2L}D(1-D) \tag{3-15}$$

当电感电流处于临界状态时，应有 $I_1 = 0$，将此代入式(3-15)可求出维持电流临界连续的负载电流平均值 I_{ok} 为

$$I_{ok} = \frac{U_d T_S}{2L}D(1-D) \tag{3-16}$$

显然，临界负载电流 I_{ok} 与输入电压 U_d、电感 L、开关频率 f 以及开关管 T 的占空比 D 都有关。f 越高、L 越大，I_{ok} 越小，越容易实现电感电流的连续工作。

当实际负载电流 $I_o > I_{ok}$ 时，电感电流连续。

当实际负载电流 $I_o = I_{ok}$ 时，电感电流处于临界连续状态。

当实际负载电流 $I_o < I_{ok}$ 时，电感电流断续。

由式(3-3)及 $I_o = U_o/R$ 可得

$$I_o = \frac{DU_d}{R}$$

由 I_o 与 I_{ok} 的关系可推出：当 $2L/(RT_S) > 1-D$ 时，电感电流连续；当 $2L/(RT_S) = 1-D$ 时，电感电流处于临界连续状态；当 $2L/(RT_S) < 1-D$ 时，电感电流断续。

在降压变换电路中，如果滤波电容 C 的电容足够大，则输出电压 U_o 为常数；如果电容

C为有限值，则输出电压不再是常数，而是在直流平均电压的基础上还叠加有交流成分，即输出电压中，将会有纹波成分。假设 i_L 中所有纹波分量都流过电容，而其平均分量 I_L 流过负载电阻。在图 3-5(d)中，当 $i_L < I_L$ 时，C 对负载放电；当 $i_L > I_L$ 时，C 被充电。因为流过电容的电流在一周期内的平均值为零，那么在 $T_S/2$ 时间内电容充电或放电的电荷量为

$$\Delta Q = \frac{1}{2}\left(\frac{DT_S}{2} + \frac{T_S - DT_S}{2}\right)\frac{\Delta I_L}{2} = \frac{T_S}{8}\Delta I_L \tag{3-17}$$

电流连续时纹波电压的峰—峰值为

$$\Delta U_o = \frac{\Delta Q}{C} = \frac{\Delta I_L}{8C}T_S = \frac{\Delta I_L}{8fC} = \frac{U_o(U_d - U_o)}{8LCf^2U_d} = \frac{U_dD(1-D)}{8LCf^2} = \frac{U_o(1-D)}{8LCf^2} \tag{3-18}$$

电流连续时输出电压的纹波系数为

$$\frac{\Delta U_o}{U_o} = \frac{1-D}{8LCf^2} = \frac{\pi^2}{2}(1-D)\left(\frac{f_c}{f}\right)^2 \tag{3-19}$$

式中，$f=1/T_S$ 是降压变换电路的开关频率，$f_c=1/(2\pi\sqrt{LC})$ 是电路的截止频率。它表明通过选择合适的 L、C 值，当满足 $f_c \ll f$ 时，可以限制输出纹波电压的大小，而且纹波电压的大小与负载无关。

3.2.2 升压变换电路

直流输出电压的平均值高于输入电压的变换电路称为升压变换电路，又称为 Boost 电路，如图 3-7(a)所示。图中，T 是全控型开关管，D 是快恢复二极管。在理想条件下，当电感 L 中的电流 i_L 连续时，电路的工作波形如图 3-7(d)所示。

当 T 在触发信号作用下导通时，电路处于 t_{on} 工作期间，D 承受反向电压而截止。一方面，能量从直流电源输入并储存到 L 中，电感电流 i_L 从 I_1 线性增大到 I_2；另一方面，R 由 C 提供能量，等效电路如图 3-7(b)所示。很显然，L 中的感应电动势与 U_d 相等。

$$U_d = L\frac{I_2 - I_1}{t_{on}} = L\frac{\Delta I_L}{t_{on}} \tag{3-20}$$

$$t_{on} = L\frac{\Delta I_L}{U_d} \tag{3-21}$$

式中，$\Delta I_L = I_2 - I_1$ 为 L 中电流的变化量。

当 T 被控制信号关断时，电路处于 t_{off} 工作期间，D 导通，由于 L 中的电流不能突变，产生感应电动势阻止电流减小，此时 L 中储存的能量经 D 给 C 充电，同时也向 R 提供能量。在理想条件下，电感电流 i_L 从 I_2 线性减小到 I_1，等效电路如图 3-7(c)所示。由于 L 上的电压等于 $U_o - U_d$，因此可得

$$U_o - U_d = L\frac{\Delta I_L}{t_{off}} \tag{3-22}$$

$$t_{off} = \frac{L}{U_o - U_d}\Delta I_L \tag{3-23}$$

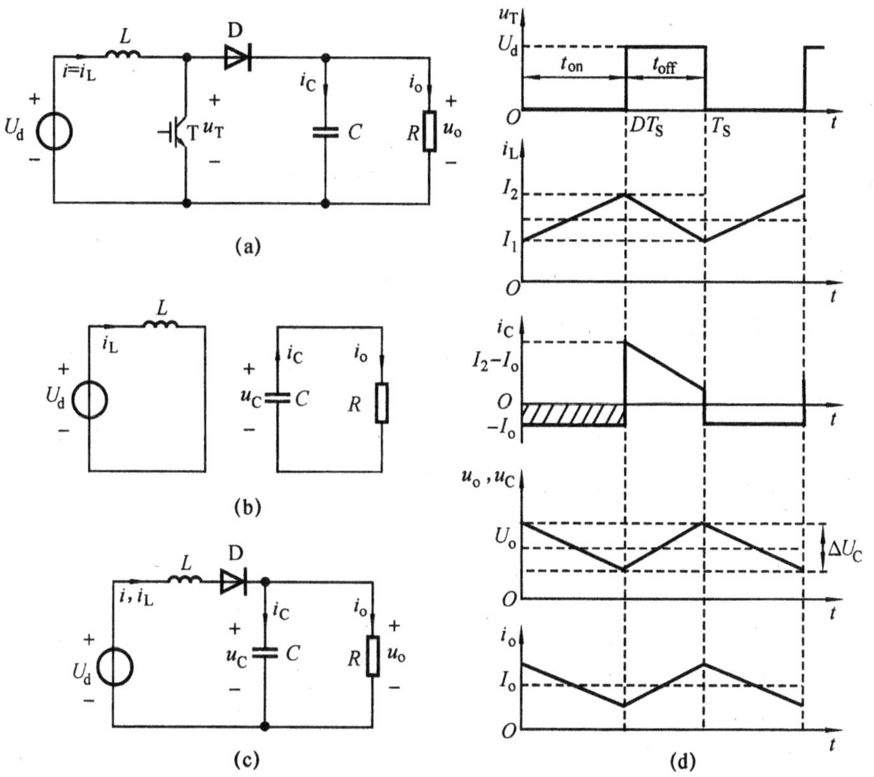

图 3-7　升压变换电路及其波形

则有

$$\frac{U_d t_{on}}{L}=\frac{U_o-U_d}{L}t_{off} \tag{3-24}$$

$$U_o=\frac{t_{on}+t_{off}}{t_{off}}U_d=\frac{U_d}{1-D} \tag{3-25}$$

式中，占空比 $D=t_{on}/T_S$。当 $D=0$ 时，$U_o=U_d$，但 D 不能为 1，因此在 $0\leqslant D<1$ 变化范围内，输出电压总是大于或等于输入电压。

在理想条件下，由式(3-4)、式(3-5)可得电源输出电流和负载电流的关系为

$$I_d=\frac{I_o}{1-D} \tag{3-26}$$

变换器的开关周期 $T_S=t_{on}+t_{off}$，则

$$T_S=t_{on}+t_{off}=\frac{LU_o}{U_d(U_o-U_d)}\Delta I_L \tag{3-27}$$

$$\Delta I_L=\frac{U_d(U_o-U_d)}{fLU_o}=\frac{U_d D}{fL} \tag{3-28}$$

式中，$\Delta I_L=I_2-I_1$ 为电感电流的峰—峰值，输出电流的平均值为

$$I_o = \frac{I_2 + I_1}{2}(1-D) \tag{3-29}$$

将式(3-28)代入式(3-29)，有

$$I_1 = \frac{I_o}{1-D} - \frac{DT_S}{2L}U_d \tag{3-30}$$

当电流处于临界连续状态时，$I_1=0$，则可求出电感电流临界连续时的负载电流平均值 I_{ok} 为

$$I_{ok} = (1-D)\frac{DT_S}{2L}U_d \tag{3-31}$$

显然，临界负载电流 I_{ok} 与输入电压 U_d、电感 L、开关频率 f 以及开关管 T 的占空比 D 都有关。f 越高、L 越大，I_{ok} 越小，越容易实现电感电流的连续工作。

当实际负载电流 $I_o > I_{ok}$ 时，电感电流连续。

当实际负载电流 $I_o = I_{ok}$ 时，电感电流处于临界连续状态。

当实际负载电流 $I_o < I_{ok}$ 时，电感电流断续。

由式(3-25)及 $I_o = U_o/R$ 可得

$$I_o = \frac{U_d}{R(1-D)}$$

由 I_o 与 I_{ok} 的关系可推出：当 $2L/(RT_S) > D(1-D)^2$ 时，电感电流连续；当 $2L/(RT_S) = D(1-D)^2$ 时，电感电流处于临界连续状态；当 $2L/(RT_S) < D(1-D)^2$ 时，电感电流断续。

电感电流连续时升压变换电路的工作分为两个阶段：T 导通时是 L 储存能量的阶段，此时 L 不向 R 提供能量，R 靠储存于 C 的能量维持工作；T 关断时，电源和 L 共同向 R 供电，同时给 C 充电。升压变换电路电源的输入电流就是升压电感电流，电流平均值 $I_o = (I_2 + I_1)/2$。T 和 D 轮流工作，T 导通时，电感电流 i_L 流过 T；T 关断、D 导通时 i_L 流过 D。i_L 由 T 导通时的电流和 D 导通时的电流合成，在周期 T_S 的任何时刻 i_L 都不为零，即电感电流连续。稳态工作时，C 的充电量等于放电量，通过 C 的平均电流为零，故 D 的电流平均值就是负载电流 I_o。

经分析可知，输出电压的纹波为三角波，假设二极管电流 i_D 中所有的纹波分量都流过电容，其平均电流流过负载电阻，稳态工作时，图 3-7(d)中 i_C 波形的阴影部分面积，反映了一个周期内电容 C 中电荷的泄放量。因此，对 $I_1 > I_o$ 情形，电压纹波峰-峰值为

$$\Delta U_o = \Delta U_C = \frac{\Delta Q}{C} = \frac{1}{C}\int_0^{t_{on}} i_C \mathrm{d}t = \frac{1}{C}\int_0^{t_{on}} I_o \mathrm{d}t = \frac{I_o}{C}t_{on}$$

$$= \frac{I_o}{C}DT_S = \frac{U_o}{R}\cdot\frac{DT_S}{C} \tag{3-32}$$

$$\frac{\Delta U_o}{U_o} = \frac{DT_S}{RC} = D\frac{T_S}{\tau} \tag{3-33}$$

式中，$\tau = RC$ 为时间常数。

实际应用中，选择电感电流的增量 ΔI_L 时，通常使电感的峰值电流 $(I_d + \Delta I_L) \leqslant 120\% I_d$，以防止电感饱和失效。

稳态工作时，T导通期间，电源输入L中的磁能在T阻断期间通过D转移到输出端，如果负载电流很小，就会出现电流断流情况。如果负载电阻变得很大，负载电流太小，而这时占空比D仍不减小、t_{on}不变，电源输入L的磁能必使输出电压U_o不断增加。因此，没有电压闭环调节的升压变换电路不宜在输出端开路情况下工作。

升压变换电路的效率很高，一般可达92%以上。

3.2.3 升降压变换电路

升降压变换电路又称为Buck-boost电路，其输出电压平均值可以大于或小于输入直流电压，输出电压与输入电压极性相反。升降压变换电路如图3-8(a)所示，T为全控型开关管，D为续流二极管，L、C分别为滤波电感和电容，R为负载。

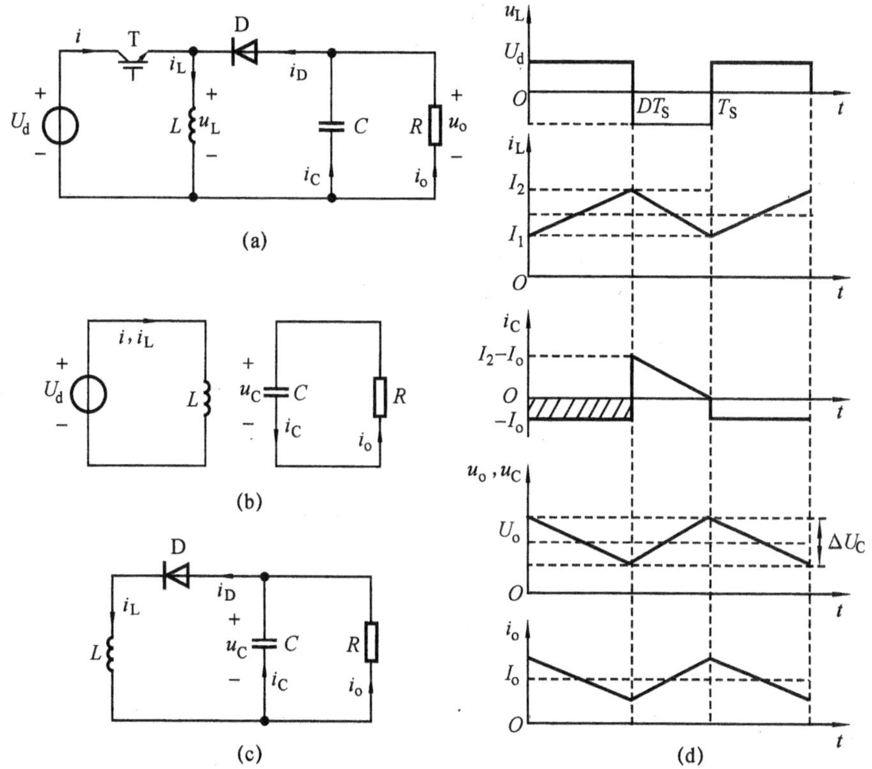

图3-8 升降压变换电路及其波形

在升降压变换电路中，随着T的通断，能量首先储存在L中，再由L向R释放。在理想条件下，当电感电流i_L连续时，电路的工作波形如图3-8(d)所示。

在t_{on}期间，开关管T开通，二极管D反向偏置而关断，滤波电容向负载提供能量，等效电路如图3-8(b)所示。此过程中，流入电感的电流i_L从I_1线性增大到I_2，则

$$U_d = L\frac{I_2 - I_1}{t_{on}} = L\frac{\Delta I_L}{t_{on}} \tag{3-34}$$

$$t_{on} = \frac{L}{U_d}\Delta I_L \tag{3-35}$$

在 t_{off} 期间，开关管 T 关断。由于电感中的电流不能突变，电感本身产生上负下正的感应电动势，当感应电动势大小超过输出电压 U_o 时，二极管 D 开通，电感向电容和电阻反向放电，使输出电压的极性与输入电压相反，等效电路如图 3-8(c)所示。此过程中，电感中的电流 i_L 从 I_2 线性下降到 I_1，则

$$U_o = -L\frac{\Delta I_L}{t_{off}} \tag{3-36}$$

$$t_{off} = -\frac{L}{U_o}\Delta I_L \tag{3-37}$$

根据上述分析可知，在 t_{on} 期间电感电流的增加量应等于 t_{off} 期间的减少量，则

$$\frac{U_d}{L}t_{on} = -\frac{U_o}{L}t_{off} \tag{3-38}$$

将 $t_{on}=DT_S$ 代入式(3-38)，可求出输出电压的平均值为

$$U_o = -\frac{D}{1-D}U_d \tag{3-39}$$

式中，负号表示输出电压与输入电压反相。当 $D=0.5$ 时，……$|U_o|=U_d$；当 $0.5<D<1$ 时，$U_o>U_d$，为升压变换过程；当 $0\leqslant D<0.5$ 时，$|U_o|<U_d$，为降压变换过程。

由式(3-4)、式(3-5)同样可得

$$I_o = \frac{1-D}{D}I_d \tag{3-40}$$

$$T_S = t_{on} + t_{off} = \frac{L(U_o - U_d)}{U_o U_d}\Delta I_L \tag{3-41}$$

$$\Delta I_L = \frac{U_o U_d}{fL(U_o - U_d)} = \frac{U_d D}{fL} \tag{3-42}$$

式中，$f=1/T_S$ 为开关频率。在电感电流临界连续的情况下，$I_1=0$，则

$$I_2 = \Delta I_L = \frac{U_d D}{fL} = -\frac{U_o(1-D)T_S}{L} \tag{3-43}$$

理想状态下，可以认为在 T 断开时原先储存在 L 中的磁能全部送给 R，即

$$\frac{1}{2}LI_2^2 f = -I_{ok}U_o \tag{3-44}$$

则电感电流临界连续时的负载电流平均值 I_{ok} 为

$$I_{ok} = \frac{D(1-D)}{2fL}U_d \tag{3-45}$$

显然，临界负载电流 I_{ok} 与输入电压 U_d、电感 L、开关频率 f 以及开关管 T 的占空比 D 都有关。f 越高、L 越大，I_{ok} 越小，越容易实现电感电流的连续工作。

当实际负载电流 $I_o>I_{ok}$ 时，电感电流连续。

当实际负载电流 $I_o = I_{ok}$ 时，电感电流处于临界连续状态。

当实际负载电流 $I_o < I_{ok}$ 时，电感电流断续。

同样，由式(3-39)及 $I_o = -U_o/R$ 可得

$$I_o = \frac{DU_d}{R(1-D)}$$

由 I_o 与 I_{ok} 的关系可推出：当 $2L/(RT_S) > (1-D)^2$ 时，电感电流连续；当 $2L/(RT_S) = (1-D)^2$ 时，电感电流处于临界连续状态；当 $2L/(RT_S) < (1-D)^2$ 时，电感电流断续。

升降压变换电路中，C 的充、放电情况与升压变换电路相同，在 $t_{on} = DT_S$ 期间，C 以负载电流 I_o 放电。稳态工作时，C 的充电量等于放电量，通过 C 的平均电流为零，当 $I_1 > I_o$ 时，图 3-8(d)中 i_C 波形阴影部分的面积反映了一个周期内 C 中电荷的泄放量，因此纹波电压为

$$\Delta U_o = \Delta U_C = \frac{1}{C}\int_0^{t_{on}} i_C \mathrm{d}t = \frac{1}{C}\int_0^{t_{on}} I_o \mathrm{d}t = \frac{I_o}{C}t_{on} = \frac{I_o D}{fC} \tag{3-46}$$

$$\frac{\Delta U_o}{U_o} = \frac{DT_S}{RC} = D\frac{T_S}{\tau} \tag{3-47}$$

式中，$\tau = RC$ 为时间常数。

升降压变换电路的缺点是，输入电流不连续，流过 D 的电流也是断续的，这对供电电源和负载不利。为了减少对电源和负载的影响即减少电磁干扰，要求在输入、输出端加低通滤波器。

3.2.4 库克变换电路

前面介绍的几种变换电路都具有直流电压变换功能，但输出或输入端电流都含有交流分量(纹波)，尤其是在电流断续的情况下，电路输入、输出端的电流是脉动的，即包含有较大的交流成分。纹波会使电路的变换效率降低，大电流的高频纹波成分还会产生辐射而干扰周围的电子设备，使它们不能正常工作。

库克(Cuk)变换电路，也称 Cuk 变换电路，同属于升降压型直流变换电路，如图3-9(a)所示。图中 L_1 和 L_2 为储能电感，D 为快恢复续流二极管，C_1 为传送能量的耦合电容，C_2 为滤波电容。这种电路的特点是，输出电压极性与输入电压相反，输入、输出端电流纹波小，输出直流电压平稳，降低了对外部滤波器的要求。在理想条件下，电流连续时，电路的工作波形如图 3-9(d)所示。

在 t_{on} 期间，T 导通，由于 C_1 上的电压 U_{C1} 使 D 反向偏置而截止，输入直流电压 U_d 向 L_1 输送能量，L_1 中的电流 i_{L1} 线性增大。与此同时，原来储存在 C_1 中的能量通过 T 向负载和 C_2、L_2 释放，负载获得反极性电压。在此期间，流过 T 的电流为($i_{L1} + i_{L2}$)，等效电路如图 3-9(b)所示。

在 t_{off} 期间，T 关断，L_1 中的感应电动势 u_{L1} 改变方向，使 D 正向偏置而导通。L_1 中的电流 i_{L1} 经过 C_1 和 D 续流，电源 U_d 与 L_1 的感应电动势 u_{L1} 串联相加，对 C_1 充电储能并经 D 续流。与此同时，i_{L2} 也经过 D 续流，L_2 的磁能转化为电能向负载释放能量，等效电路如

图 3-9(c)所示。

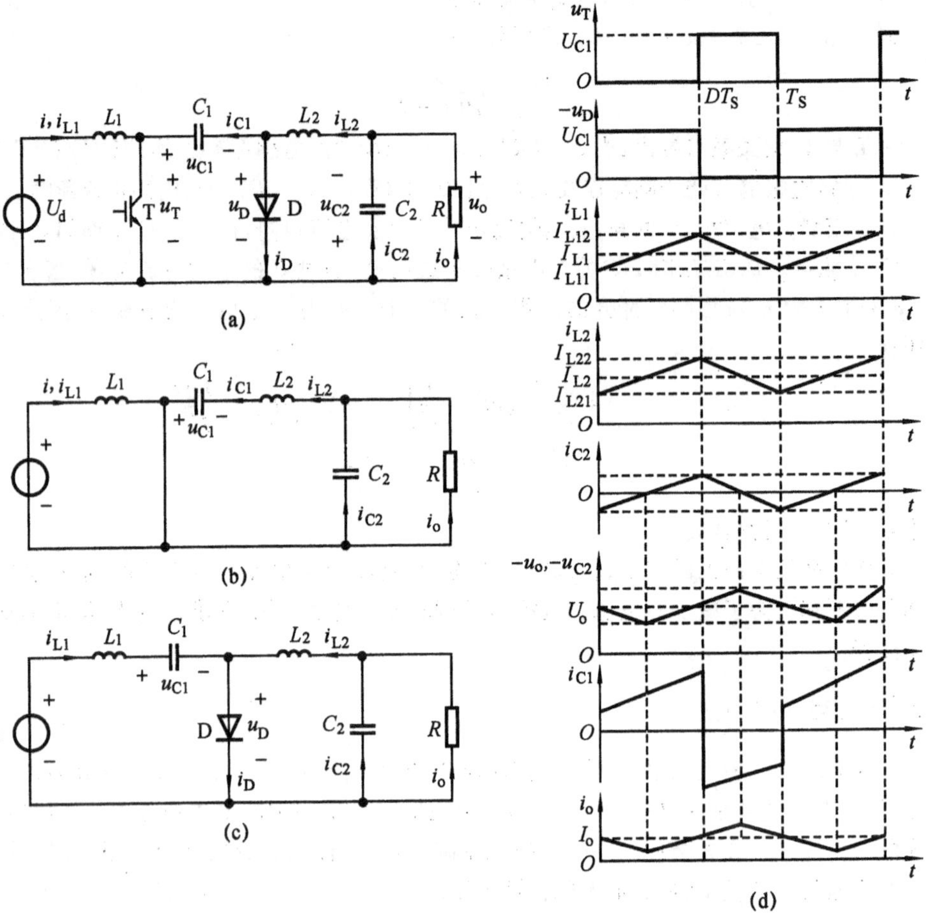

图 3-9　库克变换电路及其波形

在 i_{L1}、i_{L2} 经 D 续流期间，($i_{L1}+i_{L2}$)逐渐减小，如果在 T 关断的 t_{off} 结束前 D 的电流已减小为零，则从此时起到下次 T 导通这一段时间里 T 和 D 都不导电，D 电流断续。因此库克变换电路也有电流连续和断续两种工作情况，但这里是指流过 D 的电流，而不是指电感电流的连续或断流。在 T 的关断时间内，若 D 的电流总是大于零，则称电流连续；若 D 的电流在一段时间内为零，则称电流断流；若 D 的电流经 t_{off} 后，在下一个开关周期 T_S 的开通时刻正好降为零，则称为临界连续。电流连续时的波形如图 3-9(d)所示。

由上述分析可知，在整个周期 $T_S=t_{on}+t_{off}$ 中，C_1 从输入端向输出端传递能量，只要 L_1、L_2 和 C_1 足够大，就可保证输入、输出电流平稳，即在忽略所有元件损耗时，C_1 上的电压基本不变，而 L_1 和 L_2 上的电压在一个周期内的积分都等于零。对于 L_1 有

$$\int_0^{t_{on}} u_{L1}\mathrm{d}t + \int_{t_{on}}^{T} u_{L1}\mathrm{d}t = \int_0^{t_{on}} U_d\mathrm{d}t + \int_{t_{on}}^{T}(U_d - U_{C1})\mathrm{d}t = 0 \tag{3-48}$$

则有

$$U_d DT_S + (U_d - U_{C1})(1-D)T_S = 0 \tag{3-49}$$

$$U_{C1} = \frac{1}{1-D}U_d \tag{3-50}$$

对于 L_2 同样有

$$\int_0^{t_{on}} u_{L2}\mathrm{d}t + \int_{t_{on}}^{T} u_{L2}\mathrm{d}t = \int_0^{t_{on}} (U_{C1} - U_o)\mathrm{d}t + \int_{t_{on}}^{T}(-U_o)\mathrm{d}t = 0 \tag{3-51}$$

则有

$$(U_{C1} - U_o)DT_S + (-U_o)(1-D)T_S = 0 \tag{3-52}$$

$$U_{C1} = \frac{1}{D}U_o \tag{3-53}$$

注意 U_d 与 U_o 的极性可得

$$U_o = -\frac{D}{1-D}U_d \tag{3-54}$$

式中，负号表示输出电压与输入电压反相；当 $D=0.5$ 时，$|U_o|=U_d$；当 $0.5<D<1$ 时，$|U_o|>U_d$；电路为升压变换；当 $0\leqslant D<0.5$ 时，$|U_o|<U_d$；电路为降压变换。

在理想条件下，由式(3-4)、式(3-5)同样可得

$$I_o = \frac{1-D}{D}I_d \tag{3-55}$$

注意，图中标记的负载电阻的电流正方向与其电压参考方向不同。

式(3-54)所示库克变换电路的输出、输入关系式与升降压变换电路的完全相同，但本质上却有区别。升降压变换电路是在 T 关断期间 L 给滤波电容 C 补充能量，输出电流脉动很大；而库克变换电路中，只要 C_1 足够大，输入、输出电流都是连续平滑的，有效地降低了纹波，即降低了对滤波电路的要求。因此，库克变换电路是较为理想的同时实现升压与降压的直流—直流变换电路，其缺点是需要用 C_1 传递能量，由于目前电容容量较小等原因，故限制了该电路在大功率场合的应用。

3.3 复合斩波电路

3.3.1 可逆斩波电路

在直流电动机的斩波控制中，常要使电动机正转和反转；电动运行和发电制动运行。前面介绍的降压斩波电路是在第一象限工作，升压斩波电路则在第二象限工作。在从电动向发电制动转换时，需要改变电路的连接方式，但在要求快速响应时，必然只能用门极信号来平稳过渡，使电压和电流都是可逆的。复合斩波电路就是由基本的降压和升压斩波电路组合而成的两象限工作的电流可逆斩波器电路，或四象限工作的桥式可逆斩波器

电路。

1. 电流可逆斩波器电路

如图 3-10(a)所示的电流可逆斩波器电路图，它由降压斩波器和升压斩波器复合组成。图中 E_a 是直流电源，如表示直流电动机的反电势。全控型开关管 T_1 和二极管 D_2 构成降压斩波器，由电源 U_S 向直流电动机供电，使直流电动机电动运行，如图 3-10(b)所示；开关管 T_2 和二极管 D_1 构成升压斩波器，把直流电动机所具有的动能变成电能反送电源，使直流电动机进行发电制动运行，如图 3-10(c)所示。因此，这种电路是工作在第一、二象限的两象限斩波器电路，此时必须防止开关管 T_1 和 T_2 同时导通使电源短路。

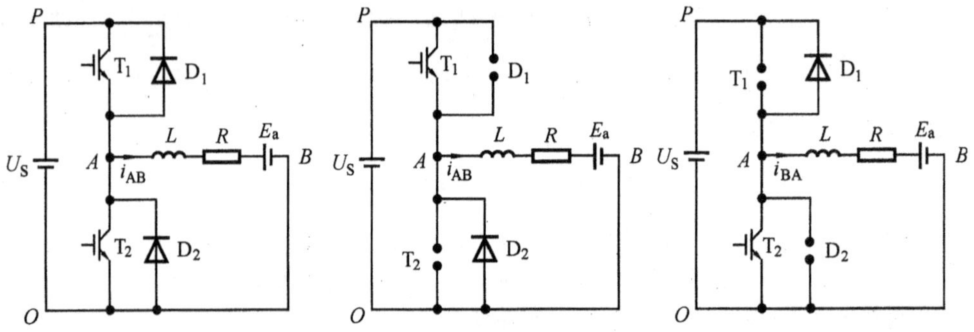

(a) 两象限直流—直流变换电路　　(b) 降压变换电路　　(c) 升压变换电路

图 3-10　电流可逆的斩波电路

若 T_2 完全关断，T_1 周期性的通、断转换，则成为一个降压变换电路，如图 3-10(b)所示。在 T_1 导通的 $t_{on}=DT_S$ 期间，$u_A=U_S$，只要 $U_S> E_a$，则 i_{AB}上升；T_1 关断的 $t_{off}=(1-D)T_S$ 期间，i_{AB}经 D_2 续流，$u_{AB}=0$，i_{AB}下降。在一个开关周期 T_S 中，u_{AB}的平均值 $U_{AB}=DU_S$，i_{AB}的平均值 I_{AB}为正值，即从 A 点流入负载。改变占空比 D 的大小即可改变 U_{AB}和 I_{AB}的大小，调节直流电动机的转速和转矩。由于这时变换器的输出电压 U_{AB}为正值，输出电流 I_{AB}也是正值，故称这时斩波器工作在第一象限。电机的转速 $n>0$，电机正转，电磁转矩 T_e 为正，即电磁转矩与转速同方向，是电动力矩，电机正转电动运行，接受变换器输出的能量。

若 T_1 完全关断，T_2 周期性的通、断转换，则成为一个升压变换电路，如图 3-10(c)所示。在 T_2 导通的 $t_{on}=DT_S$ 期间，$u_{AB}=0$，i_{BA}方向为从 E_a 流入 A 点，其绝对值$|i_{BA}|$上升。在 T_2 关断的 $t_{off}=(1-D)T_S$ 期间，电流 i_{BA}经 D_1 向电源 U_S 回流，$u_{AB}=U_S$，$|i_{BA}|$下降。在一个周期 T_S 内电流 i_{BA}的平均值 I_{BA}的方向也应该是从 E_a 经 R、L 流入 A 点，再经 D_1 流入电源 U_S，即这时 $U_{AB}>0$，$I_{AB}<0$，故变换器工作在第二象限。这时变换器的输入电压 $U_{AB}\approx E_a$，变换器输出电压 $U_S>E_a$，实现了升压功能，将电压源 E_a 升到较高的电压 U_S，把 E_a 的电能送给 U_S。这时电机转速 $n>0$，电机正转，电流 I_{AB}反向，电磁转矩 T_e 与电枢电流成正比，因而电磁转矩反向，转速与电磁转矩方向相反，T_e 为制动转矩。电机正转发电制动

运行，其电动势 E_a 经 R、L 向变换器输出电功率。

2. 桥式可逆斩波器电路

桥式可逆斩波器电路如图 3-11(a)所示，图中反电势 E_a 可表示直流电动机，此时直流电动机可以在正转电动、正转发电制动、反转电动、反转发电制动的四个象限运行。

如果 T_4 被置于通态、T_3 被置于断态，则 T_1、D_1、T_2、D_2 就构成如图 3-11(b)所示的 $U_{AB}=U_A>0$，I_{AB}可正、可负的两象限斩波电路。

如果 T_2 被置于通态、T_1 被置于断态，则 T_3、D_3、T_4、D_4 就构成另一个两象限斩波器，如图 3-11(c)所示。这时 E_a 应该反向(对应电动机反向旋转)，斩波器成为 $U_{BA}>0$，$U_{AB}<0$，I_{AB}可正、可负的两象限斩波器。这时有如下两种工作状态。

(1)在 T_4 截止，T_3 通、断转换时，$U_{BA}>0$，$I_{BA}>0$，使 $U_{AB}<0$，$I_{AB}<0$，斩波器工作在第三象限。由于 $U_{AB}<0$，$I_{AB}<0$，故电动机转速 $n<0$，电动机反转，电磁转矩 $T_e<0$，T_e 与 n 同时反向，故仍为电动力矩，电动机反转电动运行，电动机接受斩波器输出的功率，将电能转化为机械能。斩波器的 T_3、D_4 构成一个降压斩波器向电动机输出功率。

(2)当 T_3 截止，T_4 通、断转换时，$U_{BA}>0$，使 $U_{AB}<0$，但 $I_{AB}>0$，斩波器在第四象限工作，由于 $U_{AB}<0$，$I_{AB}>0$，故 $n<0$，$T_e>0$，T_e 方向与 n 方向相反，故为制动力矩。这时电动机反转发电制动运行，电动机输出电能给斩波器，将电能回送给直流电源 U_S，电动机作为发电机将原动机的机械能转换为电能经斩波器送至直流电源 U_S。斩波器的 T_4、D_3 构成一个升压斩波器。

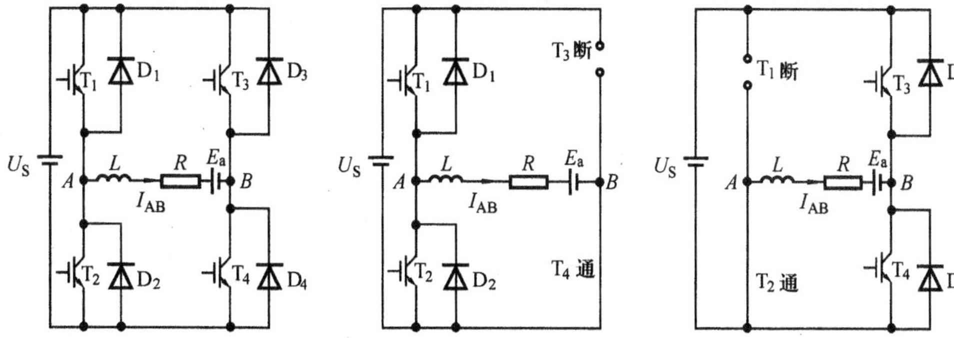

(a) 四象限直流—直流变换电路　(b) 第一、二两象限变换电路　(c) 第三、四两象限变换电路

图 3-11　桥式可逆斩波器电路

综上所述，由四个全控型开关器件构成的桥式电路中，对四个开关器件进行实时、适当的 PWM 控制，可以实现四个象限的 DC/DC 变换。其输出的直流电压、电流的平均值大小和方向均可控，因此使用这种可工作于四个象限的斩波器对直流电动机电枢供电时，可以实现电动机的转速、电磁转矩的大小和方向的调控，使直流电动机可以在四个象限工作。

3.3.2 多相多重斩波电路

适当组合几个结构相同的基本斩波器，可以构成图 3-12(a)所示的另一种复合型斩波器电路，称为多相多重斩波电路。假设复合型斩波器中每个开关管通断周期都是 T_S，开关频率都是 $f_S=1/T_S$，在一个周期 T_S 中，如果电源侧电流 i_S 脉动 n 次，即 i_S 脉动频率为 nf_S，则称为 n 相斩波器；如果负载电流 i_o 脉动 m 次，即 i_o 脉动频率为 mf_S，则称为 m 重斩波器。

在电源 U_S 和负载之间接入三个相同的降压斩波器组成的复合斩波器，如图 3-12(a)所示，三个降压斩波器各经一个电感 L 后并联向负载供电。各降压斩波器输出的电压分别为 u_1、u_2、u_3，输出电流分别为 i_1、i_2、i_3。若在一个开关周期 T_S 中，三个开关管的驱动信号如图 3-12(c)所示。三个开关器件 T_1、T_2、T_3 依序通、断各一次，它们导通时间的起点相差 $T_S/3$，但导通时间 t_{on} 相同、占空比 D 相同，那么输出电压 u_1、u_2、u_3 也应是脉宽 t_{on} 相同、幅值 U_S 相等、相位相差 1/3 周期的三个电压方波，如图 3-12(c)所示，电流 i_1、i_2、i_3 也应是相位相差 1/3 周期、波形完全相同的脉动电流波。

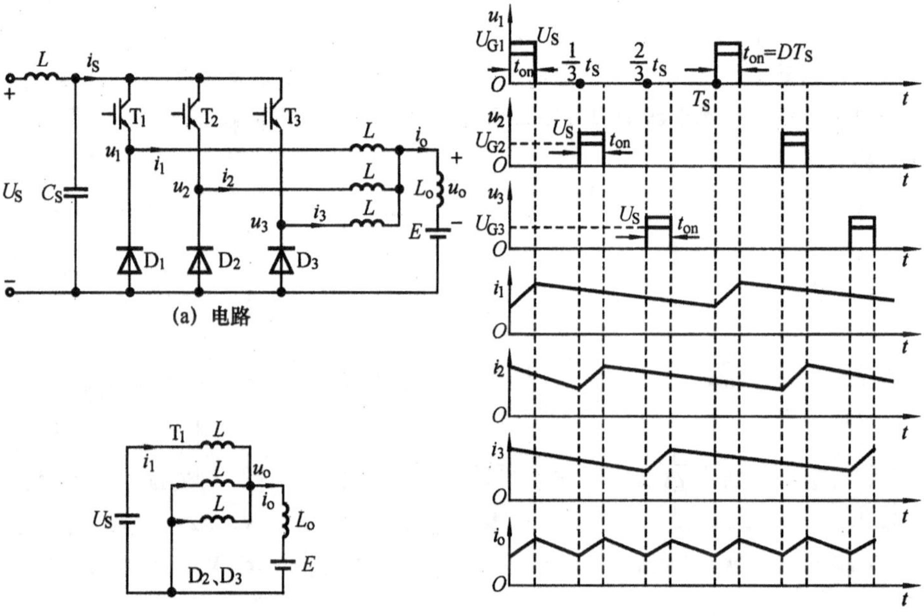

(a) 电路

(b) T_1 导通时的等效电路

(c) 波形

图 3-12　三相、三重复合斩波器及其波形图

在 T_1 导通的 $t_{on}=DT_S$ 期间，$u_1=U_S$ 时，i_1 上升；在 T_1 截止、i_1 经二极管 D_1 续流的 $t_{off}=(1-D)T_S$ 期间，$u_1=0$，i_1 下降。T_1、D_1 构成一个降压斩波器，只要 T_1 截止，i_1 经 D_1 续流的 $(1-D)T_S$ 期间不断流，即电感电流连续，则 T_1 输出电压 u_1 的直流平均值 U_1 是 $U_1=U_S\,t_{on}/T_S=DU_S$。同理，T_2、T_3 输出的电压 u_2、u_3 的直流平均值 $U_2=U_3=U_1=DU_S$。

在一个周期 T_S 中，电感电流的上升增量等于其下降量，电感 L 两端的直流电压平均值为零，因此负载电压 u_o 的直流平均值 U_o 为

$$U_o = U_1 = U_2 = U_3 = DU_S \tag{3-56}$$

而负载电流为

$$i_o = i_1 + i_2 + i_3 \tag{3-57}$$

如果 I_1、I_2、I_3 为 i_1、i_2、i_3 在一个周期中的电流平均值，I_o 为负载电流 i_o 的平均值，那么 I_1、I_2、I_3 应该相等，且 $I_o=3I_1=3I_2=3I_3$。在一个开关周期 T_S 中，负载电流脉动 3 次即 $m=3$，脉动频率 $f_o=mf_S=3f_S$，此复合斩波器应是三重斩波器。电源电流 i_S 是三个开关器件通态时电流瞬时值之和，故电源电流 i_S 在一个开关周期 T_S 中也脉动 3 次，即 $n=3$，i_S 的脉动频率为 $f=nf_S=3f_S$，所以图 3-12(a)所示的斩波器应是三相($n=3$)三重($m=3$)复合斩波电路。

图 3-12 电路中，三个开关管 T_1、T_2、T_3 有相同的导通占空比 D，不论 D 为何值，只要电感 L 电流连续，三个电压 u_1、u_2、u_3 的直流平均值 U_1、U_2、U_3 都应是 DU_S，输出电压 u_o 的直流平均值 $U_o=U_1=U_2=U_3=DU_S$，但输出电流 I_o 为

$$I_o = 3I_1 = 3I_2 = 3I_3 \tag{3-58}$$

多重、多相斩波电路中的各个基本斩波器还有互为备用的功能，一个单元电路故障后其余单元还可以继续工作，这又提高了斩波电路对负载供电的可靠性。

3.4 变压器隔离的 DC/DC 变换器

3.2 节介绍了基本的 DC/DC 变换器电路结构，它们的共同特点是输入、输出之间存在直接电连接，然而许多应用场合要求输入、输出之间实现电隔离，这时可在基本的 DC/DC 变换电路中加入变压器，就可得到输入、输出之间电隔离的 DC/DC 变换器。

由于变压器可插入在基本 DC/DC 变换器中的多个位置，从而可得到多种形式的变压器隔离的 DC/DC 变换器主电路。

常见的变压器隔离的 DC/DC 变换器主电路有单端正激变换器、反激变换器、半桥及全桥式降压变换器等。由于半桥及全桥式 DC/DC 变换器实质上是直流—交流—直流组合变换电路，将在以后讨论，这里主要介绍单端正激变换器、反激变换器。

3.4.1 正激变换器

在如图 3-13 所示的降压变换器中，如果将变压器插入在 $P-P'$ 位置，即可得到如图 3-14所示的正激变换器主电路。

由于图 3-14 中变压器原边通过单向脉动电流，因此变压器铁芯极易饱和，为此，主电路中还须考虑变压器铁芯磁场防饱和措施，即应如何使变压器铁芯磁场周期性地复位。另外，此时开关器件位置可稍作变动，使其发射极与电源 U_S 地相连，便于设计控制电路。

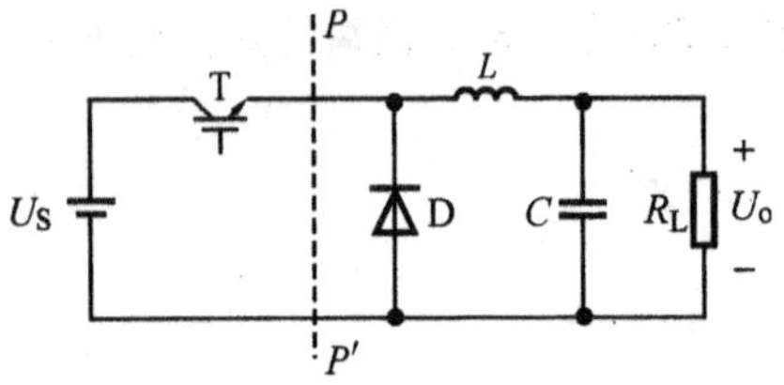

图 3-13 降压变换器

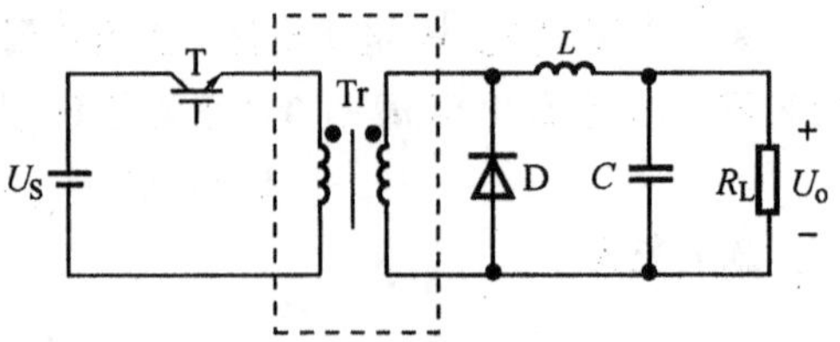

图 3-14 正激变换器电路原理图

铁芯磁场复位方案很多，常见的有如图 3-15(a)所示的磁场能量消耗法、如图 3-15(b)所示的磁场能量转移法等。

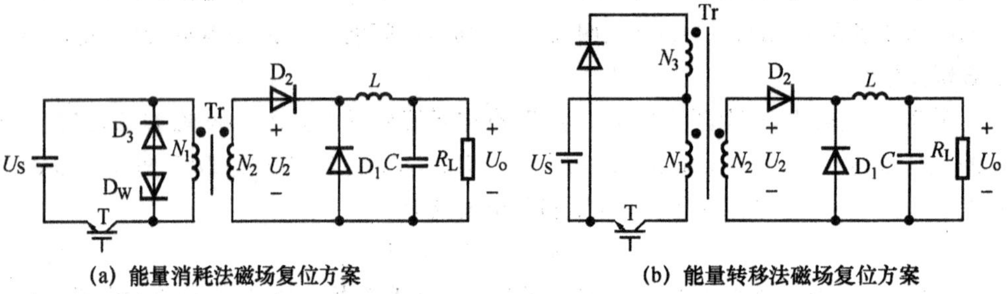

图 3-15 正激变换器

图 3-15(a)中，开关管 T 导通时，$U_2=(N_2/N_1)U_S$，N_1、N_2 分别为原、副边绕组匝数，电源能量经变压器传递到负载侧。开关管 T 关断时，变压器原边电流经 D_3、D_W 续流，磁场能量主要消耗在稳压管 D_W 上。开关管 T 承受的最高电压为 U_S+U_{DW}，U_{DW} 为稳压管 D_W 的稳压值。

图 3-15(b)中，开关管 T 导通时，电源能量经变压器传递到负载侧。开关管 T 关断时，由于电感电流不能突变，线圈 N_1 会产生下正上负的感应电势 e_1。同时，线圈 N_3 也会产生感应电势 e_3，且 $e_3=(N_3/N_1)e_1$，当 $e_3=U_S$ 时，D_3 导通。磁场储能转移到电源 U_S 中，此时开关管 T 上承受的最高电压为

$$U_S+\frac{N_1}{N_3}\cdot U_S=\frac{N_3+N_1}{N_3}\cdot U_S$$

由于正激变换器可看作是具有隔离变压器的降压变换器，因而具有降压变换器的一些特性。如电压变换比 $M=U_o/U_S=(N_2/N_1)D$，与导通比 D 成正比等。电路中的其他数量关系请读者自行推导。

3.4.2 反激变换器

反激变换器电路的工作原理如图 3-16(a)所示，和升降压变换器相比较可知，反激变换器用变压器代替了升降压变换器中的储能电感。因此，这里的变压器除了起输入电隔离作用外，还起储能电感的作用。反激变换器电路的工作原理：开关管 T 导通时，由于 D_1

承受反向电压，变压器副边相当于开路，此时变压器原边相当于一个电感。电源 U_S 向变压器原边输送能量，并以磁场形式储存起来。当开关管 T 关断时，线圈中磁场储能不能突变，将会在变压器副边产生上正下负的感应电动势，该感应电动势使 D_1 承受正向电压而导通，从而使磁场储能转移到负载上。

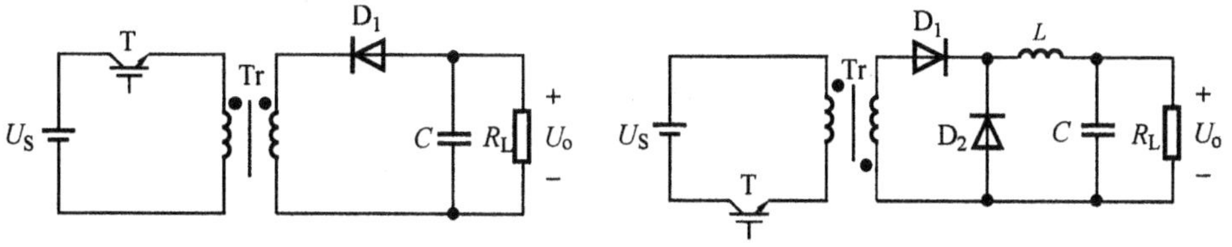

(a) 原理图　　(b) 输出LC滤波的实用电路

图 3-16　反激变换器

考虑滤波电感及续流二极管的实用反激变换器电路，如图 3-16(b)所示。

反激变换器电路的优点是结构简单，无需磁场复位电路，在小功率场合应用广泛；缺点是磁芯磁场直流成分大，为防止磁芯饱和，磁芯磁路气隙较大，磁芯体积相对较大。

本 章 小 结

本章介绍了将输入直流变换为不同形式的直流电压或电流幅值的典型变换电路，这种变换电路通常采用 PWM 控制技术。PWM 技术的核心是根据面积等效原理，利用一系列脉冲波形近似所需的直流电压或其他波形。本章介绍了四种基本的直流—直流变换电路：降压电路、升压电路、升降压电路、库克电路。重点介绍了这些电路的结构、工作原理及主要数量关系。接着介绍了复合直流—直流变换电路：典型的可逆斩波电路及多相多重斩波电路。可逆斩波电路主要用于需要和反电动势负载交换能量的场合，多相多重斩波电路主要用来提高输出功率及系统可靠性。最后介绍了两种基本的输入输出隔离的直流—直流变换电路：单端正激变换器与单端反激变换器，它们分别由降压电路、升降压电路演变而来，因而分别具有相应电路的特点。

思考题与习题

3-1 简述题图 3-1 所示的降压斩波电路的工作原理。

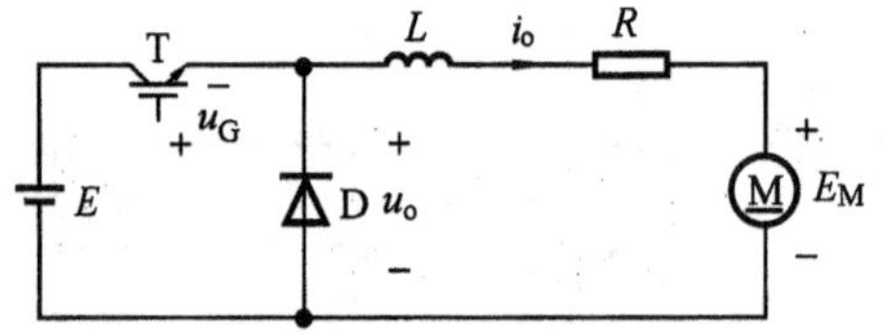

题图 3-1

3-2 在题图 3-1 所示的降压斩波电路中，已知 $E=200$ V，$R=10\ \Omega$，L 值极大，$E_M=30$ V。采用脉宽调制控制方式，当 $T=50\ \mu s$，$t_{on}=20\ \mu s$ 时，计算输出电压平均值 U_o、输出电流平均值 I_o。

3-3 在题图 3-1 所示的降压斩波电路中，$E=100$ V，$L=1$ mH，$R=0.5\ \Omega$，$E_M=10$ V，采用脉宽调制控制方式，当 $T=20\ \mu s$，$t_{on}=5\ \mu s$ 时，计算输出电压平均值 U_o、输出电流平均值 I_o。计算输出电流的最大和最小瞬时值，并判断负载电流是否连续。当 $t_{on}=3\ \mu s$ 时，重新进行上述计算。

3-4 简述题图 3-2 所示的升压斩波电路的基本工作原理。

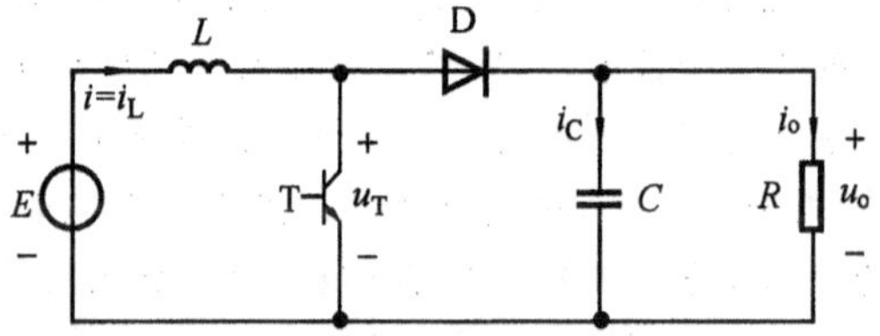

题图 3-2

3-5 在题图 3-2 所示的升压斩波电路中，已知 $E=50$ V，L 值和 C 值极大，$R=20\ \Omega$，采用脉宽调制控制方式，当 $T=40\ \mu s$，$t_{on}=25\ \mu s$ 时，计算输出电压平均值 U_o、输出电流平均值 I_o。

3-6 试分别简述升降压斩波电路和库克斩波电路的基本原理，并比较其异同。

3-7 有一个开关频率为 50 kHz 的降压斩波电路工作在电感电流连续的情况下，$L=0.05$ mH，输入电压 $U_d=15$ V，输出电压 $U_o=10$ V。

(1)求占空比 D 的大小；

(2)求电感中电流的峰—峰值 ΔI；

(3)若允许输出电压的纹波 $\Delta U_o/U_o=5\%$，求滤波电容 C 的最小值。

3-8 如题图 3-3 所示的电路，采用 PWM 控制方案并工作在电感电流连续的情况下，器件

T的开关频率为100 kHz，电路输入电压为直流220 V，当R_L两端的电压为400 V时：

(1)求占空比D的大小；

(2)当$R_L=40\ \Omega$时，求维持电感电流连续时的临界电感值；

(3)若允许输出电压的纹波系数为0.01，求滤波电容C的最小值。

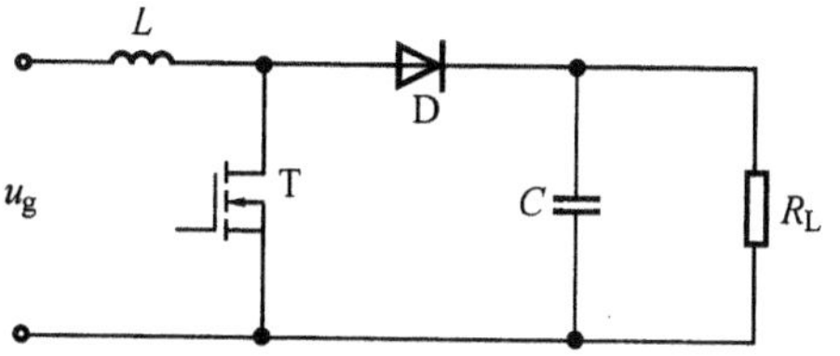

题图 3-3

3-9 分析题图3-4(a)所示的电流可逆斩波电路，并结合题图3-4(b)的波形，绘制出各个阶段电流流通的路径并标明电流方向。

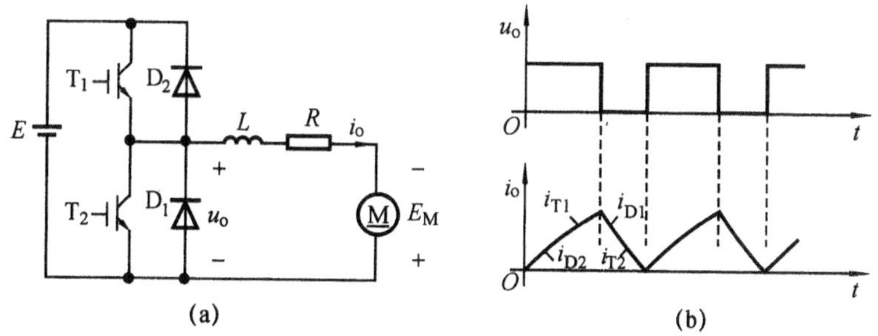

题图 3-4

3-10 对于题图3-5所示的桥式可逆斩波电路，若需使电动机工作于反转电动状态，试分析此时电路的工作情况，并绘出相应的电流流通路径图，同时标明电流流向。

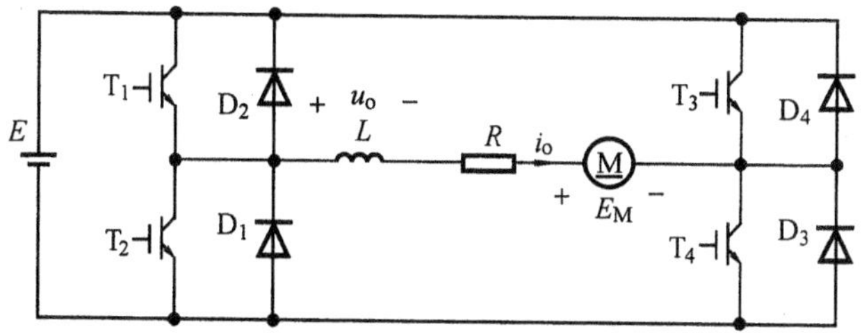

题图 3-5

3-11 多相多重斩波电路有何优点？

4

DC/AC 逆变电路

本章首先介绍逆变的定义和逆变电路的分类；接着介绍各种电压型逆变电路的基本组成、工作原理和特性，正弦脉宽调制(SPWM)控制的基本原理和控制方式，SPWM 产生的方法，SPWM 的数字控制，SPWM 逆变电路的谐波分析，两个电压型逆变电路的应用实例——开关电源和变频器；然后介绍电流型逆变电路的基本组成、特点、工作原理和换流过程；最后介绍多重化的目的、基本原理与分类，电流型多重化、电压型多重化逆变电路。

逆变是将直流电变换为交流电的过程，相应的电路称为逆变电路。逆变电路在电力电子电路中占有十分重要的位置。本章讲述逆变电路的基本内容，重点是电压型逆变电路的组成、工作原理及逆变器输出电压的控制。

4.1 逆变概念

4.1.1 逆变的定义

在实际应用中，往往需要将直流电能变换为交流电能，如应用晶闸管的电力机车，当机车下坡运行时，机车上的直流电机将由于机械能的作用作为直流发电机运行，此时就需要将直流电能变换为交流电能回送电网，以实现电动机制动；又如运转中的直流电机，要实现快速制动，较理想的办法是将该直流电机作为直流发电机运行，并利用晶闸管将直流电能变换为交流电能回送电网，从而实现直流电机的发电机制动。相对于将交流电变换为直流电的整流过程而言，把直流电变成交流电是它的逆过程，称为逆变(invertion)，这种电路称为逆变电路，实现逆变的装置称为逆变器。

逆变电路的最基本的工作原理可由图 4-1 表述。这是一个单相桥式逆变电路，其各

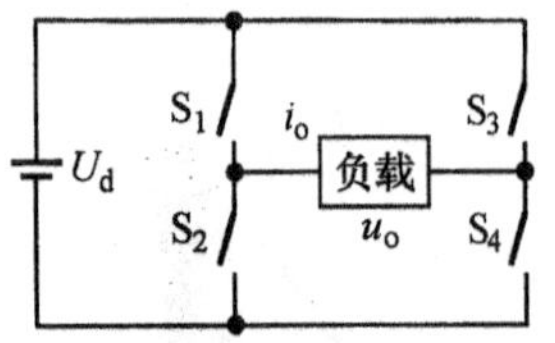

图 4-1　逆变原理图

臂 $S_1 \sim S_4$ 由电力电子器件及辅助电路组成。当开关 S_1、S_4 闭合，S_2、S_3 断开时，负载电压 $U_o = U_d$；相反，当开关 S_1、S_4 断开，S_2、S_3 闭合时，$U_o = -U_d$。于是，当桥中各臂以频率 f 轮流通、断时，输出电压 u_o 将成为交变方波，其幅值为 U_d，其波形如图 4-2 所示，从而把直流电变成了交流电。

改变两组开关的切换频率，可改变输出交流电的频率。

负载为电阻时，负载电流 i_o 和 u_o 的波形相同，相位也相同，如图 4-2 所示；负载为阻感时，i_o 相位滞后于 u_o，波形也不同，如图 4-3 所示。

在用电设备对电源质量和参数有特殊要求的场合，常用逆变器构成交流电源以代替公共电网。本章讨论用电力电子器件构成的典型逆变电路。

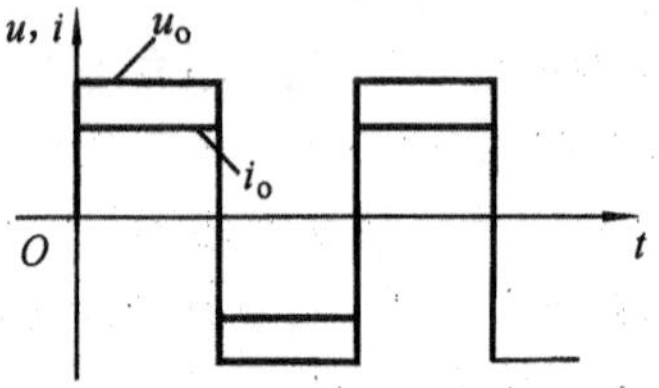

图 4-2　阻性负载

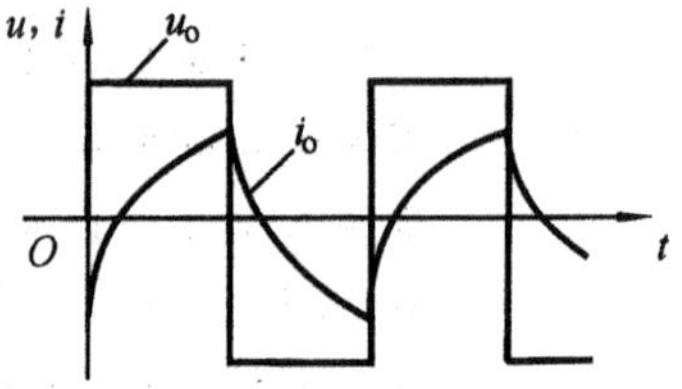

图 4-3 阻感性负载

逆变电路应用十分广泛，在各种直流电源向交流负载供电时，都需要逆变电路，如交流电动机调速用变频器、不间断电源、感应加热电源等电力电子装置的核心部分都用到逆变电路。

4.1.2　逆变电路的分类

为了满足不同用电设备对交流电源性能参数的不同要求，已开发出多种逆变电路，常用的逆变电路的分类方法有如下几种。

(1)按输出电能，分为有源逆变电路和无源逆变电路。如果逆变状态下的变流装置，其交流侧接至交流电网，电网成为负载，在运行中将直流电能变换为交流电能并回送到电网中去，这样的逆变称为有源逆变。有源逆变过程为：直流电→逆变器→交流电→交流电网。有源逆变电路常用于直流可逆调速系统、交流绕线转子异步电动机串级调速以及高压直流输电等场合。如果逆变状态下的变流装置，其交流侧接至交流负载，在运行中将直流电能变换为某一频率或可调频率的交流电能供给负载，这样的逆变则称为无源逆变或变频电路。

(2)按直流侧电源性质，分为电压型逆变电路和电流型逆变电路。直流侧是电压源的逆变电路称为电流型逆变电路(voltage source type inverter，简称 VSTI)；直流侧是电流源的逆变电路称为电流型逆变电路(current source type inverter，简称 CSTI)。

(3)按逆变电路的器件，分为全控型逆变电路和半控型逆变电路。全控型逆变电路由具有自关断能力的全控型器件组成；半控型逆变电路由无关断能力的半控型器件组成。

(4)按电流波形，分为正弦逆变电路和非正弦逆变电路。正弦逆变电路开关器件中的电流为正弦波，其开关损耗小，宜工作于较高频率；非正弦逆变电路开关器件中的电流为非正弦波，其开关损耗较大，工作频率较低。

(5)按输出相数，分为单相逆变电路和多相逆变电路。

(6)按逆变电路的结构，分为半桥式、全桥式和推挽式逆变电路。

(7)按所用的电力电子器件的换流方式，分为自关断(如 GTO，GTR，电力 MOSFET，IGBT 等)、强迫换流、交流电源电动势换流以及负载谐振换流逆变电路等。

4.2 电压型逆变电路

电压型逆变电路的特点如下。

(1)直流侧为电压源或并联大电容，直流侧电压基本无脉动。

(2)交流侧输出电压为矩形波，输出电流和相位因负载阻抗不同而不同。

(3)阻感负载时需提供无功功率。为了给交流侧向直流侧反馈的无功能量提供通道，逆变桥各臂并联反馈二极管。

本节介绍单相和三相电压型逆变电路的基本组成、工作原理和特性。

4.2.1 单相电压型逆变电路

1. 半桥逆变电路

单相半桥逆变电路是结构最简单的逆变电路，单相全桥、三相桥式都可看成若干半桥逆变电路的组合。

单相半桥逆变电路的原理可由图 4-4 (a)表述。令分压电容足够大，且两者数值相等，因此开关器件通、断状态改变时，电容电压基本不变，保持为 $U_d/2$。两个电容的连接点便成为直流电源的中点。

设全控型开关器件 T_1 和 T_2 栅极信号在一个周期内各半周正向偏置、半周反向偏置，且两者互补。输出电压 u_o 为矩形波，幅值为 $U_m=U_d/2$。输出电流 i_o 波形随负载而异，当负载为阻性负载时，其电流波形与电压波形相同；当负载为感性负载时，其电流波形如图 4-4(b)所示。设 t_2 时刻以前 T_1 为通态，T_2 为断态。t_2 时刻给 T_1 关断信号，给 T_2 开通信号，则 T_1 关断，但感性负载中的电流 i_o 不能立即改变方向，于是 D_2 导通续流。当 t_3 时刻 i_o 降为 0 时，D_2 截止，T_2 开通，i_o 开始反向。

当 T_1 或 T_2 导通时，i_o 和 u_o 同方向，直流侧向负载提供能量；当 D_1 或 D_2 导通时，i_o 和 u_o 反向，负载电感中储能向直流侧反馈，即负载电感将其吸收的无功能量反馈回直流侧。反馈回的能量暂存在直流侧电容器中，直流侧电容起着缓冲无功能量的作用。因为二极管 D_1、D_2 是负载向直流侧反馈能量的通道，又起着使 i_o 连续的作用，故称为反馈二极管或续流二极管。

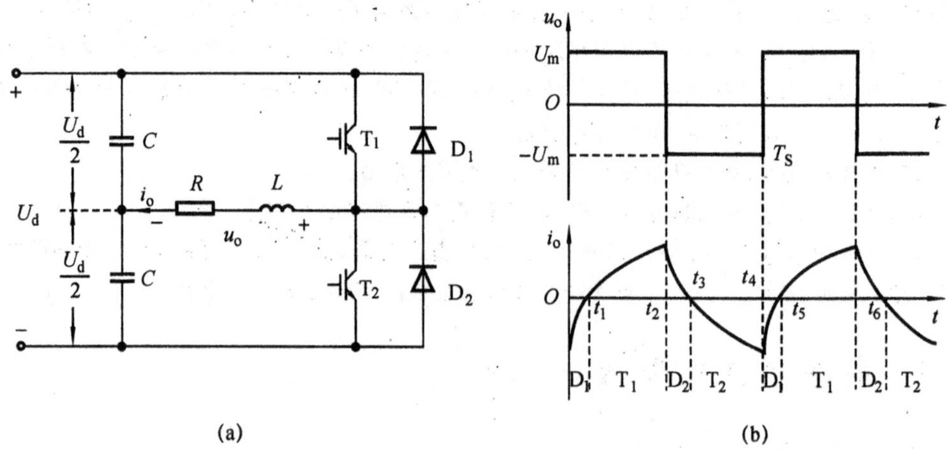

图 4-4 单相半桥电压型逆变电路及其工作波形

逆变电路输出电压的有效值为

$$U_o=\sqrt{\frac{2}{T_S}\int_0^{T_s/2}\frac{U_d{}^2}{4}\mathrm{d}t}=\frac{U_d}{2} \tag{4-1}$$

由傅里叶级数分析，输出电压 u_o 基波分量的有效值为

$$U_{o1}=\frac{2U_d}{\sqrt{2}\pi}=0.45U_d \tag{4-2}$$

当负载为 RL 时，输出电流 i_o 的基波分量为

$$i_{o1}(t)=\frac{2}{\pi}\cdot\frac{U_d}{\sqrt{R^2+(\omega L)^2}}\sin(\omega t-\phi) \tag{4-3}$$

式中，ϕ 为 i_{o1} 相对输出电压的滞后角，$\phi=\arctan(\omega L/R)$

当可控型器件是不具有门极可关断能力的晶闸管时，必须附加强迫换流电路才能工作。

单相半桥逆变电路的优点是结构简单，使用开关器件少，抗电路不平衡能力强；其缺点是交流电压幅值只有 $U_d/2$，并且直流侧需两电容器串联，工作时要控制两者电压均衡，因此半桥电路常用于几千瓦以下的小功率逆变电源。

2. 全桥逆变电路

全桥逆变电路可视为两个半桥电路的组合，是单相逆变电路中应用最多的电路。全桥逆变电路的原理图如图 4-5(a)所示，把全控型开关管 T_1、T_4 作为一对（也称桥臂），T_2、T_3 作为另一对，每对桥臂同时通、断，交替导通各达到 180°。输出电压 u_o 为矩形波，幅值 $U_m=U_d$。u_o 和输出电流 i_o 的波形与半桥电路的 u_o、i_o 波形相同，如图 4-5(b)所示，但其幅值均增加一倍。

下面对输出电压进行定量分析。将幅值为 U_d 的矩形波 u_o 展开成傅里叶级数，得到

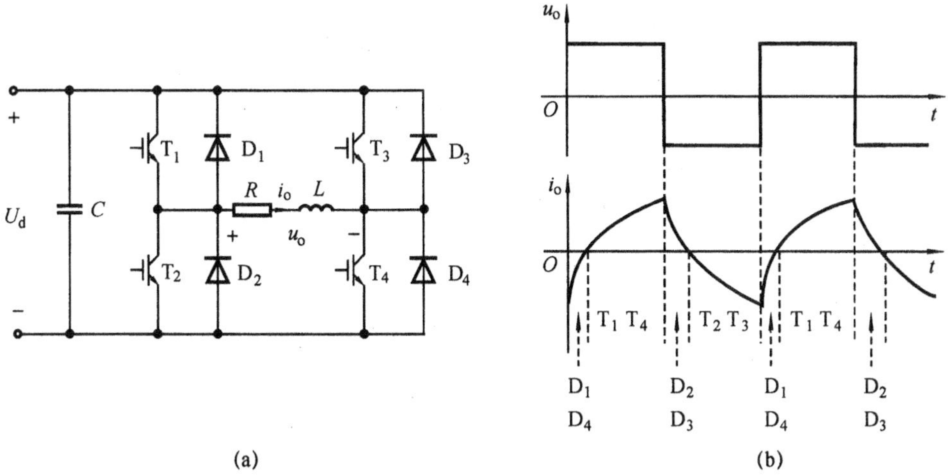

图 4-5 电压型全桥逆变电路

$$u_o=\frac{4U_d}{\pi}(\sin\omega t+\frac{1}{3}\sin3\omega t+\frac{1}{5}\sin5\omega t+\cdots) \tag{4-4}$$

其中,基波幅值 U_{o1m} 为

$$U_{o1m}=\frac{4U_d}{\pi}=1.27U_d \tag{4-5}$$

基波有效值 U_{o1} 为

$$U_{o1}=\frac{2\sqrt{2}U_d}{\pi}=0.9U_d \tag{4-6}$$

负载为 RL 时,输出电流 i_o 的基波分量为

$$i_{o1}(t)=\frac{4U_d}{\pi}\frac{1}{\sqrt{R^2+(\omega L)^2}}\sin(\omega t-\varphi) \tag{4-7}$$

式中,φ 为 i_{o1} 相对于输出电压的滞后角,$\varphi=\arctan(\omega L/R)$。

在 u_o 为正负电压且各为 180°的脉冲时,要改变输出电压有效值只能通过改变 U_d 来实现。

在阻感负载时,还可以采用移相方式调节逆变电路的输出电压,称为移相调压。移相调压实际上是调节输出电压脉冲的宽度。在图 4-5(a)的单相全桥逆变电路中,各栅极信号仍为 180°正向偏置,180°反向偏置,且 U_1 和 U_2 互补、U_3 和 U_4 互补关系不变,但 U_3 的基极信号只比 U_1 滞后 θ($0<\theta<180°$),U_3、U_4 的栅极信号分别比 U_2、U_1 的前移 $180°-\theta$。u_o 成为正负各为 θ 的脉冲,各 IGBT 的栅极信号 $u_{G1}\sim u_{G4}$ 及输出电压 u_o、输出电流 i_o 的波形如图 4-6 所示。改变 θ 即可调节输出电压有效值。

关于无功能量的交换,对于半桥逆变电路的分析也完全适用于全桥逆变电路。

全桥逆变电路开关器件电压不高,输出功率大,但使用的开关器件多,驱动较复杂,一般适用于大功率的逆变器。若逆变电路输出功率为几千瓦到几百千瓦,可采用

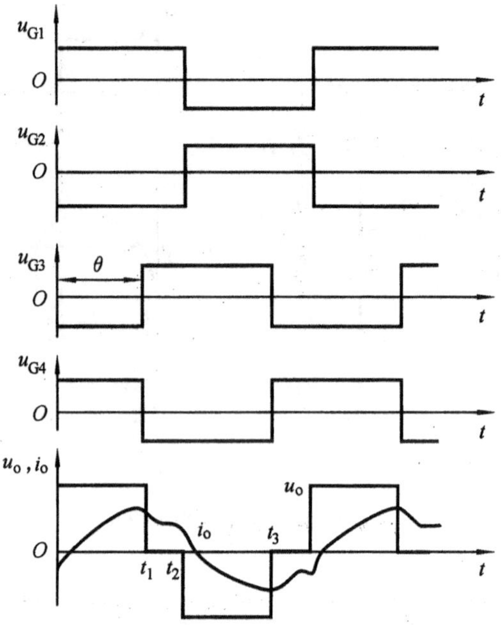

图 4-6 单相全桥逆变电路的移相调压方式

P-MOSFET，IGBT等高频自关断器件，若逆变电路输出功率很大，其开关器件应采用GTO、IGCT 等。

3. 带中心抽头变压器的逆变电路

带中心抽头变压器的逆变电路原理图如图 4-7 所示，其输出变压器原边绕组有中心抽头，副边输出接负载。交替驱动两个开关器件，经变压器耦合给负载加上矩形波交流电压。两个二极管的作用也是提供无功能量的反馈通道。在 U_d 和负载相同、变压器匝数比为 1∶1∶1 时，u_o 和 i_o 波形及幅值与全桥逆变电路的完全相同。该逆变电路只用了两个开关器件，是全桥电路的一半，但是当开关器件截止时其承受的电压为 $2U_d$，是全桥电路的两倍；而且必须采用有一个带中心抽头变压器。这种逆变器适用于低压小功率而又必须将直流电源与负载电气隔离的应用场合。

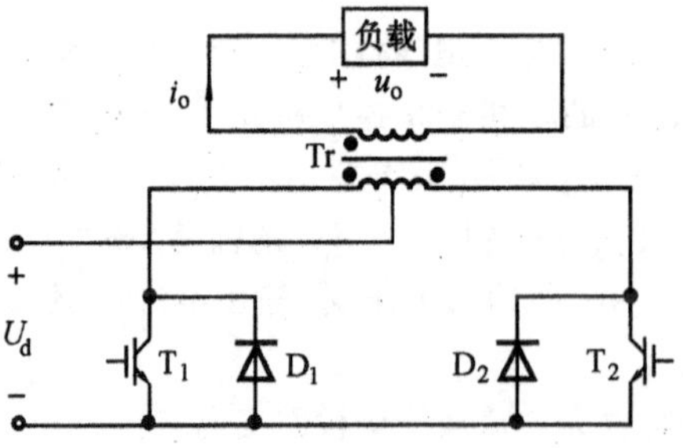

图 4-7 带中心抽头变压器的逆变电路

4.2.2 三相电压型逆变电路

三个单相逆变电路可组合成一个三相逆变电路，但通常应用的是如图 4-8 所示的三相桥式逆变电路。它采用 IGBT 作为开关器件，可看成由三个半桥逆变电路组成。该电路的直流侧通常只需一个电容器，但为了分析方便，画成串联的两个电容并标出了假想中点 N'。

三相电压型桥式逆变电路有 180°导电和

120°导电两种基本导电工作方式。当采用180°导电方式时，每桥臂导电角为180°，同一相上下两臂交替导电，各相开始导电的角度依次相差120°。在任一瞬间，将有三个桥臂同时导通，可能是上面一个、下面两个臂，也可能是上面两个、下面一个臂。因为每次换流都是在同一相上下两臂之间进行，故也称为纵向换流。

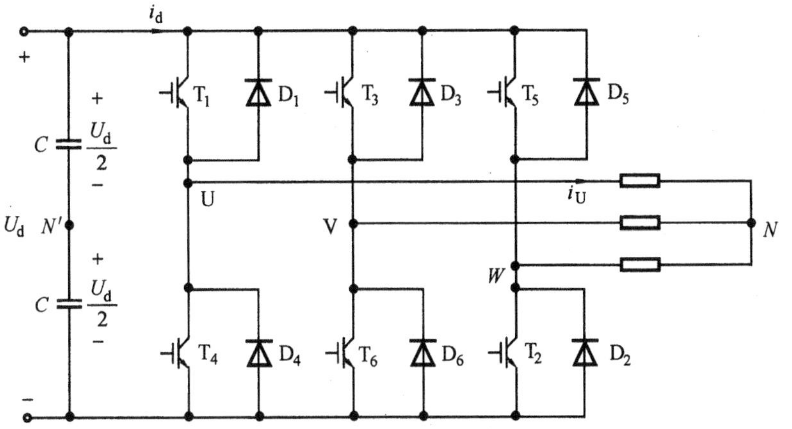

图4-8 三相电压型桥式逆变电路

三相电压型桥式逆变电路的工作波形如图4-9所示。对于U相输出，当桥臂1导通时，$u_{UN'}=U_d/2$；当桥臂4导通时，$u_{UN'}=-U_d/2$。因此，$u_{UN'}$的波形是幅值为$U_d/2$的矩形波。$u_{VN'}$、$u_{WN'}$的波形形状和$u_{UN'}$相同，只是相位依次相差120°，如图4-9(a)、(b)、(c)所示。

负载线电压可由下式求出：

$$\left.\begin{aligned}u_{UV}&=u_{UN}-u_{VN}\\u_{VW}&=u_{VN}-u_{WN}\\u_{WU}&=u_{WN}-u_{UN}\end{aligned}\right\}\tag{4-8}$$

或

$$\left.\begin{aligned}u_{UV}&=u_{UN'}-u_{VN'}\\u_{VW}&=u_{VN'}-u_{WN'}\\u_{WU}&=u_{WN'}-u_{UN'}\end{aligned}\right\}\tag{4-9}$$

线电压u_{UV}的波形如图4-9(d)所示。

设负载中点N与直流电源假想中点N'之间的电压为$u_{NN'}$，它可由下式计算：

$$u_{NN'}=\frac{1}{3}(u_{UN'}+u_{VN'}+u_{WN'})-\frac{1}{3}(u_{UN}+u_{VN}+u_{WN})\tag{4-10}$$

设负载对称，$u_{UN}+u_{VN}+u_{WN}=0$，则

$$u_{NN'}=\frac{1}{3}(u_{UN'}+u_{VN'}+u_{WN'})\tag{4-11}$$

由式(4-11)可导出$u_{NN'}$的波形如图4-9(e)所示。

负载相电压还可表示为

$$\left.\begin{aligned} u_{UN} &= u_{UN'} - u_{NN'} \\ u_{VN} &= u_{VN'} - u_{NN'} \\ u_{WN} &= u_{WN'} - u_{NN'} \end{aligned}\right\} \tag{4-12}$$

由式(4-12)可导出负载相电压如 u_{UN} 的波形如图 4-9(f)所示。

负载参数已知时，可由 $u_{UN'}$ 波形求出 U 相电流 i_U 的波形。负载的阻抗角 φ 不同，i_U 的形状和相位都有所不同。图 4-9(g)给出阻抗负载下 $\varphi<\pi/3$ 时 i_U 的波形。每一相上、下两桥臂间的换流过程和半桥电路相似。i_V、i_W 的波形和 i_U 的形状相同。桥臂 1、3、5 的电流相加可得直流侧电流 i_d 的波形，如图 4-9(h)所示。可以看出，i_d 每 60°脉动一次，直流电压基本无脉动，因此逆变器从直流侧向交流侧传送的功率是脉动的，这也是电压型逆变电路的一个特点。

负载相电压的傅里叶级数表达式为

$$\left.\begin{aligned} u_{UN} &= \frac{2U_d}{\pi}\sum_{n=1}^{\infty}\frac{1}{n}\sin n\omega t \\ u_{VN} &= \frac{2U_d}{\pi}\sum_{n=1}^{\infty}\frac{1}{n}\sin(n\omega t-120°) \\ u_{WN} &= \frac{2U_d}{\pi}\sum_{n=1}^{\infty}\frac{1}{n}\sin(n\omega t+120°) \end{aligned}\right\} \tag{4-13}$$

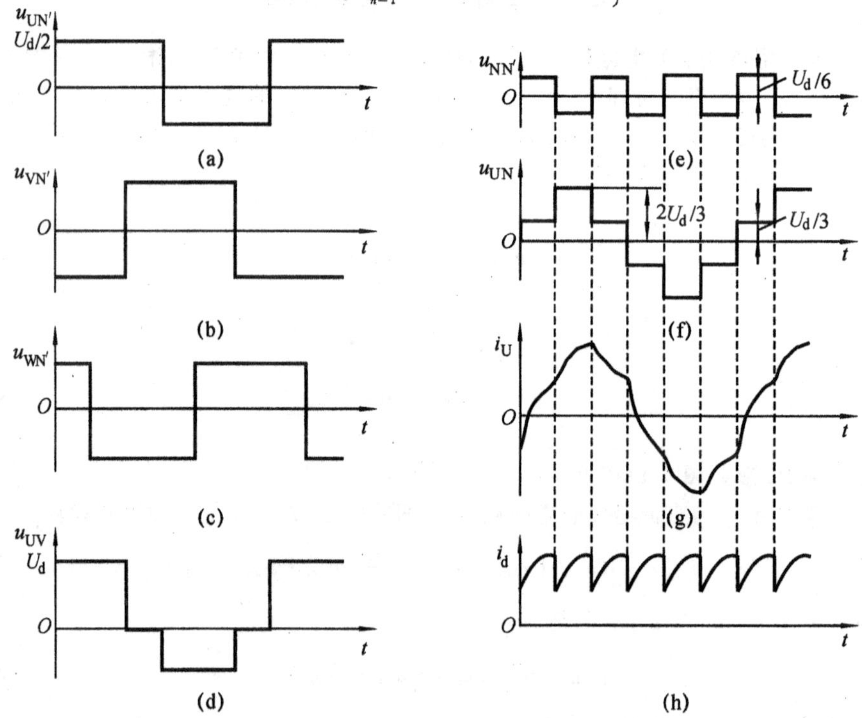

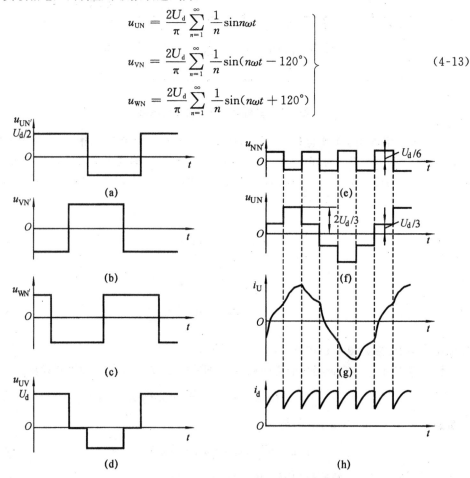

图 4-9 三相电压型桥式逆变电路 180°导电方式工作波形

式中，$n=6k\pm1$，k 为自然数。

负载相电压有效值为

$$U_{UN}=\sqrt{\frac{1}{2\pi}\int_0^{2\pi}u_{UN}^2\mathrm{d}\omega t}=0.471U_d \tag{4-14}$$

基波幅值为

$$U_{UN1m}=\frac{2U_d}{\pi}=0.637U_d \tag{4-15}$$

基波有效值为

$$U_{UN1}=\frac{U_{UN1m}}{\sqrt{2}}=0.45U_d \tag{4-16}$$

线电压的傅里叶级数表达式为

$$u_{UV}=\frac{4U_d}{\pi}\sum_{n=1}^{\infty}\frac{1}{n}\cos\frac{n\pi}{6}\sin\left(n\omega t+\frac{\pi}{6}\right) \tag{4-17}$$

式中，$n=6k+1$，k 为自然数。

输出线电压有效值为

$$U_{UV}=\sqrt{\frac{1}{2\pi}\int_0^{2\pi}u_{UV}^2\mathrm{d}\omega t}=0.816U_d \tag{4-18}$$

基波幅值为

$$U_{UV1m}=\frac{2\sqrt{3}U_d}{\pi}=1.1U_d \tag{4-19}$$

基波有效值为

$$U_{UV1}=\frac{U_{UV1m}}{\sqrt{2}}=\frac{\sqrt{6}}{\pi}U_d=0.78U_d \tag{4-20}$$

在采用180°导电方式的逆变电路中，为了防止同一相的上、下两桥臂开关器件同时导通而引起直流侧电源的短路，应采取“先断后通”的方法。即先给应关断的器件关断信号，待其关断后留短暂的时间（称为死区时间）；然后再给应导通的器件发出开通信号。死区时间的长短视器件的开关速度而定，器件的开关速度越快，所留的死区时间可以越短。先断后通的方法也适用于采用上、下桥臂通、断互补方式的其他电路，如前述的单相半桥和全桥逆变电路。

当采用120°导电方式时，对电阻负载，每桥臂导电角为120°，同一相上、下两臂间隔120°导电，各相开始导电的角度依次相差120°。在任一瞬间，仅有上、下各一个桥臂导通。对于U相输出，当桥臂1导通时，$u_{UN'}=U_d/2$；当桥臂4导通时，$u_{UN'}=-U_d/2$；当桥臂1、4都关断时，$u_{UN'}=0$。因此，$u_{UN'}$ 的波形是幅值 $u_{UN'}=U_d/2$ 占120°、$u_{UN'}=0$ 占60°、$u_{UN'}=-U_d/2$ 占120°及 $u_{UN'}=0$ 占60°的矩形波。$u_{VN'}$、$u_{WN'}$ 的波形形状和 $u_{UN'}$ 的相同，只是相位依次相差120°。可与180°导电方式的分析过程类似，导出负载电压、电流的波形及基本数量关系。

当采用120°导电方式时，对阻感负载，因一个桥臂关断时，负载电流不为零而要从相对桥臂的二极管续流，续流时间与负载有关，因此相电压为0的时间不再完全由驱动电压决定。这种工作情况的负载电压、电流的波形及基本数量关系请读者自行分析。

4.2.3　SPWM 控制技术

前一章讨论了 PWM 控制技术的概念及其在 DC/DC 变换电路中的典型应用，在实际应用的逆变电路中，绝大部分都采用了 PWM 控制技术。本节主要介绍正弦脉冲宽度控制(sinusoidal PWM，简称 SPWM)技术及其在逆变电路中的应用。

SPWM 控制技术是一种比较成熟的、目前使用较广泛的 PWM 控制技术，它有如下主要优点。

(1)PWM 实现起来比较方便，可以用模拟或数字技术来实现；

(2)可以大幅降低输出谐波含量，尤其是低频纹波，它的谐波主要集中在载波频率的 K 倍的位置，谐波频率较高，因此滤波器设计容易，实现成本较低；

(3)对于多电平变换器，调制比可以在所有的工作范围内变化；

(4)在载波中加入合适的零序列，可以较好地平衡中点电位。

1. SPWM 基本工作原理

根据 PWM 控制的基本思想——面积等效原理，一个正弦半波可以用等幅不等宽的脉冲序列来等效，如图 4-10 所示，但必须使该半波七等分的各部分面积与相对应的七个脉冲序列面积相等(图中 $t=7$)，其作用效果才能相等。可以看出，各脉冲的幅值相等，而宽度按正弦规律变化。对于正弦波的负半周，也可以用同样的方法得到 PWM 波形。像这种脉冲的宽度按正弦规律变化而且和正弦波等效的 PWM 波形，称为 SPWM 波形。

正弦脉冲宽度调制的方法很多，但没有统一的分类方法，比较常见的有同步调制和异步调制、单极性调制和双极性调制等。

1) 同步调制和异步调制

在 SPWM 逆变电路中，载波频率 f_c 与调制信号频率 f_r 之比，称为载波比 N，有 $N=f_c/f_r$。载波比 N 等于常数，并在变频时使载波信号和调制信号保持同步的调制方式称为同步调制。相应地，载波信号和调制信号不保持同步关系的调制方式，称为异步调制。

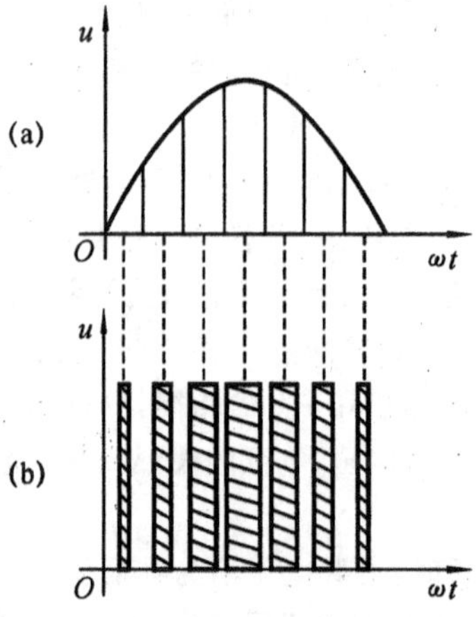

图 4-10　用 PWM 波代替正弦半波

(1)同步调制的特点。

在同步调制方式中，调制信号频率变化时载波比不变。在三相 PWM 逆变电路中，通常共用一个三角波载波信号，并且取载波比为 3 的整数倍，以保证三相输出波形严格对称。同时，为了使一相的波形正、负半周镜像对称，载波比应取奇数。同步调制控制方式的特点如下。

①控制相对较复杂，通常采用微机控制。

②在调制信号的半个周期内，输出的脉冲数是固定的，脉冲的相位也是固定的。正、负半周的脉冲对称，没有偶次谐波，而且半个周期脉冲排列其左右也是

对称的，输出波形等效正弦波。

(2)异步调制的特点。

在异步调制方式中，通常载波频率 f_c 固定不变，因而当调制信号频率 f_r 变化时，载波比 N 是变化的。这种调制方式的特点如下。

①控制相对简单。

②在调制信号的半个周期内，输出脉冲的个数不固定，脉冲相位也不固定，正负半周的脉冲不对称，存在偶次谐波，而且半个周期内前后 1/4 周期的脉冲也不对称。

③载波比 N 愈大，则半个周期内调制的 SPWM 波形脉冲数愈多、正负半周期脉冲不对称和半周内前后 1/4 周期脉冲不对称的影响愈小，输出波形愈接近正弦波。所以在采用异步调制控制方式时，要尽量提高载波频率，从而在调制信号频率较高时仍能保持较大的载波比，使不对称的影响尽量减小，输出波形接近正弦波。

(3)两种调制方式的比较。

同步调制方式的效果比异步调制方式的好，在实际应用中较多采用同步调试方式。但是，当逆变电路要求输出频率很低时，同步调制的载波频率 f_c 很低，由 PWM 调制产生的谐波也相应很低，这种低频谐波通常不易滤除，当负载为电动机时，会产生较大的转矩脉动和噪声，给电动机的正常工作带来不利影响。当逆变电路要求输出频率很高时，同步调制时的载波频率 f_c 会很高，使开关器件难以承受。

为了克服上述缺点，可以采用分段同步调制的方法，即把逆变电路的输出频率范围分成若干频段，每个频段内都保持载波比 N 恒定，不同频段的载波比不同。在输出频率的高频段采用较低的载波比，这样载波频率不致过高，能工作在功率开关器件所容许的频率范围；在输出频率的低频段采用较高的载波比，不致因载波频率过低而对负载产生不利影响。各频段的载波比应该取 3 的整数倍，且为奇数。在不同的频率段，载波频率的变化范围应该保持一致。

分段同步调制方式是同步调制和异步调制的结合，就整个调频范围来看，属于异步调制；但在某一个频段内，载波比不变，属于同步调制。也有的电路在输出低频率段时采用异步调制方式，而在输出高频率段时切换成同步调制方式，这样可以把两者的优点结合起来，其效果和分段同步调制方式接近。

2) 单极性调制和双极性调制

如果在调制信号的正半周或负半周内，对应的 SPWM 波形也只有相应的正极性或负极性脉冲，这种调制方式称为单极性调制。相反，如果在调制信号的正半周或负半周内，对应的 SPWM 波形有正、负两种极性的脉冲，这种调制方式称为双极性调制。

(1)单极性调制。

讨论单极性调制方法在单相桥式 SPWM 电压型逆变电路中的实现。

如图 4-11 所示的单相桥式 SPWM 电压型逆变电路，IGBT 作为开关器件，负载为感性负载，工作时 T_1 和 T_2 通、断状态互补，T_3 和 T_4 通、断状态也互补。在负载上可以得到 U_d、$-U_d$ 和 0 三种电平。

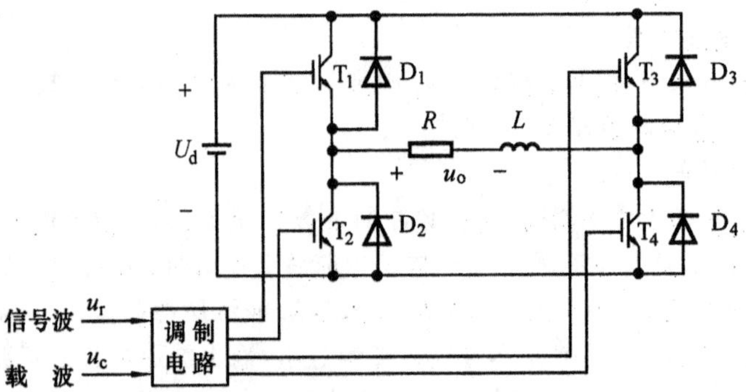

图 4-11 单相桥式 SPWM 逆变电路

在输出电压 u_o 的正半周，使 T_1 保持通态、T_2 保持断态，T_3 和 T_4 交替通、断。由于负载电流 i_o 比电压滞后，在电压正半周，电流有一段区间为正，一段区间为负。在负载电流为正的区间（即 $i_o>0$），T_1 和 T_4 导通时，$u_o=U_d$；T_4 关断时，由于感性负载的电流不能突变，负载电流通过 D_3 续流，$u_o=0$。在负载电流为负的区间（$i_o<0$），T_1 和 T_4 导通时，i_o 实际上从 D_1 和 D_4 流过，仍有 $u_o=U_d$；T_4 关断，T_3 导通后，i_o 从 T_3 和 D_1 续流，$u_o=0$，这样负载电压 u_o 可以得到 U_d 和 0 两种电平。

在输出电压 u_o 的负半周，使 T_2 保持通态、T_1 保持断态，T_3 和 T_4 交替通、断。当 T_2 和 T_3 都导通时，$u_o=-U_d$；当 T_3 关断时，D_4 续流，$u_o=0$，负载电压 u_o 可得 $-U_d$ 和 0 两种电平。

控制 T_3 或 T_4 通、断的方法如图 4-12 所示。调制信号 u_r 为正弦波，载波信号 u_c 为三角波。u_c 在 u_r 的正半周为正极性的三角波，在 u_r 的负半周为负极性的三角波。在 u_r 和 u_c 的交点时刻控制 IGBT 的通、断。

在 u_r 的正半周，T_1 保持导通、T_2 保持关断，当 $u_r>u_c$ 时，使 T_4 导通、T_3 关断，负载电压 $u_o=U_d$；当 $u_r<u_c$ 时，使 T_4 关断、T_3 导通，$u_o=0$。

在 u_r 的负半周，T_1 保持关断、T_2 保持导通，当 $u_r<u_c$ 时，使 T_3 导通、T_4 关断，$u_o=-U_d$；当 $u_r>u_c$ 时，使 T_3 关断、T_4 导通，$u_o=0$，图 4-12 中的虚线 u_{of} 表示 u_o 的基波分量。

采用单极性调制方式时，功率开关管 T_3 和 T_4 按 SPWM 方式交替通、断，而 T_1 和 T_2 由正弦参考信号的极性控制交替通、断。因为输出电压中包含零电平，因此，单极性 SPWM只能应用于全桥逆变电路。由于其载波本身就具有奇函数对称和半波对称特性，无论载波比 N 取奇数还是偶数，输出电压 u_o 都没有偶次谐波。输出电压的单极性特性使得 u_o 不含有 $n=k$ 次中心谐波和边频谐波，但却有少量的低频谐波分量。此外，采用单极性调制方式的控制电路的结构比较复杂。

(2)双极性调制。

讨论双极性调制方法在单相桥式 SPWM 电压型逆变电路中的实现。

如图 4-11 所示的单相桥式 SPWM 逆变电路，在采用双极性控制方式时的波形如图

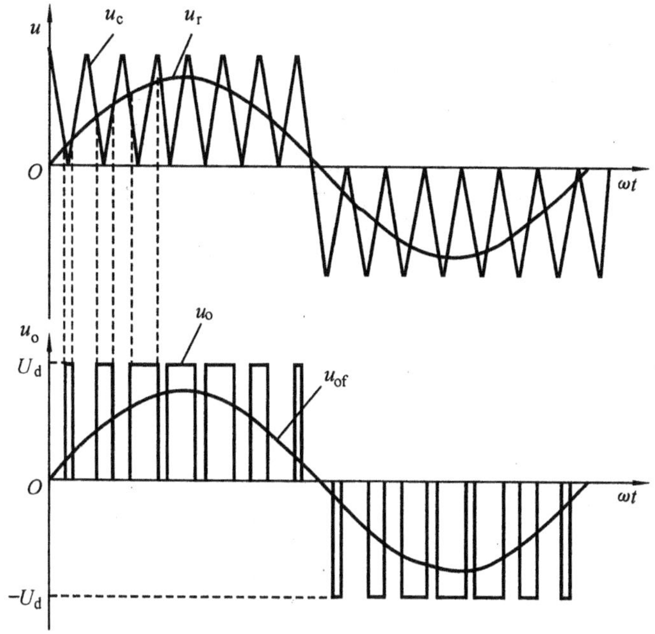

图 4-12　单极性 SPWM 控制方式波形

4-13 所示。双极性调制方式中，在 u_r 的半个周期内，载波在正、负两个方向变化，所得的 SPWM 波也有正有负。在 u_r 的一个周期内，输出 SPWM 波只有 $\pm U_d$ 两种电平。仍然在调制信号 u_r 和载波信号 u_c 的交点时刻控制各开关器件通、断。

在 u_r 正负半周，对各开关器件的控制规律相同，当 $u_r > u_c$ 时，给 T_1 和 T_4 导通信号，给 T_2 和 T_3 关断信号，输出电压 $u_o = U_d$，如果 $i_o > 0$，T_1 和 T_4 导通；如果 $i_o < 0$，D_1 和 D_4 导通。当 $u_r < u_c$ 时，给 T_2 和 T_3 导通信号，给 T_1 和 T_4 关断信号，输出电压 $u_o = -U_d$，如果 $i_o < 0$，T_2 和 T_3 导通，如果 $i_o > 0$，D_2 和 D_3 导通。可以看出，同一半桥上、下两个桥臂 IGBT 的驱动信号极性相反，处于互补工作方式。在感性负载的情况下，若 T_1 和 T_4 处于导通状态时，给 T_1 和 T_4 关断信号，而给 T_2 和 T_3 导通信号后，T_1 和 T_4 立即关断。因感性负载电流不能突变，T_2 和 T_3 并不能立即导通，二极管 D_2 和 D_3 导通续流。当 i_o 较大时，直到下一次 T_1 和 T_4 重新导通前，i_o 方向始终未变，D_2 和 D_3 持续导通，而 T_2 和 T_3 始终未导通；当 i_o 较小时，在 i_o 减小到 0 之前，D_2 和 D_3 续流，之后 T_2 和 T_3 导通，i_o 反向。无论 D_2 和 D_3 导通，还是 T_2 和 T_3 导通，负载电压都是 $-U_d$。从 T_2 和 T_3 导通向 T_1 和 T_4 导通切换时，D_1 和 D_4 的续流状况和上述类似。

采用双极性调制方法时，功率开关管按 SPWM 方式交替通断，电路比较简单，因为输出电压中没有零电平，可以应用于半桥和全桥电路。但其输出信号的谐波含量随调制比的减小而大幅度增加，不适合应用于调制比（或正弦参考信号幅值）变化范围较大的场合。

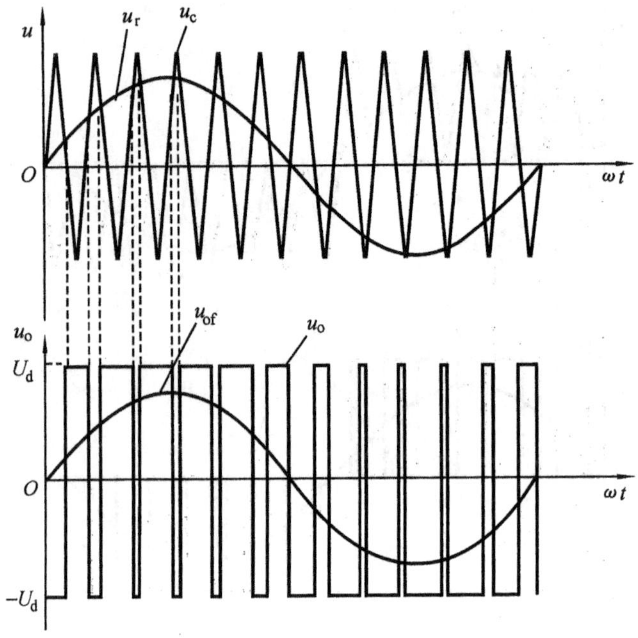

图 4-13 双极性 SPWM 控制方式波形

2. 三相桥式 SPWM 逆变电路

三相桥式 SPWM 逆变电路如图 4-14 所示，其控制方式采用双极性调制方式。U、V、W 三相的 SPWM 控制共用一个三角载波 u_c，三相调制信号 u_{rU}、u_{rV} 和 u_{rW} 依次相差 120°。U、T、W 各相开关器件的控制规律相同。现以 U 相为例说明。

当 $u_{rU}>u_c$ 时，给 T_1 导通信号，给 T_4 关断信号，则 U 相对于直流电源假想中点 N' 的

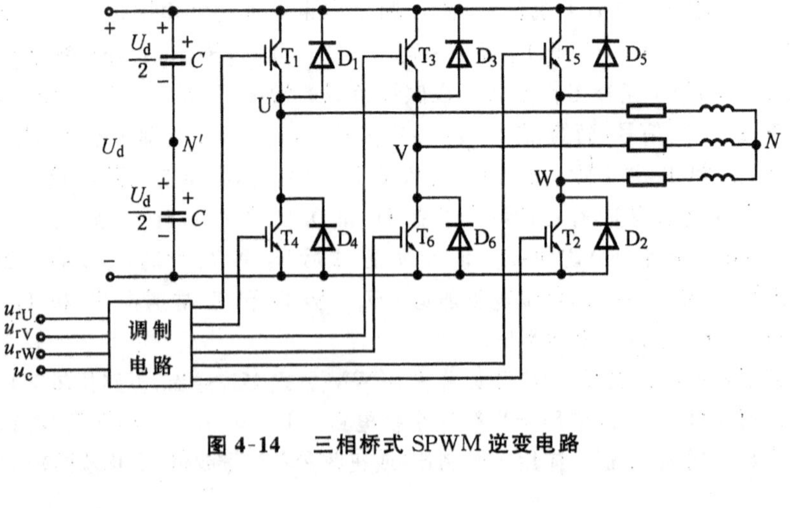

图 4-14 三相桥式 SPWM 逆变电路

输出电压 $u_{UN'}=U_d/2$。当 $u_{rU}<u_c$ 时，给 T_4 导通信号，给 T_1 关断信号，$u_{UN'}=-U_d/2$；T_1 和 T_4 的驱动信号始终是互补的。

由于感性负载电流的方向和大小的影响，控制过程中，当给 T_1（T_4）加导通信号时，可能是 T_1（T_4）导通，也可能是 D_1（D_4）续流导通。三相桥式 SPWM 逆变电路的电压波形如图 4-15 所示，可以看出，$u_{UN'}$、$u_{VN'}$ 和 $u_{WN'}$ 的 SPWM 波形只有 $\pm U_d/2$ 两种电平，输出线电压 u_{UV} 波形可由 $u_{UN'}-u_{VN'}$ 得出，当臂 1 和 6 导通时，$u_{UV}=U_d$；当臂 3 和 4 导通时，$u_{UV}=-U_d$；当臂 1 和 3 或臂 4 和 6 导通时，$u_{UV}=0$。因此，输出线电压 SPWM 的波形由 $\pm U_d$ 和 0 三种电平构成，负载相电压 u_{UV} 可由下式求得

$$u_{UN}=u_{UN'}-\frac{u_{UN'}+u_{VN'}+u_{WN'}}{3} \tag{4-21}$$

从波形图和式(4-21)可以看出，负载相电压的 SPWM 波由五种电平组成：$(\pm 2/3)U_d$、

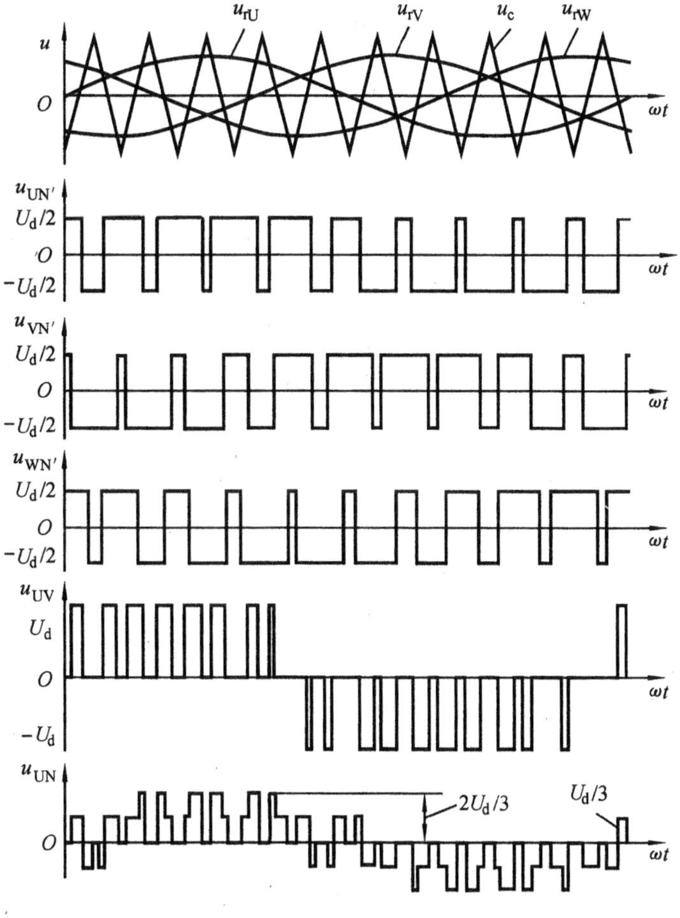

图 4-15　三相桥式 SPWM 逆变电路波形

$(\pm 1/3)U_d$和 0。

在双极性 SPWM 控制方式中，同一相上、下两臂的驱动信号互补。但实际上，为了防止上、下臂直通而造成短路，在给一个臂施加关断信号后，延迟一小段时间，才给另一个臂施加导通信号。延迟时间(或死区时间)的长短主要取决于开关器件的关断时间。但这个死区时间会给输出 SPWM 波形带来不良影响，使其稍稍偏离正弦波。

3. SPWM 的实现方法

SPWM 技术用脉冲宽度按正弦规律变化的 PWM 波形控制逆变电路中开关器件的通、断，使其输出的脉冲电压的面积与所希望输出的正弦波在相应区间内的面积相等，通过改变调制信号的频率和幅值来调节逆变电路输出电压的频率和幅值。实现 SPWM 的方法主要有硬件调制法、计算法、跟踪控制法等。

1) 硬件调制法

硬件调制法是为解决等面积法计算繁琐的缺点而提出的，其原理就是把所希望的波形作为调制信号，把接受调制的信号作为载波，通过对载波的调制得到所期望的 PWM 波形。通常采用等腰三角波作为载波，当调制信号波为正弦波时，所得到的就是 SPWM 波形。其实现方法简单，可以用模拟电路构成三角波载波和正弦调制波发生电路，用比较器来确定它们的交点，在交点时刻对开关器件的通、断进行控制，就可以生成 SPWM 波形。但是，这种模拟电路的结构复杂，难以实现精确的控制。

2) 计算法

由于微机技术的发展使得通过软件计算生成 SPWM 波形变得比较容易，因此，计算法就应运而生。计算法直接根据面积等效原理或模拟硬件调制法生成 SPWM 波形，主要算法有面积等效法、自然采样法、规则采样法和特定谐波消去法等。

(1)面积等效法。

该方法实际上就是 SPWM 算法工作原理的直接阐释。把一个正弦半波分为 N 等份，每一份正弦曲线与横轴所包围的面积都可用一个与此面积相等的等高矩形脉冲来代替，矩形脉冲的中点与正弦波每一等份的中点重合，这样，由 N 个等幅而不等宽的矩形脉冲所构成的波形就与正弦半波等效。这一系列脉冲波形的宽度或开关时刻可以严格地用数学方法计算出来，然后把计算结果存于微机或单片机中，工作时通过查表的方式生成 PWM 信号控制开关器件的通、断，以达到预期的目的。此方法以 SPWM 控制的基本原理为基础，准确地计算出各开关器件的通、断时刻，其所得的波形很接近正弦波。但是，这种方法也存在计算繁琐、数据占用内存大、不能实时控制的缺点。

(2) 自然采样法。

硬件调制法中，以正弦波为调制波，等腰三角波为载波进行比较，在两个波形的自然交点时刻控制开关器件的通、断。根据这种思路，可以用软件直接计算两个波形的交点时刻，这就是自然采样法。正弦波在不同相位角时其值不同，因而与三角波相交所得的脉冲宽度不同。此外，当正弦波频率或幅值变化时，各脉冲宽度也相应变化。要准确产生 SPWM波形，必须准确算出三角波与正弦波的交点。

在图4-16中，取三角波的相邻两个峰值之间为一个周期，为了简化计算，设三角波峰值为标幺值1，则正弦调制波为 $u_r = M\sin\omega_r t$，式中 M 为调制系数，$0\leqslant M<1$；ω_r 为正弦调制信号的角频率。从图4-16可以看出，在三角波的一个周期内，其上升段和下降段与正弦调制波各有一个交点 A 和 B。把正弦调制波上升段的过零点定为时间起始点，并设 A 和 B 点所对应的时刻分别为 t_A 和 t_B。

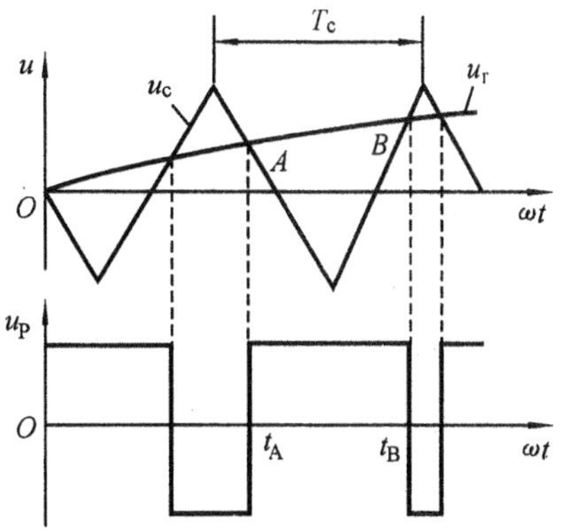

图4-16　生成SPWM的自然采样法

在同步调制方式中，使正弦调制波上升段的过零点和三角波下降段的过零点重合，并把该时刻作为坐标原点。同时，把该点所在的三角波周期作为正弦调制波的第一个三角波周期，则第 n 个周期内三角波方程可表示为

$$u_c=\begin{cases}1-\dfrac{4}{T_c}\left[t-\left(n-\dfrac{5}{4}\right)T_c\right] & \left(n-\dfrac{5}{4}\right)T_c\leqslant t<\left(n-\dfrac{3}{4}\right)T_c\\ -1+\dfrac{4}{T_c}\left[t-\left(n-\dfrac{3}{4}\right)T_c\right] & \left(n-\dfrac{3}{4}\right)T_c\leqslant t<\left(n-\dfrac{1}{4}\right)T_c\end{cases} \tag{4-22}$$

在 A、B 点处，$u_c=u_r$，一个调制周期内第 n 个三角波与正弦波的交点时刻 t_A 和 t_B，可按下式计算：

$$\left.\begin{aligned}1-\frac{4}{T_c}\left[t-\left(n-\frac{5}{4}\right)T_c\right]=M\sin\omega_r t_A\\ -1+\frac{4}{T_c}\left[t-\left(n-\frac{3}{4}\right)T_c\right]=M\sin\omega_r t_B\end{aligned}\right\} \tag{4-23}$$

因此，第 n 个脉冲的宽度为

$$\delta=t_A-t_B$$

自然采样法的优点是所得SPWM波形最接近正弦调制波，但由于三角波与正弦调制波交点有任意性，脉冲中心在一个周期内不等距，因此脉冲宽度表达式是一个超越方程，计算繁琐，难以实时控制。

(3) 规则采样法。

规则采样法是一种应用较广的工程实用方法，一般采用三角波作为载波。如图4-17所示，三角波两个正峰值之间为一个采样周期 T_c。三角波负峰值时刻 t_D 对信号波采样得 D 点，过 D 作水平线和三角波交于 A、B 点，在 A 点时刻 t_A 和 B 点时刻 t_B 控制器件的通、断。自然采样法中，脉冲中点不和三角波一个周期内的中点(即负峰时刻)重合。而规则采样法则使两者重合，每个脉冲中点为相应三角波周期的中点，使计算大为简化。其脉冲宽度 δ 和用自然采样法得到的脉冲宽度非常接近。

下面推导规则采样法计算公式。设正弦调制信号波为

$$u_r=M\sin\omega_r t \tag{4-24}$$

式中，M为调制系数，$0\leqslant M<1$；ω_r为信号波角频率。

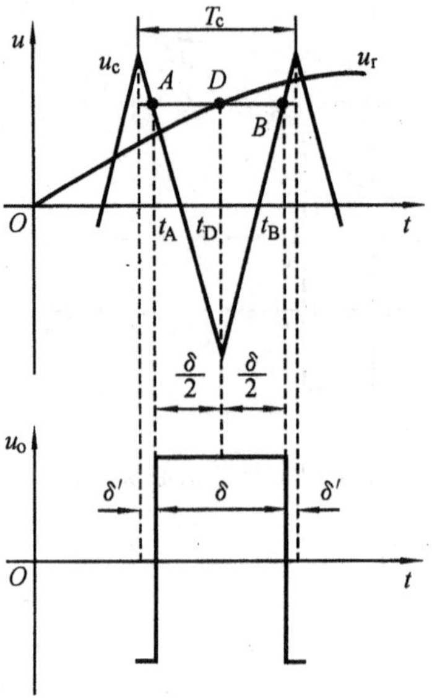

图 4-17 规则采样法

由图 4-17 可得关系式

$$\frac{1+M\sin\omega_r t_D}{\delta/2}=\frac{2}{T_c/2} \tag{4-25}$$

简化得

$$\delta=\frac{T_c}{2}(1+M\sin\omega_r t_D) \tag{4-26}$$

在三角波一个周期内，脉冲两边间隙宽度为

$$\delta'=\frac{1}{2}(T_c-\delta)=\frac{T_c}{4}(1-M\sin\omega_r t_D) \tag{4-27}$$

对于三相桥式逆变电路，应形成三相脉宽调制波形。通常三相的三角波载波为公用的，三相调制波相位依次差 120°，设同一三角波周期内三相的脉宽分别为δ_U、δ_V和δ_W，脉冲两边的间隙宽度分别为δ'_U、δ'_V和δ'_W，由于在同一时刻三相正弦调制波的电压之和为零，由式(4-26)得

$$\delta_U+\delta_V+\delta_W=\frac{3T_c}{2} \tag{4-28}$$

由式(4-27)可得

$$\delta'_U+\delta'_V+\delta'_W=\frac{3T_c}{4} \tag{4-29}$$

利用以上两式可简化生成三相 SPWM 波形的计算量。实际上，三相 SPWM 波形之间有严格的互差 120°的相位关系，只需计算一相波形或半个周期的波形，采用移相的方法，可得到所有三相 SPWM 波形。

规则采样法是对自然采样法的改进，其主要优点是计算简单，便于在线实时运算，其中非对称规则采样法因阶数多而更接近正弦波形。其缺点是直流电压利用率较低，线性控制范围较小。

自然采样法和规则采样法均只适用于同步调制方式。

(4) 特定谐波消去法。

特定谐波消去法(selected harmonic elimination PWM，简称 SHEPWM)又称低次谐波消去法，是一种较有代表性的计算方法。图 4-18 所示的是单相桥式 PWM 逆变电路的一种输出波形。该波中，在输出电压半个周期内，器件各通、断 3 次(不包括 0 和 π 时刻)，共 6 个开关时刻可控。实际上，为减少谐波并简化控制，要尽量使波形对称。

首先，为消除偶次谐波，应使波形正负两半周期内镜像对称，即

$$u(\omega t)=-u(\omega t+\pi) \tag{4-30}$$

其次，为消除谐波中余弦项，简化计算，应使波形在半个周期内前后 1/4 周期以 π/2 为轴线对称，即

$$u(\omega t)=u(\pi-\omega t) \tag{4-31}$$

同时满足式(4-30)和式(4-31)的波形称为1/4周期对称波形,这种波形可用傅里叶级数表示为

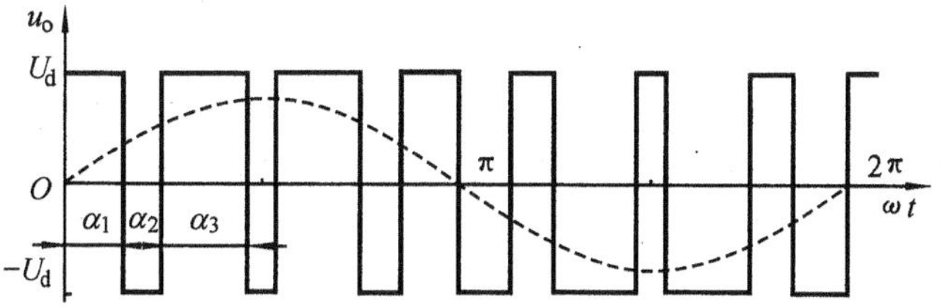

图4-18 特定谐波消去法的输出PWM波形

$$u(\omega t)=\sum_{n=1,3,5,\cdots}^{\infty}a_n\sin n\omega t \tag{4-32}$$

式中
$$a_n=\frac{4}{\pi}\int_0^{\pi/2}u(\omega t)\sin n\,\mathrm{d}\omega t$$

对于图4-18所示波形,在一个周期内的12个开关时刻(不包括0和π时刻),能独立控制α_1,α_2和α_3共3个时刻。该波形的a_n为

$$\begin{aligned}a_n=&\frac{4}{\pi}\Big[\int_0^{\alpha_1}\frac{U_d}{2}\sin n\omega t\,\mathrm{d}\omega t+\int_{\alpha_1}^{\alpha_2}\Big(-\frac{U_d}{2}\sin n\omega t\Big)\mathrm{d}\omega t\\&+\int_{\alpha_2}^{\alpha_3}\frac{U_d}{2}\sin n\omega t\,\mathrm{d}\omega t+\int_{\alpha_3}^{\pi/2}\Big(-\frac{U_d}{2}\sin n\omega t\Big)\mathrm{d}\omega t\Big]\\=&\frac{2U_d}{n\pi}(1-2\cos n\alpha_1+2\cos n\alpha_2-2\cos n\alpha_3)\end{aligned} \tag{4-33}$$

式中,$n=1,3,5,\cdots$。

式(4-33)中含有α_1、α_2和α_3三个变量,根据需要确定a_1的值,再令两个不同的$a_n=0$,就可建立三个方程,求得α_1、α_2和α_3。这样,可消去两种特定频率的谐波。通常在三相对称电路的线电压中,相电压所含的3次谐波相互抵消,因此可以考虑消去5次和7次谐波,得到如下联立方程

$$\begin{aligned}a_1&=\frac{2U_d}{\pi}(1-2\cos\alpha_1+2\cos\alpha_2-2\cos\alpha_3)\\a_5&=\frac{2U_d}{5\pi}(1-2\cos5\alpha_1+2\cos5\alpha_2-2\cos5\alpha_3)=0\\a_7&=\frac{2U_d}{7\pi}(1-2\cos7\alpha_1+2\cos7\alpha_2-2\cos7\alpha_3)=0\end{aligned} \tag{4-34}$$

对于给定的基波幅值a_1,求解上述方程可得α_1、α_2和α_3。a_1改变时,α_1、α_2和α_3也相应改变。

上面讨论的是在输出电压半个周期内器件通、断各3次的情况。一般在输出电压半个周期内器件通、断各k次,考虑到PWM波形1/4周期对称,共有k个开关时刻可控,除去用一个自由度控制基波幅值外,可消去$k-1$个频率的特定谐波。k越大,开关时刻的计

算越复杂。

该方法虽然可以很好地消除所指定的低次谐波，但是，剩余未消去的较低次谐波的幅值可能会相当大，而且同样存在计算复杂的缺点。该方法同样只适用于同步调制方式。

3）跟踪控制法

跟踪控制法是一种反馈控制方法，它是将期望信号与实际信号进行比较，根据所得的误差信号确定功率器件的通断，从而使实际输出接近期望输出的一种控制方法。常见的跟踪控制法有滞环比较方式与三角波比较方式两种。

(1)滞环比较方式。

采用滞环比较方式生成 PWM 波形的电路如图 4-19(a)所示，控制效果如图 4-19(b)所示。图中，ε 为允许误差。

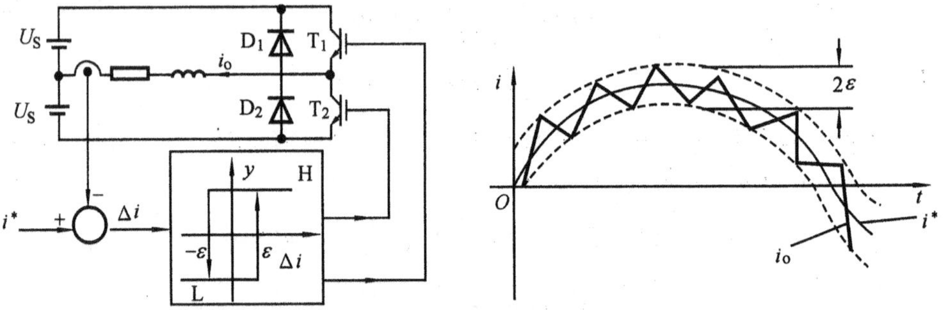

(a) 电路　　　(b) 控制效果

图 4-19　滞环比较方式生成 PWM 波形的电路及控制效果

当 T_1 导通、T_2 关断时，负载电流增加；T_1 关断、T_2 导通时，负载电流减小。可采用如下控制方式：期望电流为正，当实际负载电流小于期望电流时，开通 T_1，使负载电流上升；当实际负载电流大于期望电流时，断开 T_1，D_2 续流，使负载电流下降。为了不让 T_1、T_2 开关过于频繁，当实际电流与期望电流之差在允许范围内时，保持开关状态不变。

滞环比较方式实现 PWM 波形有设计容易（选择合适的允许误差即可）、硬件电路简单、电流响应快等优点，但存在开关频率不确定，滤波参数设计困难等缺点。

(2)三角波比较方式。

在调制法中，如果载波采用三角波，期望信号或者调制信号由闭环控制方法产生，即调制信号是电流或电压调节器的输出，这就是跟踪控制法的三角波比较方法，电路如图 4-20 所示。

三角波比较方式输出的 PWM 波形具有频率固定、滤波参数设计容易等特点，但调节器的设计较滞环比较方式复杂，如采用 PI 调节器，待整定参数较滞环比较方式多。

4. SPWM 的数字控制

目前，实现产生 SPWM 波形的电路有以下几类。

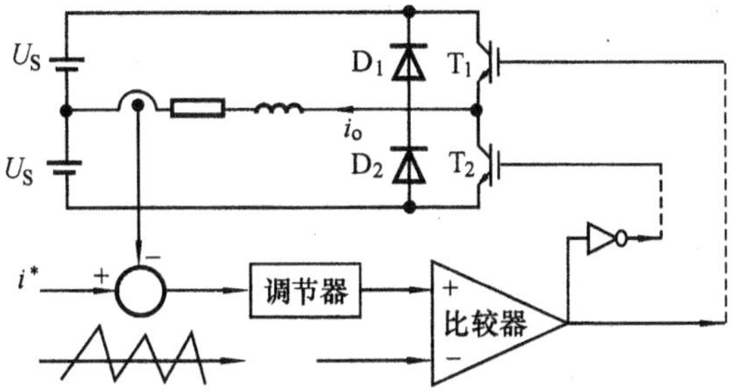

图 4-20 三角波比较方式生成 PWM 波形的电路

(1)分立元件和集成运放构成的模拟控制电路;

(2)专用模拟集成脉宽调制器,如 SG 3524、SG 3526、TL 494 等;

(3)与 8 位或 16 位单片微机配套使用的专用 SPWM 数字信号发生器;

(4)用单片机、数字信号处理器等微处理器产生的数字 SPWM 电路。

其中,数字控制电路的抗干扰能力明显优于模拟控制电路,但专用的集成电路芯片控制信号载波频率较低,且频率固定。随着微处理器的速度和精度不断提高,数字化产生 SPWM 波形的方法发展迅速。

本节介绍一种专用 SPWM 数字信号发生器。

SPWM 专用芯片主要有英国的 HEF 4752、荷兰的 MK II、日本的 MB 63H110 及德国的 SLE 4520、MA 818、MA 828、MA 838 及 THP 4752 等,这里介绍典型的 SLE 4520 的基本原理及应用。

SLE 4520 专用芯片是一种常用的三相脉宽调制器,是应用 CMOS 技术制作的低功耗高频大规模集成电路,是一种可编程器件。它能把三个 8 位数字量同时转换成三路相应脉宽的矩形波信号,与 8 位或 16 位微机联合使用,可用简单的方式产生三相变频器所需的 6 路控制信号,输出的 SPWM 波形的开关频率可达 20 kHz,基波频率可达 2 600 Hz。因此,SLE 4520 专用芯片适用于 IGBT 变频器或其他中频电源变频器。同时,由于软件编制的灵活性,SLE 4520 专用芯片几乎可以实现任意形状的曲线调制(正弦波、三角波等)和任意的相位关系。

SLE 4520 专用芯片内部集成了一个振荡电路,只要在外部接上一定频率的晶体振荡器,就可以得到相应的频率,此频率还可以引给单片机作为时钟频率。芯片设置了一个 8 位数据总线接口,内有三个 8 位寄存器,用来接收产生三相脉宽调制信号的三个数字量;有两个 4 位寄存器用来接收死区信号及分频因数。采用一个地址译码锁存器,对芯片内部各寄存器地址进行锁存译码。设置有一个"禁止(INHABIT)"信号输入端,当禁止信号为高电平时,6 路输出都被强制定为高电平状态,即输出被锁住,6 个开关管均处于阻断状态,以防止从通电到芯片开始正常工作期间,输出信号电平失去控制,造成逆变主电路短路。另外,SLE 4520 还集成了一个 RS 触发器,其状态表示是否开放脉冲输出,同时,可用 SET - STATUS、CLEAR、STATUS 端控制 RS 触发器状态。当 SET - STATUS(S)端置于高电平时，则禁止输出；要开放输出，只需在 CLEAR－STATUS(R)端给一个高电平清除状态即可。同时，该芯片设置了一个 RS 触发器状态输出端，用于显示或将数据送单片机使用，可以方便地实现各种保护功能。SLE 4520 专用芯片外形及引脚图如图 4-21 所示。

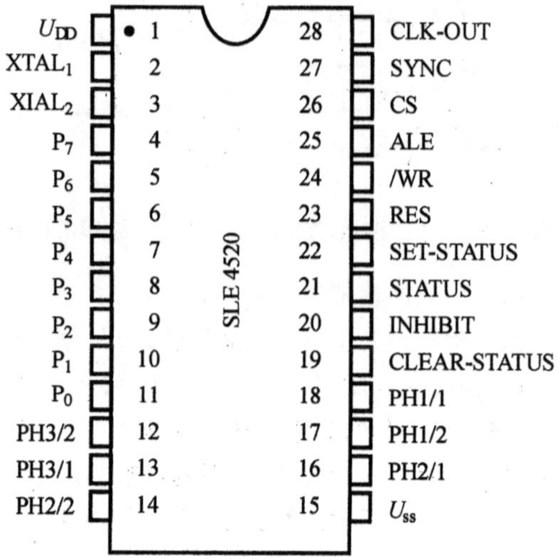

图 4-21　SLE 4520 外形及引脚图

SLE 4520 引脚说明如下。

①U_{DD}：+5V 电源接入端；

②$XTAL_1$：晶体振荡器接入端；

③$XTAL_2$：晶体振荡器接入端；

④P_7：数据总线接口(输入)；

⑤P_6：数据总线接口(输入)；

⑥P_5：数据总线接口(输入)；

⑦P_4：数据总线接口(输入)；

⑧P_3：数据总线接口(输入)；

⑨P_2：数据总线接口(输入)；

⑩P_1：数据总线接口(输入)；

⑪ P_0：数据总线接口(输入)；

⑫ PH3/2：第三相的反信号输出，低电平有效；

⑬ PH3/1：第三相的原信号输出；

⑭ PH2/2：第二相的反信号输出；

⑮ U_{SS}：地线接入端；

⑯ PH2/1：第二相的原信号输出；

⑰ PH1/2：第一相的反信号输出；

⑱ PH1/1：第一相的原信号输出；

⑲ INHIBIT：禁止信号输入端，高电平有效；

⑳ STATUS：状态触发器的状态输出；

㉑ CLEAR－STATUS：状态触发器的复位输入；

㉒ SET－STATUS：状态触发器置位输入；

㉓ RES：芯片复位信号输入端；

㉔/WR：微处理器/WR 信号引入端；

㉕ ALE：微处理器 ALE 信号引入端；

㉖ CLE：片选信号；

㉗ SYNC：接收数据命令输入端；

㉘ CLK－OUT：时钟频率输出端。

下面介绍一个以 PIC 16F873 单片机与 SLE 4520 配合使用生成 SPWM 调制波驱动 IGBT 变频器的例子。PIC 16F873 引脚图如图 4-22 所示，系统框图如图 4-23 所示，对硬件电路简要说明如下。

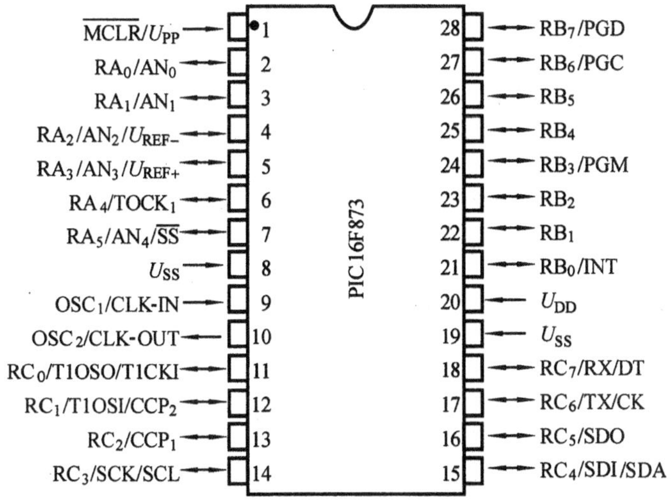

图 4-22 PIC 16F873 **引脚图**

(1)将 SLE 4520 的 28 脚 CLK-OUT 接到 PIC 16F873 的 9 脚 CLK-IN，使 PIC 16F873 的时钟与 SLE 4520 的时钟保持同步；将 SLE 4520 的 23 脚 RES 与 PIC 16F873 的 1 脚 $\overline{MCLR}$相连，以保证复位时以相同的状态开始工作。

(2) PIC 16F873 的 $RC_0 \sim RC_7$ 与 SLE 4520 的 $P_0 \sim P_7$ 相连，为数据总线，SLE 4520 的 6 路输出口(18、17 脚，16、14 脚，13、12 脚)接到驱动模块的输入端。驱动模块通常包括光耦隔离电路和具有合适的主电路开关器件的驱动电路。

(3) SLE 4520 的 27 脚 SYNC 端接至 PIC 16F873 的 24 脚 RB_3 口，由 PIC 16F873 的 CPU 控制 SLE 4520 内部三个可预置的计数器同时启动。

(4) SLE 4520 的 22 脚 SET－STATUS 接至外部故障电路的输出端，一旦故障检测电路检测到故障，通过该端封锁 SLE 4520 的 6 路输出。

(5) 将 SLE 4520 的 20 脚 STATUS 与 PIC 16F873 的 21 脚 RB_0 相连，当保护电路中有任一故障出现，SLE 4520 封锁时，将进入 PIC 16F873 的中断服务程序，进行软件封锁、故障显示及报警。

(6) 给定频率电位器即设定经 RA_0 模数转换端直接读入 PIC 16F873 中。

图 4-23 所示系统的基本工作过程：首先应通过软件设置 SLE 4520 的死区及分频因数寄存器，然后循环读取 RA_0 引脚的 A/D 转换数据——即外部频率给定值，并计算给出三相脉冲宽度信息送至 SLE 4520 脉宽寄存器。SLE 4520 根据脉宽信息等输出三相脉冲调制信号并送驱动电路控制主电路 IGBT 器件的开关。

图 4-23 所示系统是一个速度开环系统。显然，利用反馈控制思想，易将上述系统改造成速度电流闭环控制的系统。

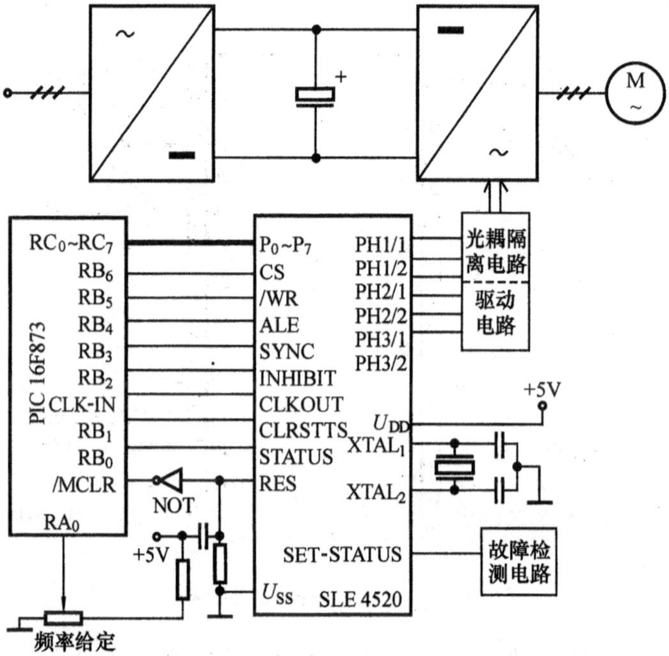

图 4-23 SLE 4520 应用实例

5. SPWM 逆变电路的谐波分析

在使用载波对正弦信号调制时，产生了和载波有关的谐波分量。谐波频率和幅值是衡量 SPWM 逆变电路性能的重要指标之一。为此，有必要进行 SPWM 逆变电路的谐波分析。

同步调制可看成异步调制的特殊情况，因此只需分析异步调制方式即可。由于不同信号波周期的 SPWM 波形不同，无法直接以信号波周期为基准分析。以载波周期为基础，再利用贝塞尔函数推导出 SPWM 波的傅里叶级数表达式，分析过程相当复杂，结论却简单而直观。下面只给出典型分析结果的频谱图，以便对其谐波分布有一个基本的认识。

对单相逆变电路，在不同的调制系数 M 时，单相桥式 SPWM 逆变电路在双极性调制方式下输出电压的频谱图如图 4-24 所示。输出电压中包含的谐波角频率为 $n\omega_c \pm k\omega_r$，其中，$n=1,3,5,\cdots$ 时，$k=0,2,4,\cdots$；$n=2,4,6,\cdots$ 时，$k=1,3,5,\cdots$。

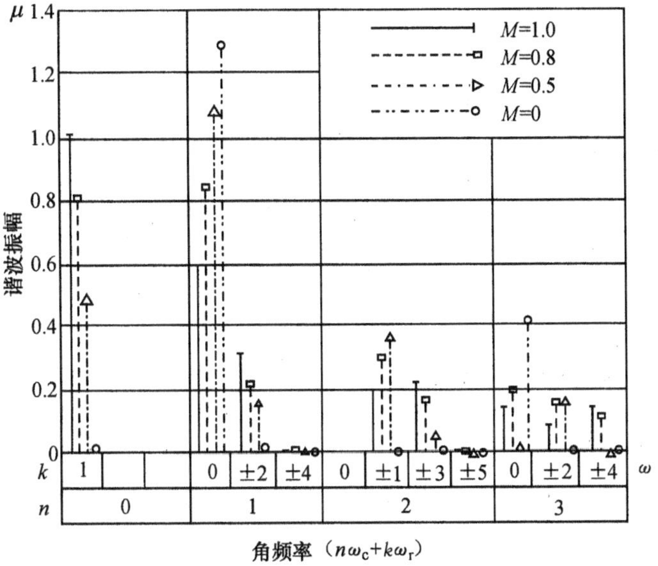

图 4-24 单相桥式 SPWM 逆变电路输出电压的频谱图

可以看出，SPWM 波中不含低次谐波，只含有角频率为 ω_c 及其附近的谐波，以及 $2\omega_c$、$3\omega_c$ 等及其附近的谐波。上述谐波中，幅值最高、影响最大的是角频率为 ω_c 的谐波分量。

对三相桥式 SPWM 逆变电路，设各相采用公用载波信号，不同调制系数 M 时的输出线电压的频谱图如图 4-25 所示。输出线电压中包含的谐波角频率为 $n\omega_c \pm k\omega_r$，其中，$n=1,3,5,\cdots$ 时，$k=3(2m-1)\pm 1 (m=1,2,\cdots)$；$n=2,4,6,\cdots$ 时，$k=\begin{cases}6m+1 & (m=0,1,\cdots)\\ 6m-1 & (m=1,2,\cdots)\end{cases}$。

和单相电路时输出电压的情况比较，两种电路的共同点是都不含低次谐波，一个较显著的区别是三相 SPWM 逆变电路输出电压的载波角频率 ω_c 整数倍的谐波被消去了，谐波中幅值较高的是 $\omega_c \pm 2\omega_r$ 和 $2\omega_c \pm \omega_r$。

上述分析结果是在理想条件下得到的，在实际电路中，由于采样时刻的误差以及为避免同一相上、下桥臂导通而设置的死区时间的影响，谐波分布情况将更为复杂。一般来说，实际电路中的谐波含量更多，甚止还会出现少量的低次谐波。

从上述分析中可以看出，SPWM 调制波中的谐波主要是角频率为 ω_c、$2\omega_c$ 及其附近的谐波。一般情况下 $\omega_c \gg \omega_r$，所以 SPWM 波形中所含的主要谐波的频率要比基波频率高得多，很容易滤除。载波频率越高，波形中谐波频率就越高，所需滤波器的体积就越小。

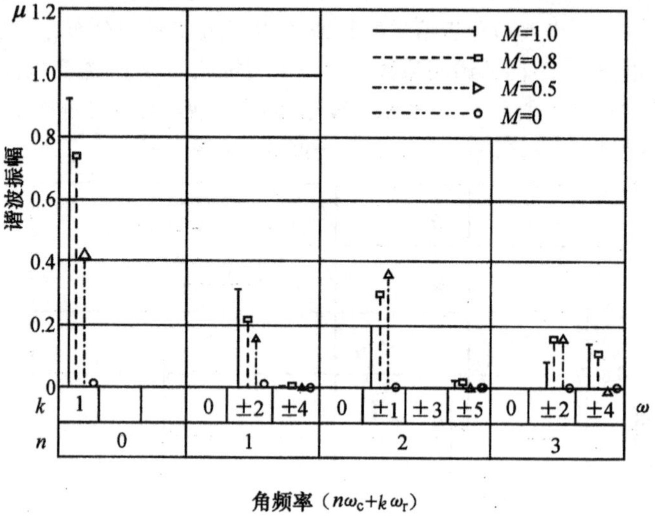

图 4-25 三相桥式 SPWM 逆变电路输出线电压的频谱图

4.2.4 电压型逆变电路的应用

电压型逆变电路的应用十分广泛，本节以开关电源、变频器为例介绍电压型逆变电路的设计及应用。

1. 开关电源的原理与设计

开关电源通常是指利用自关断器件和 PWM 控制技术制成的高频开关式直流稳压电源。开关电源具有体积小、重量轻、用材少、效率高等优点，在用电设备中得到了普遍应用。这里讨论以逆变为核心、采用整流—逆变—整流结构的开关电源的原理与设计。

1）开关电源的性能指标

评价开关电源的性能指标有很多，这里主要介绍开关电源的电气指标。

(1)输入电源的相数、频率：根据输出功率的不同，可采用单相或三相电源供电。输出功率高于 5 kW 时通常采用三相电源供电，以使三相负荷均衡。我国工频电源频率为 50 Hz。

(2)额定输入电压、允许电压波动范围：我国工频电源额定相电压为 220 V，线电压为 380 V。在允许的输入电压波动范围内都要保证额定输出功率。

(3)额定输入电流：在额定输入电压、额定输出功率时的输入电流。

(4)最大输入电流：在允许的下限输入电压、额定输出功率时的输入电流。

(5)输入功率因数：输入有功功率与视在功率的比值。

(6)额定输出直流电压：标称输出直流电压，指在额定输出电流、满足规定的稳压精度及纹波等指标时的最大输出直流电压。

(7)稳压精度：有多种原因会导致输出电压的波动，稳压精度指在允许的工作条件范围内，实际输出直流电压与额定工作条件时理想输出直流电压的比值。它反映了电源的控制精度。

(8)输出电压纹波与噪声：纹波指输出中与输入电源频率同步的交流成分，用峰—峰值表示。噪声指输出中除了纹波外的交流成分，也用峰—峰值表示。

(9)额定输出电流：额定输出电压时供给负载的最大平均电流。

(10)效率：指输出有功功率与输入有功功率的比值。

此外，还有反映系统动态性能的指标以及开关电源的电磁干扰与射频干扰指标等。

不同的应用场合对电源的要求有所不同，因此开关电源设计时首先应根据具体情况确定对电源的技术指标要求，然后选择适合的变换器结构并完成有关参数设计。

2) 开关电源的设计原理

开关电源的原理框图如图4-26所示。整机电路包含主电路与控制电路两部分。主电路由输入整流滤波、功率因数校正、逆变电路、输出整流滤波等组成，它的主要作用是将电网的能量传递给负载。主电路以外的电路统称为控制电路，它保证主电路正常工作，并获得设计期望的技术指标。与此相应，开关电源设计包括主电路设计与控制电路设计两大部分。

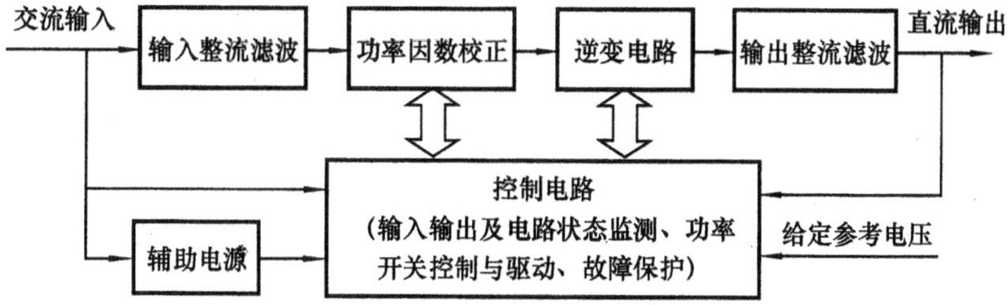

图4-26 开关电源原理框图

主电路设计包括主电路形式的选择、开关工作频率的选择，功率器件的选型、额定参数的确定以及变压器与电感参数的计算等。控制电路设计的基本任务是根据主电路形式确定合适的控制方法及其实现，此外应考虑必要的故障检测与保护电路。这里仅讨论采用PWM控制方案的电路设计问题。

(1) 主电路形式选择。

主电路形式主要依据输出功率大小、输出电压高低等进行选择，如输出功率较大时宜采用三相输入电源及桥式逆变电路；输出功率较小但输出电压较高时宜采用反激变换电路等。采用单相输入电源时对功率器件、输入滤波电容等的耐压要求较低，元器件成本相对也较低，因而输出功率较小时优先选用单相输入电源。

(2) 开关工作频率。

目前，对软开关电源，开关工作频率通常在几百千赫兹以上；对硬开关电源，开关工作频率通常在20 kHz到100 kHz之间。开关频率越高，所需要的滤波电感、电容容量越小，脉冲变压器体积也越小；然而开关器件的损耗也越大，对开关器件的开关速度要求也越高，干扰频率抑制等问题也更复杂。此外，对不同类型的功率器件，开关频率有不同的适宜范围。通常 IGBT 开关频率适宜范围为 20～40 kHz，小功率 MOSFET 的开关频率可达 50 kHz 以上，然而功率 MOSFET 的容量不高。因此，开关工作频率应根据输出功率要求与市场器件供应情况等多种因素综合选择确定。

(3) 功率器件的确定。

由输出功率的要求及主电路开关的工作频率，可基本选定功率器件类型。一旦选定器件类型，则容易根据器件特点、主电路形式及输入输出指标确定功率器件的额定参数。

(4) 磁性元件设计。

磁性元件包括变压器、电感器等。磁性元件设计是主电路设计的重要内容。

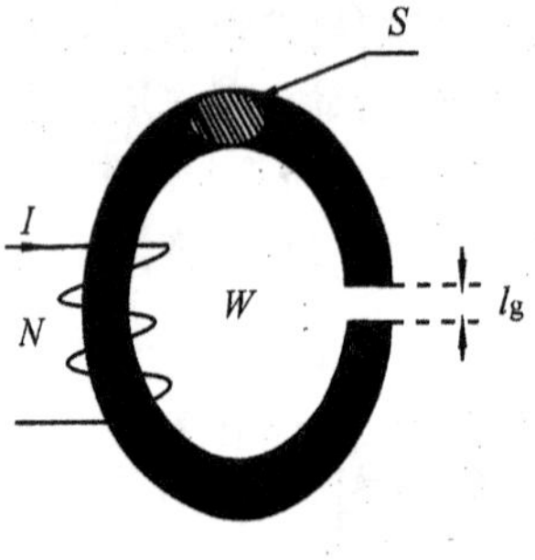

图 4-27 电感示意图

①电感器的设计。开关电源中的电感器通常作直流滤波器用。电感器设计首先应该根据电路工作要求确定流过电感器的平均电流及允许电流纹波的大小，同时还应给定允许的电感铜耗大小。根据电路形式和允许纹波大小可确定所需要的电感量大小。对于电感温升的限制决定允许的电感铜耗大小。显然，导线截面积越大，电感直流电阻越小，铜耗也越少。因此，铜耗的限制确定了线圈截面积或线圈电流密度的选择范围。

在电感平均电流 I、电感量 L、线圈电流密度 J 确定后，还应选择磁芯并计算电感绕组匝数、气隙长度等，如图 4-27 所示。

设所选磁性材料的最大直流磁通密度为 B_m，由磁链表达式 $LI=NB_mS$，可得

$$N=\frac{LI}{B_mS} \tag{4-35}$$

磁芯窗口面积应满足

$$kW=\frac{NI}{J} \tag{4-36}$$

式中，k 为窗口面积利用系数，通常在 0.3～0.6 之间。

$$WS=\frac{LI^2}{kB_mJ} \tag{4-37}$$

由式(4-37)可选择或制作电感磁芯，使其窗口面积与截面积之积稍大于计算值，匝数由式(4-35)计算，导线截面积为 I/J。设磁路气隙为 l_g，为防止磁芯饱和，由安培环路定律有

$$l_g=\frac{\mu_0N^2S}{L} \tag{4-38}$$

式中，μ_0 为真空中的导磁率。

②变压器设计。变压器的设计包括变比确定、磁芯材料及磁芯形式选择、绕组匝数及导线规格确定等。变压器设计应满足：变比的选择应使得输入电压降到允许的最低值时，仍能得到必要的最大输出电压；当输入电压和占空比为最大值时，磁芯不会饱和；尽可能

提高变压器的利用效率，如使原、副边线圈损耗相等，铜耗与铁损相等；温升不超过允许的范围；原、副边线圈漏感要小以及符合必要的安全规范等要求。

考虑上述所有要求的设计过程是很复杂的，这里仅考虑保证最大输出电压和磁芯不饱和条件下设计半桥、桥式电路的变压器。

设变压器最大的磁感应强度为 B_m，磁芯截面积为 S，绕线用窗口面积为 W。变压器原边由方波电压激励，频率为 f，原边绕组最大电压幅值为 U_{1max}，最小幅值为 U_{1min}，最大电流为 I_1，匝数为 N_1，原、副边绕组电流密度为 J；副边绕组最小电压幅值为 U_{2min}，最大电流为 I_2，匝数为 N_2，变压器如图 4-28 所示。

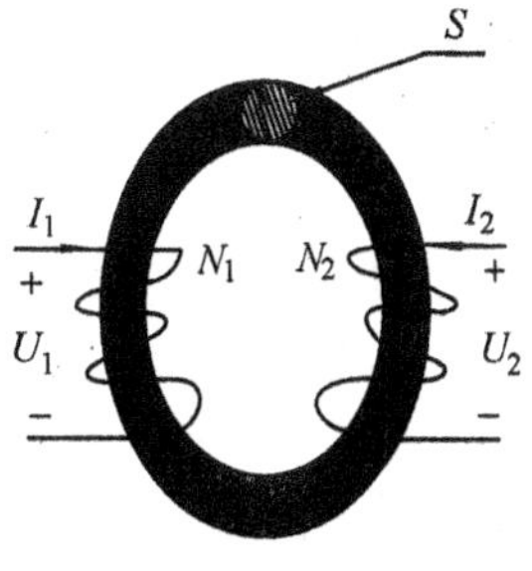

图 4-28　变压器示意图

为保证最大占空比 D_{max} 下输出额定电压 U_o，要求副边最小电压满足

$$U_{2min}D_{max} - U_{DF} = U_o \tag{4-39}$$

式中，U_{DF} 为副边整流二极管及线路压降之和。变比 n 为

$$n = \frac{N_1}{N_2} = \frac{U_{1min}}{U_{2min}} = \frac{D_{max}U_{1min}}{U_o + U_{DF}} \tag{4-40}$$

为保证最大输入电压与最大占空比下磁芯不会饱和，根据法拉第定律有

$$N_1 = \frac{U_{1max}D_{max}}{4B_mSf} \tag{4-41}$$

假定窗口面积被充分利用，则有

$$kW = N_1\frac{I_1}{J} + N_2\frac{I_2}{J} = N_1\frac{I_1}{J} + \frac{N_1}{n}\cdot\frac{I_2}{J} = 2N_1\frac{I_1}{J} \tag{4-42}$$

式中，k 为窗口利用系数。注意：$I_2 = nI_1$。

$$WS = \frac{D_{max}U_{1max}I_1}{2kfJB_m} \tag{4-43}$$

由 $I_2 = nI_1$ 及式(4-43)得

$$WS = \frac{I_2(U_o + U_{DF})}{2kfJB_m}\cdot\frac{U_{1max}}{U_{1min}} = \frac{P}{2kfJB_m}\cdot\frac{U_{1max}}{U_{1min}}$$

式中，P 为变压器输出最大功率。

变压器设计过程为：选择或制作一个磁芯，使其实际窗口面积与磁芯截面积之积略大于计算值，确定原、副边绕组匝数和导线截面积，最后对变压器的功耗、温升、励磁电流等进行计算，验证设计是否合乎要求。

(5) 控制电路设计。

控制电路的核心是根据反馈控制原理，将期望的输出电压信号与实际的输出电压信号进行比较，利用误差信号对功率开关器件的导通与关断比例进行调节，从而实现实际输出电压满足设计电压的目标。目前，能实现 PWM 控制的集成芯片很多，也可利用单片机实现 PWM 控制。

【例 4-1】 某设备需要一直流稳压电源，输出电压 $U_o=24$ V，最大输出电流 $I_o=20$ A，输出电压纹波峰—峰值不超过 0.24 V，输出电流 5 A 时副边电感电流仍然连续。采用 PWM 控制方式，最大占空比 $D_{max}=0.9$。设输入直流电压变化范围为 245～350 V，且采用隔离变压器的桥式逆变十二极管整流电路结构。试设计满足上述要求的电路主要参数。

解 因输出功率不大，可选择 MOSFET 作为开关器件，并选逆变工作频率 $f=50$ kHz，即 $T_S=20$ μs。电源电路如图 4-29 所示。

假设开关器件导通压降及原边线路压降之和为 5 V，则 U_1 电压最小值 $U_{1min}=240$ V，电压最大值 $U_{1max}=345$ V。

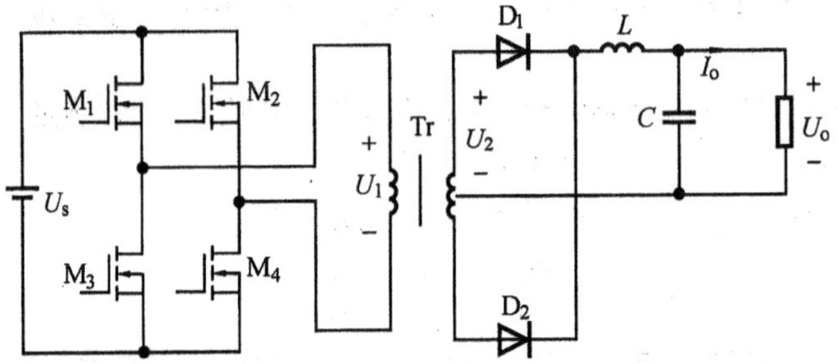

图 4-29 电源电路原理图

(1)变压器设计。当输入电压取最小值 245 V 时，占空比达到最大，设此时副边电压幅值为 U_2，则

$$U_2 D_{max} - U_{DF} = U_o = 24 \text{ V}$$

式中，U_{DF} 为副边二极管及线路压降之和，取 $U_{DF}=3$ V，由上式得 $U_2=30$ V，可得变比 $n=240/30=8$。变压器最大输出功率为

$$P = (U_o + U_{DF}) I_o = 540 \text{ W}$$

设主变压器采用 H7C1 铁氧体材料，$B_m=0.3$ T，原、副边绕组电流密度取 $J=2.5\times 10^6$ A/m²。窗口面积 W 与磁芯截面积 S 之积为

$$WS = \frac{P}{2kfJB_m}\cdot\frac{U_{1max}}{U_{1min}} = \frac{540}{2\times 0.333\times 50000\times 2.5\times 10^6\times 0.3}\times\frac{345}{240}$$
$$= 3.11\times 10^{-8} \text{ m}^4$$

式中取窗口利用系数 $k=0.333$。查磁性材料手册知，PQ40/40 磁芯的 WS 值为 5.67×10^{-8} m⁴，S 值为 1.74×10^{-4} m²。WS 值大于计算值，因此可选 PQ40/40 磁芯作为主变压器的磁芯。

原边绕组匝数为

$$N_1 = \frac{U_{1max}D_{max}}{4fSB_m} = \frac{345\times 0.9}{4\times 50000\times 1.74\times 10^{-4}\times 0.3}\approx 30$$

副边绕组匝数为 $$N_2=\frac{N_1}{n}=\frac{30}{8}\approx 3.75$$

取整数为 $N_1=32$，$N_2=4$。

(2)副边电感、电容量的计算。在副边电感电流临界连续时，输出平均电流 I_o 等于电感电流纹波峰—峰值 Δi_L 的一半，据式(3-13)有

$$I_o=\frac{DU_S}{nR_L}=\frac{\Delta i_L}{2}=\frac{D(1-D)U_ST_S}{4nL}$$

$$L=\frac{(1-D)T_SR_L}{4}$$

当输出电压 24 V、电流 5 A 时，$R_L=4.8\ \Omega$。显然，当变压器原边电压取最大值时占空比最小，对应的电感取最大值。最小占空比

$$D_{min}=\frac{n(U_o+U_{DF})}{U_{1max}}=0.62$$

为保证输出电流 5 A 时电感电流连续，L 应满足

$$L\geqslant\frac{0.38\times 4.8\times 20\times 10^{-6}}{4}\text{H}=9.12\times 10^{-6}\ \text{H}$$

可取 $L=10\ \mu$H。

设 U_S 为纯直流电压，输出电压纹波主要由器件的开关工作过程引起。显然，当变压器原边电压取最大值时占空比最小，此时滤波电感中电流纹波最大，输出电压纹波也最大。桥式变换器输出电压纹波峰—峰值为

$$\Delta U_o=\frac{(1-D)DU_{1max}}{8nf^2LC}$$

则有 $$C\geqslant\frac{(1-D_{min})D_{min}U_{1max}}{8nf^2L\Delta U_o}=417\times 10^{-6}\ \text{F}$$

可选标称值为 470 μF 的电容。

功率器件的额定参数可根据输出功率、主电路形式及变压器变比等进行选择。

上述计算结果是将滤波电容作为理想电容计算得出的，实际电容总存在等效串联电阻，且允许通过的纹波电流也是有限的，因此实际应用中常采用多个电容并联来减小等效串联电阻的影响，增加通过纹波电流的能力。此外，输入直流通常利用二极管对工频交流电源进行整流、滤波来得到，因此输入直流电源中不可避免地含有纹波成分，尽管利用反馈控制可减少这种纹波对输出的影响，但难以完全消除。因此，实际设计开关电源时还应对输入滤波电容及反馈控制器进行详细设计。

2. 变频器

变频器是把工频电源变换成各种频率的交流电源以实现电机的变速运行的设备。变频器作为电动机的电源装置，目前在国内外使用广泛。使用变频器可以节能、提高劳动生产率等。

变频器通常由主电路、控制电路组成。主电路包括整流电路、逆变电路和直流中间

电路，其中整流电路将交流电变换成直流电；直流中间电路对整流电路的输出进行平滑滤波；逆变电路将中间环节输出的直流电转换为频率和电压都可调的交流电（varible voltage varible frequency，简称 VVVF）。控制电路包括主控制电路、信号检测电路、开关器件驱动电路、外部接口电路以及保护电路，其功能是将检测电路得到的各种信号送到运算电路，使运算电路能够根据驱动要求为变频器主电路提供必要的驱动信号，并对变频器以及异步电动机提供必要的保护。变频器的基本结构如图 4-30 所示。对于如矢量控制变频器这种需要大量运算的变频器来说，有时还需要一个进行转矩计算的 CPU 以及相应的电路。

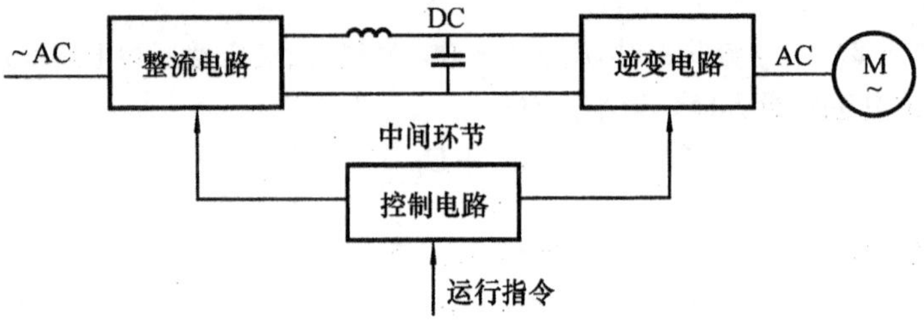

图 4-30 变频器基本结构

1）交流—直流—交流变频器的基本原理

交流—直流—交流变频器是目前被广泛应用在交流电动机变频调速中的变频器。它先将恒压恒频（constant voltage constant frequency，简称 CVCF）的交流电通过整流器变成直流电，再通过逆变器将直流电变成可控交流电的间接型变频电路。

按照控制方式的不同，交流—直流—交流变频器可分为以下四种形式。

(1)采用可控整流器调压、逆变器调频的控制方式，其结构框图如图 4-31 所示。在该装置中，调压和调频分别在两个环节上完成，要求两者在控制电路中协调配合，器件结构简单，控制方便。其主要缺点是在整流环节采用了晶闸管整流器，当电压调得较低时，电网端功率因数较低。此时逆变器通常也是由晶闸管组成的，每个周期换相 6 次，因此输出的谐波较大。这类控制方式现在采用较少。

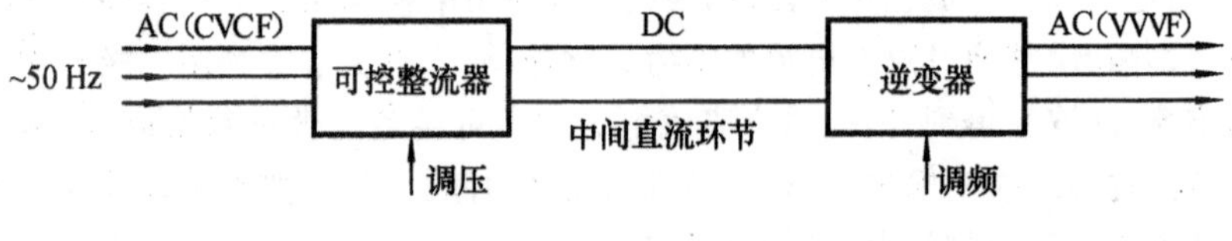

图 4-31 可控整流器调压、逆变器调频的结构框图

(2)采用不可控整流器整流、斩波器调压、逆变器调频的控制方式，其结构框图如图 4-32所示。该装置中有三个环节，整流器由二极管组成，只整流不调压；调压环节由斩波器单独进行，用脉宽调制方式调压，这种方法克服了功率因数较低的缺点。但由于系统输出逆变环节不变，所以仍有较大的谐波。

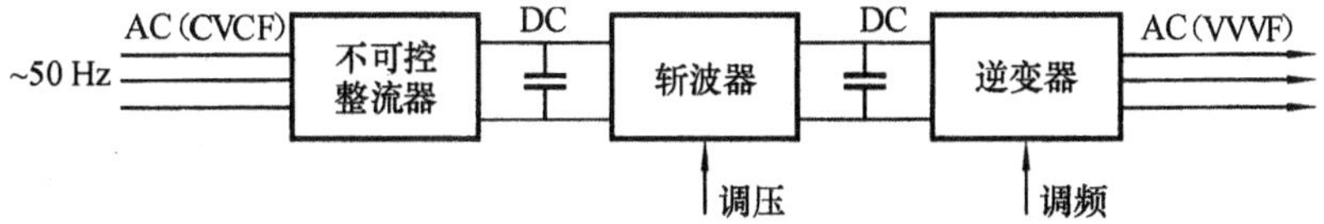

图 4-32　不可控整流器整流、斩波器调压、逆变器调频的结构框图

(3)采用不可控整流器整流、PWM逆变器同时调压调频的控制方式，其结构框图如图4-33所示。这种方法较好地解决输入功率因数较低和输出谐波大的问题。PWM逆变器采用全控式电力电子开关器件，因此输出的谐波大小取决于PWM的开关频率及控制方式。

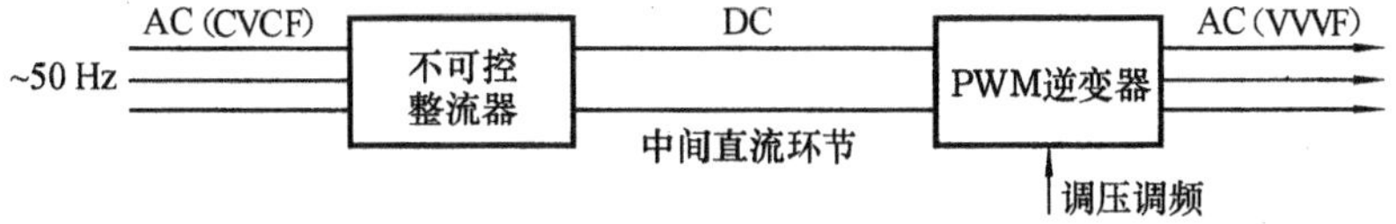

图 4-33　不可控整流器整流、脉宽调制逆变器调压、调频的结构框图

(4)采用PWM可控整流、PWM逆变器调压调频的控制方式，其结构框图如图4-34所示。由于计算机技术的不断发展，全数字系统使PWM控制非常容易，例如TMS 320F240有12路PWM接口，可以方便地设计双PWM变换器，不仅在逆变环节采用PWM控制，其整流部分也采用PWM可控整流。因此，可以控制整个系统对电网的谐波污染非常低，同时具有较高的功率因数。不仅如此，通过PWM控制还可以使系统进行再生制动，即可以使异步电机在四个象限上运行。

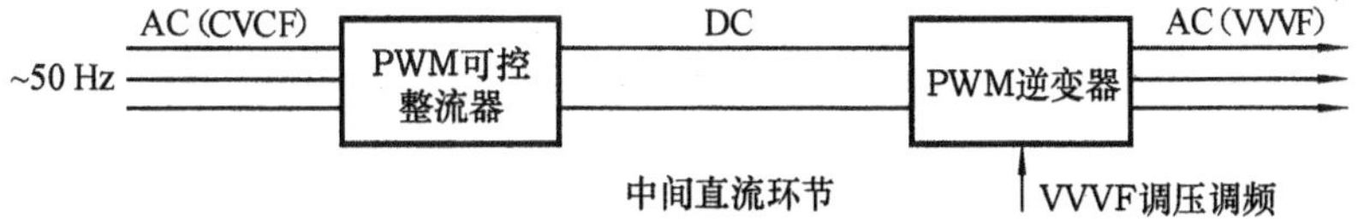

图 4-34　PWM整流器整流、PWM逆变器调压调频的结构框图

在交流—直流—交流变频器中，当中间直流环节采用大电容滤波时，直流电压波形比较平直，在理想情况下是一个内阻抗为零的恒压源，输出的交流电压是矩形波或阶梯波，这类变频器称为电压型变频器，如图4-35(a)所示；当中间直流环节采用大电感滤波时，直流电流波形比较平直，因而电源内阻抗很大，对负载而言基本上是一个恒流源，输出的交流电流是矩形波或阶梯波，这类变频器称为电流型变频器，如图4-35(b)所示。

2) 交流—直流—交流电压型变频电路

图4-36所示的为一种常用的交流—直流—交流电压型PWM变频电路。该电路采用二极管构成整流器，完成交流到直流的变换，其输出直流电压 u_d 是不可控的，它和电容器

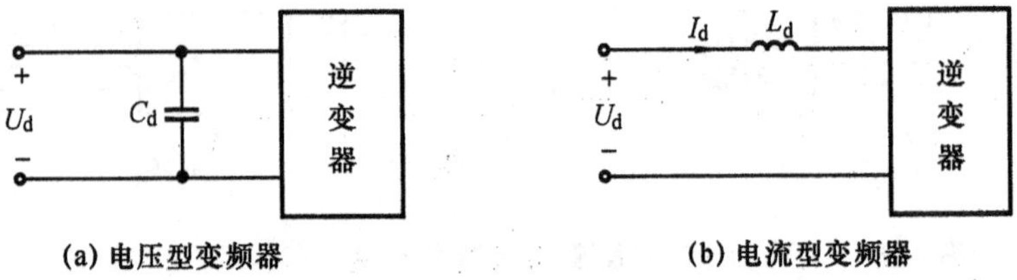

图 4-35 变频器结构框图

之间的直流电压和直流电流极性不变，只能由电源向直流电源输送能量，实际 i_d 只能为图示方向，而不能由直流电路向电路反馈电能。图中逆变电路的能量是可以双向流动的，若负载电动机由电动状态转入制动运行时，电动机变为发电状态，其能量通过逆变电路中的反馈二极管流入直流中间电路，使直流电压升高而产生过电压，这种过电压称为泵升电压。如果能量无法反馈回交流电源，泵升电压会危及整个电路的安全。

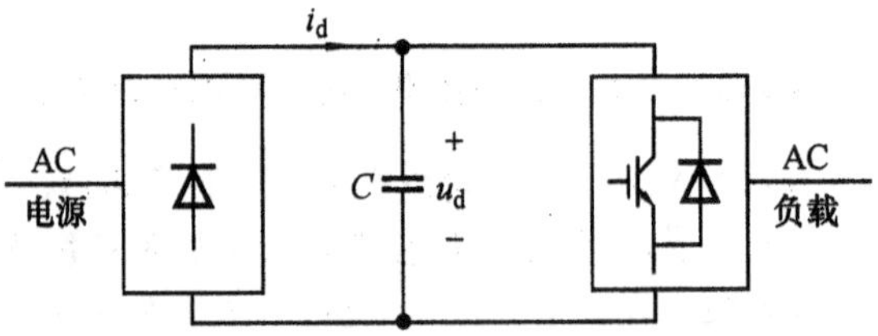

图 4-36 不能再生反馈的电压型变频电路

为了限制泵升电压，可给直流侧电容并联一个由开关器件 T_0 和能耗电阻组成的泵升电压限制电路，如图 4-37 所示。当泵升电压超过一定数值时，使 T_0 导通，把从负载反馈的能量消耗在 R_0 上。这种电路可运用于对电动机制动时间有一定要求的调速系统中。

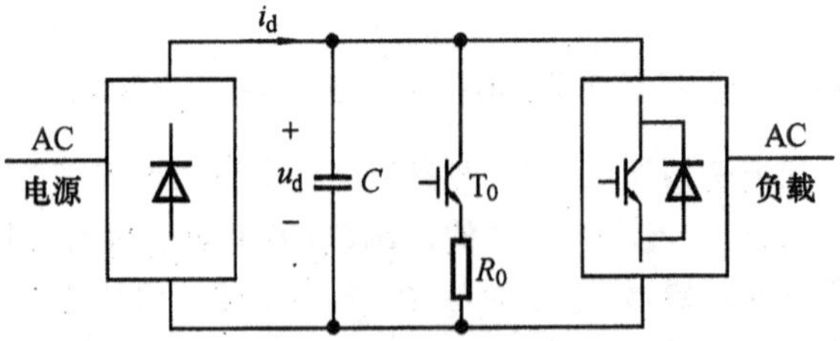

图 4-37 带有泵升电压限制电路的电压型变频电路

当负载为交流电动机，并且要求电动机频繁快速加减速时，上述带有泵升电压限制电路的变频电路耗能较多，能耗电阻 R_0 也需要较大的功率。因此，希望在制动时把电动机的动能反馈回电网。这时，需要增加一套变流装置，以实现再生制动，如图4-38所示。当负载回馈能量时，中间直流电压上升，使不可控整流电路停止工作，可控变流器工作在有源逆变状态，中间直流电压极性不变，而电流 i_d 反向，将电能反馈回电网。

图4-39是整流和逆变均为PWM控制的电压型变频电路，可简称为双PWM电路。整流和逆变电路的构成完全相同，均采用PWM控制，能量可双向流动。当负载为电动机时，电动机可以工作在电动运行状态，也可以工作在再生制动状态。此外，改变输出交流电压的相序及可使电动机正转或反转，因此可实现电动机四个象限运行。输入、输出电流均为正弦波，输入功率因数高。该电路是一种性能较理想的变频电路，已受到较多的关注。但由于该电路的控制较复杂，成本偏高，故实际应用还不多。

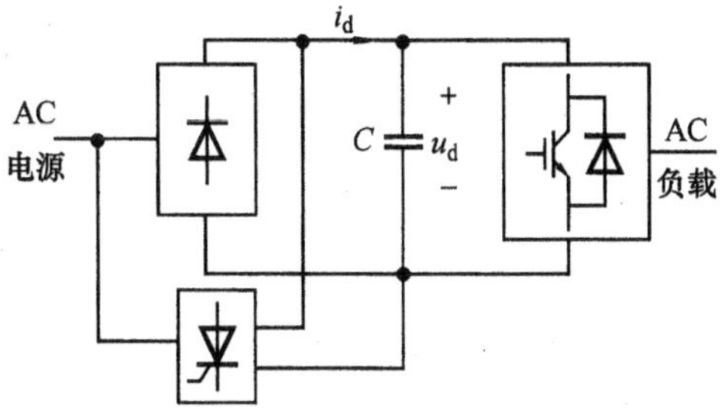

图4-38 利用可控变流器实现再生反馈的电压型变频电路

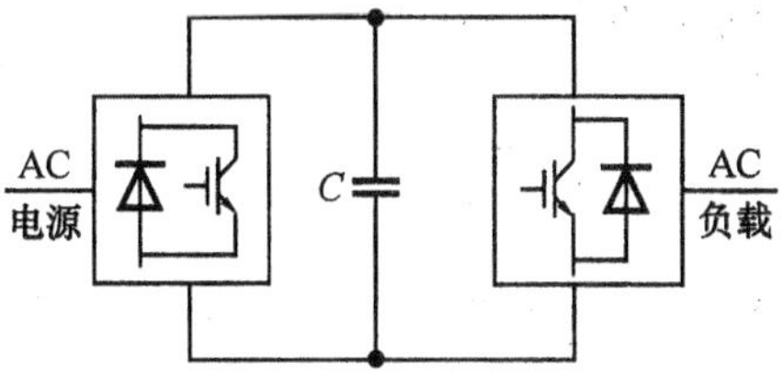

图4-39 整流和逆变均为PWM控制的电压型变频电路

3）变频器的主要参数计算

变频器设计涉及的内容较多，这里针对采用二极管整流、IGBT作为主开关的交流—直流—交流型变频器（图4-36）中二极管、IGBT及中间环节滤波电容的参数进行计算。

变频器设计前首先要明确变频器的负载——电机的特性以及输入电网参数等。以下假设电机绕组采用星形连接方式、额定负载时的相电压为 U_e、相电流为 I_e、功率因数角为 φ，变频器采用三相输入，电网相电压为 U_1，频率为 f。

（1）中间环节滤波电容的参数计算。

电压型变频器的中间回路是由电容组成的滤波环节。该环节的作用是滤平脉动的整流电压，为逆变器提供一个较平滑的直流电压源，同时为逆变器提供负载所需的无功电流。

在理想条件下，直流侧输出的额定功率为 $P_e=3U_eI_e\cos\varphi$，二极管整流环节输出的平均直流电压为 U_d，根据功率平衡原则，直流脉动电流平均分量 I_d 为

$$I_d=\frac{3U_e}{U_d}I_e\cos\varphi \tag{4-44}$$

等效负载电阻 R_d 为

$$R_d=\frac{U_d}{I_d} \tag{4-45}$$

通常滤波电容 C 的选择应满足

$$R_dC>(2\sim3)\frac{1}{2\pi f} \tag{4-46}$$

(2)二极管的参数计算。

二极管的额定电压根据输入相数、相电压确定。在三相输入、电网相电压为 U_1 时，二极管的额定电压可选为

$$U_{RRM}=(2\sim3)\sqrt{6}U_1 \tag{4-47}$$

二极管的额定电流可选为

$$I_{F(AV)}=(1.5\sim2)k_v\frac{I_d/\sqrt{3}}{1.57} \tag{4-48}$$

式中，k_v 为考虑谐波成分影响的系数。

(3)IGBT 的参数计算。

二极管整流环节输出的平均直流电压为 U_d，考虑电网电压波动为 $\pm\alpha\%$，关断时等效电感引起的直流环节电压尖峰为 ΔU，则直流环节最高电压

$$U_{dmax}=(1+\alpha\%)U_d+\Delta U$$

IGBT 的额定电压可选为

$$U_{CEM}=(1.1\sim1.5)U_{dmax} \tag{4-49}$$

考虑电网电压波动为 $-\alpha\%$ 时也应输出额定功率，此时直流脉动电流平均分量 I_{dmax} 为

$$I_{dmax}=I_d/(1-\alpha\%) \tag{4-50}$$

4.3　电流型逆变电路

电流型逆变电路是在电压型逆变电路之后出现的，随着晶闸管耐压水平的提高，电流型逆变电路得到了较快发展。电流型逆变电路的结构比较简单，用于交流电动机调速时可以不附加其他电路而实现再生制动，发生短路时危险较小，对晶闸管关断时间要求不高。电流型逆变电路对晶闸管的耐压要求比较高，适用于对动态特性要求较高、调速范围较大的交流调速系统。电流型逆变电路一般在直流侧串联大电感，电流脉动很小，可近似看成直流电流源。它有如下主要特点。

(1)直流侧串大电感，电流基本无脉动，相当于电流源。

(2)交流侧输出电流为矩形波，与负载性质无关；而输出电压波形和相位因负载不同而不同。

(3)直流侧电感起缓冲无功能量的作用，因此不必给开关器件反并联二极管。

在电流型逆变电路中，采用半控型器件的电路仍应用较多，其换流方式有负载换流、强迫换流。

4.3.1　单相电流型逆变电路

单相电流型逆变电路常采用桥式电路，利用负载谐振的原理实现换流。换流电容与负载并联，这类逆变电路称为并联谐振逆变电路，简称并联逆变器，多用于金属熔炼、透热和淬火的中频加热电源。

1. 基本原理

单相桥式电流型逆变电路原理图如图 4-40 所示。逆变电路由 4 个桥臂组成，每桥臂的晶闸管各串一个电抗器 L_T 以限制晶闸管开通时的 di/dt。使桥臂 1、4 和 2、3 以 1 000～2 500 Hz 的中频轮流导通，可得到中频交流电。它采用负载换相方式工作，要求负载电流超前于电压。

实际负载一般是电磁感应线圈，用来加热线圈内的钢料，如图 4-38 所示，R 和 L 串联为其等效电路。因功率因数很低，故并联补偿电容器 C。C 和 L、R 构成并联谐振电路。并联电容 C 除参加谐振外，还提供负载无功功率，使负载电路呈现容性，负载电流 i_o 超前负载电压 u_o 一定角度，达到负载换相关断晶闸管的目的。

因为是电流型逆变电路，输出电流波形接近矩形波，含基波和各奇次谐波，且谐波幅值远小于基波。因基波频率接近负载电路谐振频率，故负载对基波呈高阻抗，对谐波呈低阻抗，谐波在负载上产生的压降很小，因此负载电压波形接近正弦波。

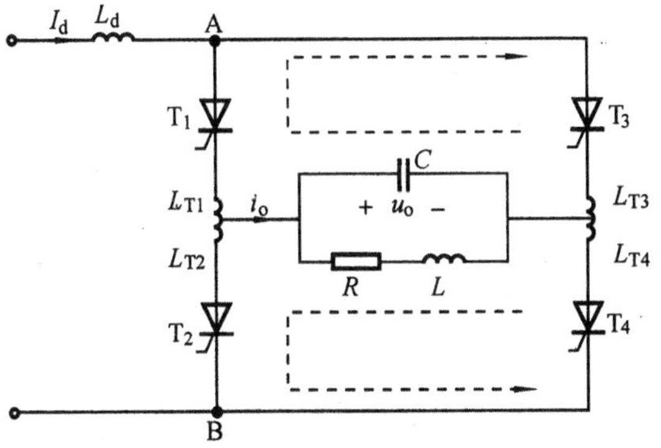

图 4-40　单相桥式电流型(并联谐振式)逆变电路

图 4-41 是单相电流型逆变电路的工作波形。在一周期内，有两个稳定导通阶段和两个换流阶段。

$t_1 \sim t_2$ 时段为晶闸管 T_1 和 T_4 稳定导通时段，负载电流 $i_o = I_d$，在 t_2 时刻前在电容 C 上建立了左正右负的电压。

$t_2 \sim t_4$ 时段为换流时段。t_2 时刻触发晶闸管 T_2 和 T_3 开通，进入换流阶段。换流电抗器 L_T 使 T_1、T_4 不能立刻关断，其电流由 I_d 逐渐减小，T_2、T_3 电流也由零逐渐增大。t_2 时刻后，4 个晶闸管全部导通，负载电压经两个并联的放电回路同时放电。一个回路是经 L_{T1}、T_1、T_3、L_{T3} 到 C；另一个回路是经 L_{T2}、T_2、T_4、L_{T4} 到 C。当 $t = t_4$ 时，T_1、T_4 上的电流减至零而关断，直流侧电流全部从 T_1、T_4 移到 T_2、T_3，换流阶段结束。$t_4 - t_2 = t_\gamma$ 称为换流时间。i_o 在 t_3 时刻，即 $i_{T1} = i_{T2}$ 时刻过零，t_3 时刻大体位于 t_2 和 t_4 的中点。

晶闸管在电流减小到零时，还需要一段时间才能恢复正向阻断能力。因此，为了保证晶闸管的可靠关断，在换流结束后还要使 T_1、T_4 承受一段反压时间 t_β，$t_\beta = t_5 - t_4$ 应大于

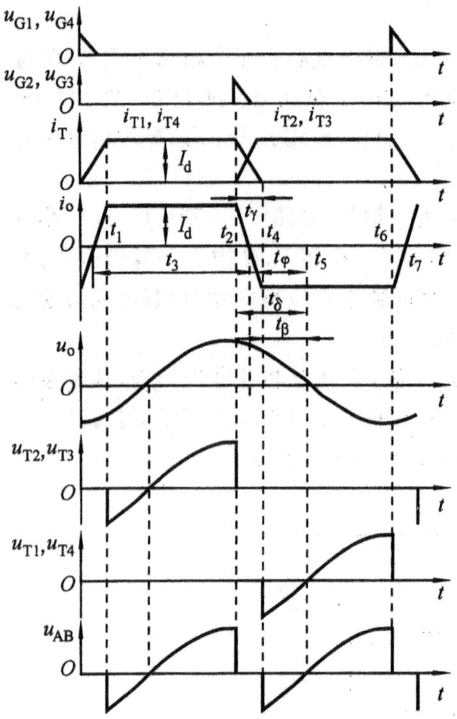

图 4-41 并联谐振式逆变电路工作波形

晶闸管的关断时间 t_q。如果 T_1、T_4 尚未恢复阻断能力就被加上正向电压，会重新导通，这样 4 个晶闸管同时稳态导通，逆变电路处于短路状态，造成逆变失败。

为保证可靠换流，应在 u_o 过零前 $t_\delta = t_5 - t_2$ 时刻触发 T_2、T_3，t_δ 称为触发引前时间。由图 4-41 得到

$$t_\delta = t_\gamma + t_\beta \tag{4-51}$$

从图 4-41 还可以看出，负载电流 i_o 超前于 u_o 的时间为

$$t_\varphi = \frac{t_\gamma}{2} + t_\beta \tag{4-52}$$

把 t_φ 表示为电角度 φ（φ 也是负载的功率因数角），单位是弧度，可得

$$\varphi = \omega\left(\frac{t_\gamma}{2} + t_\beta\right) = \frac{\gamma}{2} + \beta \tag{4-53}$$

式中，ω 为电路工作角频率；γ、β 分别是 t_γ、t_β 对应的电角度。

在图 4-41 中，$t_4 \sim t_6$ 是 T_2、T_3 的稳定导通时段。t_6 以后又一次进入换相阶段，其过程与前面类似。

在上述讨论中，为简化分析，假设负载参数不变，逆变电路的工作频率也是固定的，但在实际工作过程中，感应线圈参数随时间变化而变化，必须使工作频率适应负载的变化而自动调整，这种控制方式称为自励方式。与自励方式相对应，固定工作频率的控制方式称为他励方式。

自励方式存在启动问题，因为在系统未投入运行时，负载端没有输出，无法取出信号。有两种解决方法：一种方法是先用他励方式，系统开始工作后再转入自励方式。另一种方法是附加预充电启动电路，即预先给电容器充电，启动时将电容能量释放到负载上，形成衰减振荡，检测出振荡信号以实现自励。

2. 定量计算

以某中频电源为例讨论图 4-38 所示的逆变电路主要参数的设计计算。设要求最大直流电流为 I_{dM}，输入侧直流电压为 U_d。

1) 换向重叠时间 t_γ 的计算

近似认为换向期间电流线性变化，则

$$\frac{di_T}{dt} = \frac{I_d}{t_\gamma}, \qquad t_\gamma = \frac{I_d}{di_T/dt} \tag{4-54}$$

若晶闸管允许电流上升率 $i_\delta = di/dt$，则

$$t_{\gamma}=\frac{I_{DM}}{i_{\delta}} \tag{4-55}$$

由于换流时间相对中频周期而言，换流时间很短，可近似认为负载电流为矩形波。

2) 触发引前时间 t_{δ} 的计算

设快速晶闸管的关断时间 t_q，为保证安全换相取 $t_{\beta}=1.5t_q$，则 $t_{\delta}=t_{\gamma}+t_{\beta}$。

3) 中频电流、电压和输出功率的计算

忽略换向重叠时间 t_{γ}，i_o 可近似看作矩形波，展开成傅里叶级数

$$i_o=\frac{4}{\pi}I_d\left(\sin\omega t+\frac{1}{3}\sin3\omega t+\frac{1}{5}\sin5\omega t+\cdots\right)$$

式中，基波电流的有效值为

$$I_{o1}=\frac{4I_d}{\sqrt{2}\pi}=\frac{2\sqrt{2}}{\pi}I_d \tag{4-56}$$

忽略逆变电路的功率损耗，则逆变电路输入的有功功率(即直流功率)等于输出的基波功率(高次谐波不产生有功功率)，即 $P_e=U_dI_d=U_oI_{o1}\cos\varphi$，将式(4-56)代入可得

$$U_dI_d=U_o\frac{2\sqrt{2}}{\pi}I_d\cos\varphi$$

所以

$$U_o=\frac{\pi U_d}{2\sqrt{2}\cos\varphi}=1.11\frac{U_d}{\cos\varphi} \tag{4-57}$$

中频输出功率为

$$P_a=\frac{U_o^2}{R_1} \tag{4-58}$$

式中，U_o 为输出电压的有效值，R_1 为对应于某一功率因数角 φ 时，负载阻抗的电阻分量。

将式(4-57)代入式(4-58)，得到

$$P_a=\frac{U_d^2}{\cos^2\varphi}\cdot\frac{1.23}{R_1} \tag{4-59}$$

由式(4-59)及式(4-53)可见，调节直流电压 U_d 或改变逆变频率，都能改变中频电源输出功率的大小。

4) 逆变晶闸管参数的计算

考虑负载电压近似正弦波，可选逆变晶闸管额定电压为 $U_{RM}=(1.5\sim2)\sqrt{2}U_o$，额定电流 $I_{T(AV)}=(1.5\sim2)I_T/1.57$，由于逆变电路中电流为矩形波，所以，$I_T=0.707I_{dM}$。

4.3.2 三相电流型逆变电路

1. 串联二极管式晶闸管逆变电路的工作原理

典型的电流型三相桥式逆变电路如图 4-42 所示。在图中，交流侧电容用于吸收换流时负载电感中存储的能量，它是电流型逆变电路的必要组成部分。各桥臂的晶闸管和二极管串联，称为串联二极管式晶闸管逆变电路，主要用于中大功率交流电动机调速系统。图中 $T_1\sim T_6$ 组成三相桥式逆变电路，各桥臂之间换流采用强迫换流方式，连接于

各臂之间的电容 $C_1 \sim C_6$ 为换流电容，$D_1 \sim D_6$ 为隔离二极管，其作用是防止换流电容直接通过负载放电，使逆变器具有足够的换流能力。该电路的基本工作方式是120°导电方式——每个臂一周期内导电120°，按 $T_1 \sim T_6$ 依次相隔60°导通。这样，每时刻上下桥臂组各有一个臂导通，并且在上桥臂组或下桥臂组依次换流，称为横向换流。逆变器在一个周期内发生六次换流。如果不考虑二极管的换流过程，逆变器向负载输出120°的矩形波电流。

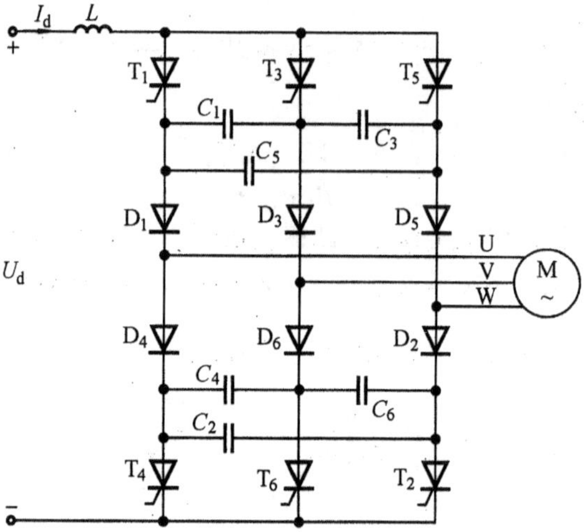

图 4-42　电流型三相桥式逆变电路

电流型三相桥式逆变电路的输出电流及线电压波形如图4-43所示。可以看出，输出电流波形和负载性质无关，为正负脉冲各120°的矩形波。输出线电压波形和负载性质有关，大体为正弦波，但叠加了一些脉冲，这是由逆变电路的换流过程而产生的。输出交流电流的基波有效值 I_{U1} 和直流电流 I_d 的关系为

$$I_{U1}=\frac{\sqrt{6}}{\pi}I_d=0.78I_d \tag{4-60}$$

逆变器输入的电流源是由一个可调的电压源通过一个大电感 L 供电的。电流型逆变器每隔60°(1/6周期)依次触发 $T_1 \sim T_6$，由逆变器的 U、V、W 端输出三相交流电流。在正常情况下，逆变器运行的每60°可分为电容器恒流充电、二极管换流和正常运行三个阶段。下面主要分析逆变器的换流过程。

假设逆变电路已进入稳定工作状态，换流电容器已充电。电容器充电规律为：对于共阳极晶闸管，电容器与导通晶闸管相连一端极性为正，另一端为负；不与导通晶闸管相连的电容器电压为零。共阴极晶闸管与共阳极晶闸管情况类似，只是电容器电压极性相反。在分析换流过程时，常用到等效换流电容概念。例如分析从 T_1 向 T_3 换流时，C_{13} 就是 C_3 与 C_5 串联后再与 C_1 并联的等效电容。设 $C_1 \sim C_6$ 的电容量均为 C，则 $C_{13}=3C/2$。

下面重点分析从 T_1 向 T_3 换流的过程。设换流前 T_1 和 T_2 导通，换流电容 C_{13} 的电压 u_{C13} 左正右负，如图 4-44(a)所示，换流过程可分为恒流放电、二极管换流两个阶段。

1）恒流放电阶段

在 t_1 时刻给晶闸管 T_3 触发脉冲信号，由于换流电容 C_{13} 正向电压 u_{C13} 的作用，使 T_3 导通，而 T_1 被施以反向电压而关断。直流电流 I_d 从 T_1 换到 T_3，C_{13} 通过 D_1、U 相负载、W 相负载、D_2、T_2、直流电源和 T_3 放电，如图 4-44(b)所示，放电电流恒为 I_d。在 u_{C13} 下降到零之前，T_1 承受反向电压，只要反压时间大于晶闸管关断时间 t_q，就能保证可靠关断。

2）二极管换流阶段

在 t_2 时刻 u_{C13} 降到零，之后在 U 相负载电感的作用下，开始对 C_{13} 反向充电。如果忽略负载电阻压降，则二极管 D_3 导通，导通电流为 i_V，而 D_1 电流为 $i_U=I_d-i_V$，

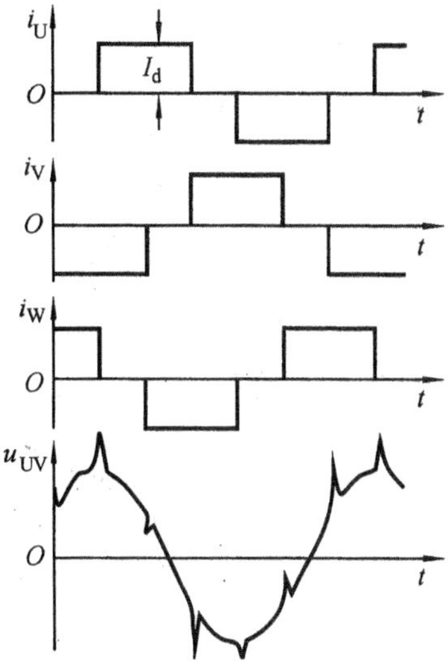

图 4-43　电流型三相桥式逆变电路的输出波形

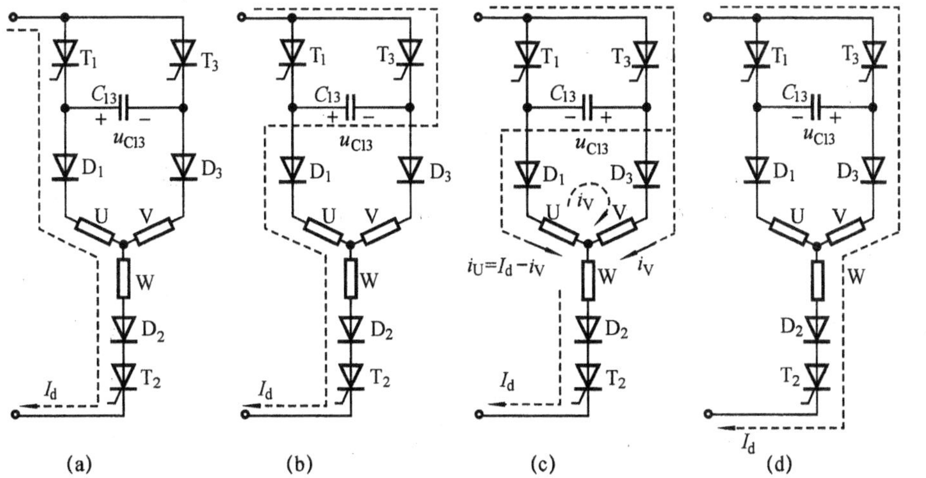

图 4-44　换流过程各阶段的电流路径

二极管 D_1 和 D_3 同时导通，进入二极管换流阶段，如图 4-44(c)所示。随着 C_{13} 电压增高，充电电流减小，i_V 增大，t_3 时刻 i_U 减到零，$i_V=I_d$，D_1 承受反向电压而关断，二极管换流阶段结束。

在 t_3 以后，进入 T_2、T_3 稳定导通阶段，如图 4-44(d)所示。

在电感负载时，u_{C13}、i_U、i_V 及 u_{C1}、u_{C3}、u_{C5} 波形如图 4-45 所示。u_{C1} 的波形和 u_{C13} 完全相

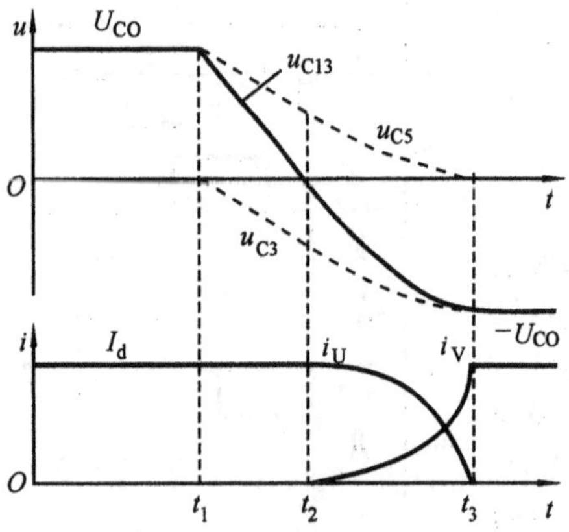

图 4-45 串联二极管晶闸管逆变电路换流过程波形

同，在换流过程中，u_{C1}从U_{CO}降为$-U_{CO}$，C_3和C_5是串联后再和C_1并联的，电压变化的幅度是C_1的一半。换流过程中，u_{C3}从零变到$-U_{CO}$，u_{C5}从U_{CO}变到零，这些电压恰好符合相隔120°后从T_3到T_5换流时的要求。为下次换流准备了条件。

由于在换相过程中电容器恒流充电到电压过零的时间较长，所以晶闸管受反压时间较长。在通常情况下，电流型逆变器只要采用普通晶闸管就能满足要求。在谐振换流过程中，线电压波形上产生尖峰电压，因此串联二极管式逆变器要求耐压等级较高的晶闸管。

2. 逆变电路中各元件参数计算

逆变电路中各元件参数可按如下要求计算选择。

(1)晶闸管的参数。一般考虑1.5～2倍安全系数，晶闸管的额定电流为

$$I_{T(AV)}=(1.5\sim2)\frac{2}{\pi}\cdot\frac{1}{\sqrt{3}}I_d=(1.5\sim2)\frac{2}{\pi}\cdot\frac{1}{\sqrt{3}}\cdot\frac{\pi}{\sqrt{6}}I_1=(1.5\sim2)\frac{\sqrt{2}}{3}I_1 \quad (4\text{-}61)$$

式中，I_1为电机星形连接时相电流的基波分量。

晶闸管的耐压计算：首先计算等效电容C_{13}的稳态电压幅值U_{CO}。设负载一相等效电感为L，则图4-44(c)所示的换流过程等效电路如图4-46所示。

由图4-45可知，进入图4-44(c)换流的初始时刻的状态为：$u_{C13}(t_2)=0$，$i_a(t_2)=I_d$，$i_b(t_2)=0$。换流结束时的状态为：$u_{C13}(t_3)=U_{CO}$，$i_a(t_3)=0$，$i_b(t_3)=I_d$。根据上述条件可以求得

$$U_{CO}=\sqrt{\frac{2L}{C_{13}}}I_d \quad (4\text{-}62)$$

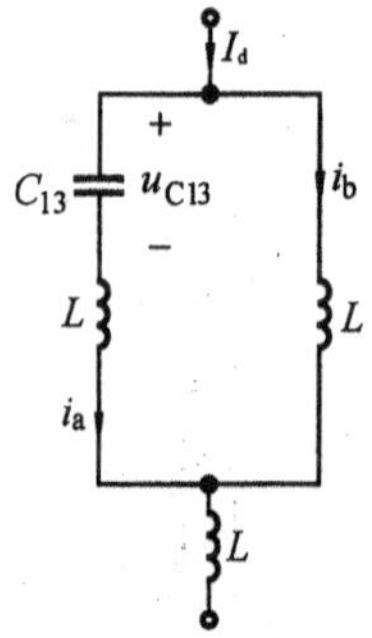

图 4-46 换流过程的等效电路

在T_1向T_3换流，T_3刚导通的时刻，加在T_5上的反向偏置电压为：$U_{CO}+u_{WU}(t_1)$，故加在T_5上的可能最高电压为：$\sqrt{6}U_1+\sqrt{2L/C_{13}}I_d$。$U_1$为输出负载相电压的有效值。考虑2～3倍安全系数，晶闸管的额定电压可选为

$$U_{RM}=(2\sim3)\left(\sqrt{6}U_1+\sqrt{\frac{2L}{C_{13}}}I_d\right) \quad (4\text{-}63)$$

(2)隔离二极管的参数。它的电流计算与式(4-61)相同，即

$$I_D=(1.5\sim2)\frac{\sqrt{2}}{3}I_1$$

考虑2～3倍安全系数，二极管的额定电压可选为

$$U_{DM}=(2\sim3)\left(\sqrt{6}U_1+\sqrt{\frac{2L}{C_{13}}}I_d\right) \tag{4-64}$$

(3)换流电容的参数。根据晶闸管的耐压值选择电容器，应确保 $U_{RM}\geqslant KU_{CO}$，由式(4-62)、式(4-63)经整理得

$$C_{13}\geqslant\left(\frac{\sqrt{2L}I_d}{U_{RM}/K-\sqrt{6}U_1}\right)^2$$

即

$$C_{13}\geqslant\frac{2}{3}\left(\frac{\sqrt{2L}I_d}{U_{RM}/K-\sqrt{6}U_1}\right)^2 \tag{4-65}$$

由式(4-65)可见，当安全系数 K 在 2～3 范围内所取数值越大、负载等效电感 L 越大时，要求换流电容的数值越大。

4.4 多重逆变电路

电压型或电流型逆变电路输出波形均为交变的矩形波，与正弦波相差较大。由谐波分析可知，矩形波中含有很多的谐波分量，对负载会产生不利影响，如引起转矩脉动和涡流损耗、引起附加电磁噪声、降低电动机的效率等。如果能使输出波形变为阶梯波，则相对矩形波而言，输出波形所含谐波分量较少，更接近正弦波。而且阶梯越多，接近程度越高，谐波分量越小。这就是多重化技术的基本思想——用阶梯波逼近正弦波。电压型或电流型逆变电路都可利用该技术改善波形，其基本原理完全一样。从电路输出的合成方式来看，多重逆变电路有串联多重和并联多重两种方式。串联多重是把几个逆变电路的输出串联起来，多数电压型逆变电路采用串联多重方式；并联多重是把几个逆变电路的输出并联起来，多数电流型逆变电路采用并联多重方式。

4.4.1 并联型多重逆变电路

把两个电流型逆变电路的输出并联起来，两个逆变电路的波形相差 30°，这样就构成了一个电流型二重逆变电路，图 4-47 所示的是典型的变压器耦合电流型多重逆变电路。各逆变电路通过一台多绕组输出变压器对负载供电，其优点为：

(1)各逆变电路的输出功率因数、输出功率相同；

(2)各回路的电压、电流平衡，整流器的控制回路、相位控制回路和脉冲放大器可以共用；

(3)由于设置逆变电路输出变压器，因此整流器的交流侧可由同一变压器的次级供电，无需隔离。

谐波分析表明，这种阶梯波较矩形波的谐波分量小得多。三重逆变电路、四重逆变电路的构成可依次类推，对于 n 重逆变电路，输出波形之间的相位差一般为 $\varphi_n=60°/n$。

对图 4-47 所示电路，设 $I_{d1}=I_{d2}=I_d$，逆变器 1、2 均为 120°导电模式，输出电流 i_{a1}、i_{a2} 波形分别如图 4-48(a)、(b)所示。因变压器 T_2 采用三角形—星形连接，故 T_2 原边绕组电流 i_{ab2} 波形如图 4-48(c)所示，且 $I_1=2I_d/3$，$I_2=I_d/3$。T_1、T_2 副边绕组电流 i_{A1}、i_{A2} 的波形

分别与 i_{a1}、i_{ab2} 的形状相同，只是幅值不同，如图 4-48(d)、(e)所示。设 T_1、T_2 原副边绕组变比分别为 n_1、n_2，则有 $i_{A1}=n_1 i_{a1}$，$i_{A2}=n_2 i_{ab2}$。由于 $I_A=i_{A1}+i_{A2}$，因此可绘制 i_A 的波

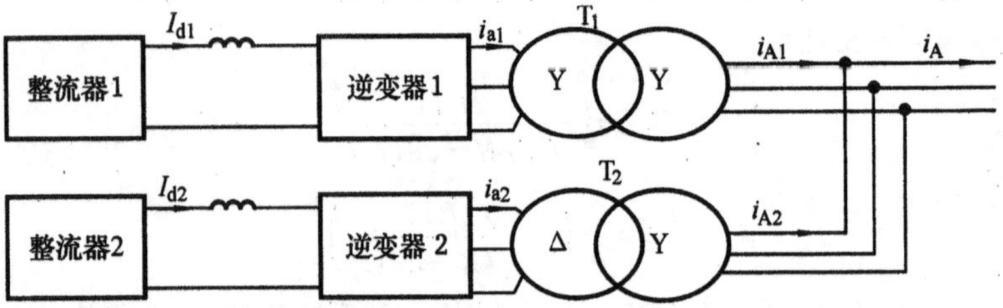

图 4-47 变压器耦合电流型多重逆变电器主电路

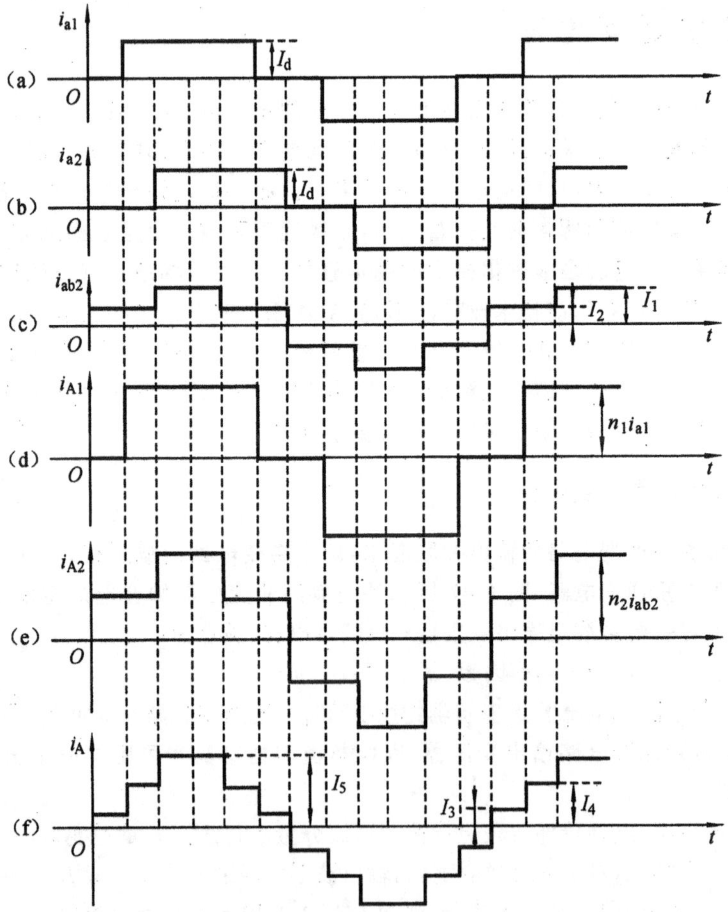

图 4-48 变压器耦合电流型多重逆变电器主电路电流输出的波形

形如图 4-48(f)所示。由图可知

$$I_3=n_2\frac{I_d}{3},\quad I_4=\left(n_1+\frac{n_2}{3}\right)I_d,\quad I_5=\left(n_1+\frac{2n_2}{3}\right)I_d$$

由图 4-48 可见，i_A 的谐波成分比矩形波 i_{a1} 的少得多。

由于大、中容量电动机多为 3～10 kV 的高压电动机，通常也需要在逆变器输出端增设升压变压器，使之与高压电动机匹配。因此，高压电动机选用这种多重逆变电路，较为经济合理。另外，从减小转矩脉动方面考虑，也应选用此电路。

4.4.2 串联型多重逆变电路

三相电压型二重逆变电路工作原理图如图 4-49 所示，它由两个三相桥式逆变电路构成，其输入直流电源公用，输出电压通过变压器 Tr_1 和 Tr_2 串联合成。两个逆变电路均为 180°导通方式，故它们各自的输出线电压都是 120°矩形波。工作时，使逆变桥Ⅱ的相位比

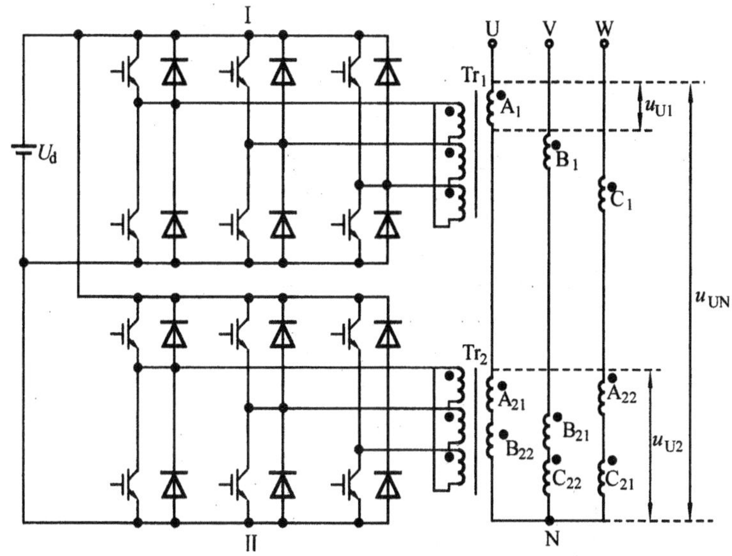

图 4-49 三相电压型二重逆变电路

逆变桥Ⅰ滞后 30°。变压器 Tr_1 和 Tr_2 在同一水平上画的绕组是绕在同一铁芯柱上的。Tr_1 为三角形—星形连接，线电压比是 $1:\sqrt{3}$（原、副边绕组匝数相等）。变压器 Tr_2 原边也是三角形连接，但副边有两个绕组，采用曲折星形接法，即一相的绕组和另一相的绕组串联而构成星形，同时使其副边电压相对原边电压而言，比 Tr_1 的接法超前 30°，以抵消逆变桥Ⅱ的相位比逆变桥Ⅰ滞后 30°。这样，u_{U2} 和 u_{U1} 的基波相位相同。若 Tr_1 和 Tr_2 原边匝数相同，为了使 u_{U2} 和 u_{U1} 的基波幅值相同，Tr_2 和 Tr_1 副边的匝数比应为 $1:\sqrt{3}$。图4-50 给出 Tr_1 和 Tr_2 副边基波电压合成情况的相量图。图中 U_{A1}、U_{A21}、U_{B22} 分别是变压器绕组

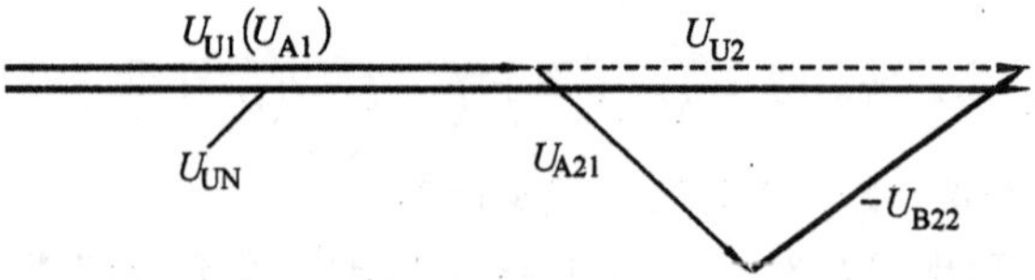

图 4-50 Tr_1 和 Tr_2 副边基波电压合成情况的相量图

A_1、A_{21}、B_{22}的基波电压相量。u_{U1}（u_{A1}）、u_{A21}、$-u_{B22}$、u_{U2}和u_{UN}的波形如图 4-51 所示。可以看出，二重逆变电路输出电压u_{UN}比单逆变电路输出电压u_{U1}接近正弦波。

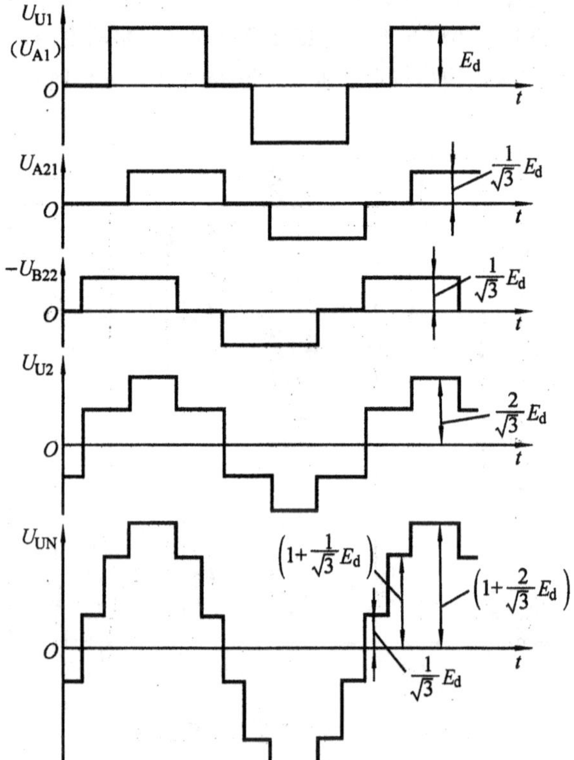

图 4-51 三相电压型二重逆变电路波形图

把u_{U1}展开成傅里叶级数得

$$u_{U1} = \frac{2\sqrt{3}U_d}{\pi}\left[\sin\omega t + \frac{1}{n}\sum_{n}(-1)^k \sin n\omega t\right] \tag{4-66}$$

式中，$n=6k\pm1$，k为自然数。u_{U1}的基波分量有效值为

$$U_{U11}=\frac{\sqrt{6}U_d}{\pi}=0.78U_d \tag{4-67}$$

n 次谐波有效值为

$$U_{U1n}=\frac{\sqrt{6}U_d}{n\pi} \tag{4-68}$$

把由变压器合成后的输出相电压 u_{UN} 展开成傅里叶级数，可求得其基波电压有效值为

$$U_{UN1}=\frac{2\sqrt{6}U_d}{\pi}=1.56U_d \tag{4-69}$$

其 n 次谐波有效值为

$$U_{UNn}=\frac{2\sqrt{6}U_d}{n\pi}=\frac{1}{n}U_{UN1}$$

式中，$n=12k\pm1$，k 为自然数。在 u_{UN} 中已不含 5 次、7 次等谐波。

可以看出，该三相电压型二重逆变电路的直流侧电流每周期脉动 12 次，称为 12 脉动逆变电路。一般来说，使 m 个三相桥式逆变电路的相位依次错过 $\pi/(3m)$ 运行，并增设使它们输出电压合成并抵消上述相位差的变压器，就可以构成脉动数为 $6m$ 的逆变电路。

4.4.3 多重化技术应用实例

串联型五重高压变频器电压叠加结构图如图 4-52 所示。由图可知，高压变频器每相由 5 个功率单元串联而成，每个功率单元由隔离变压器的副边隔离线圈分别供电，可以很方便地得到不同电压等级的输出，而不受器件耐压的限制。如每相用 3、4、5 个输出电压为 480 V 的功率单元串联，变频器输出额定电压分别为 2.3 kV、3.3 kV、4.16 kV；当每相用 5 个 690 V 或 1275V

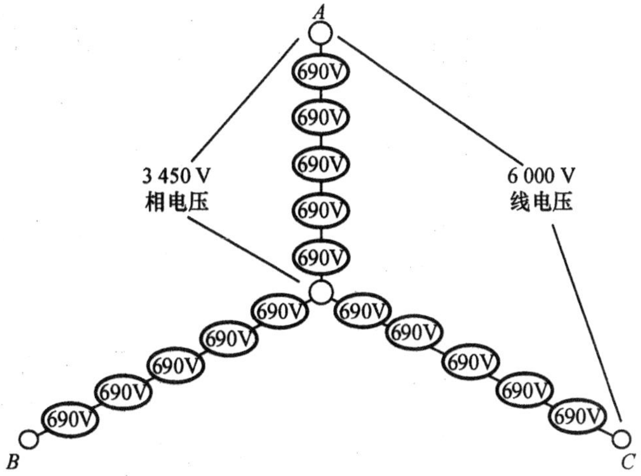

图 4-52 多重化结构图

的功率单元串联，输出额定电压可达 6 kV 和 10 kV，由于采用的是单元串联，所以不存在器件直接串联引起的均压问题。给功率单元供电的变压器二次线圈互相存在一个相位差，其数值为 60/n(n 为多重化的次数)，由此可消除各单元产生的谐波。

图 4-53 为五重化高压变频器结构原理图，每个功率单元结构图如图 4-54 所示。每个功率单元由全控型 IGBT 构成三相输入、单相输出的交直交电压型低压逆变器，其输出电压状态为 **1,0,−1**，每相 5 个单元迭加就可以产生±5、±4、±3、±2、±1 和 0 共 11 种不同的电压等级，由此合成输出电压波形，使输出电压高次谐波分量大大减少，因而使变频器即使在低速下也能得到良好的输出电压波形。彻底消除了低速下的转矩脉动，减少电机运行时因高次谐波而产生的噪声，防止了由于高次谐波而引起的电机发热，因而使变频器效率大大提高，功率因数也大大高于普通变频器。

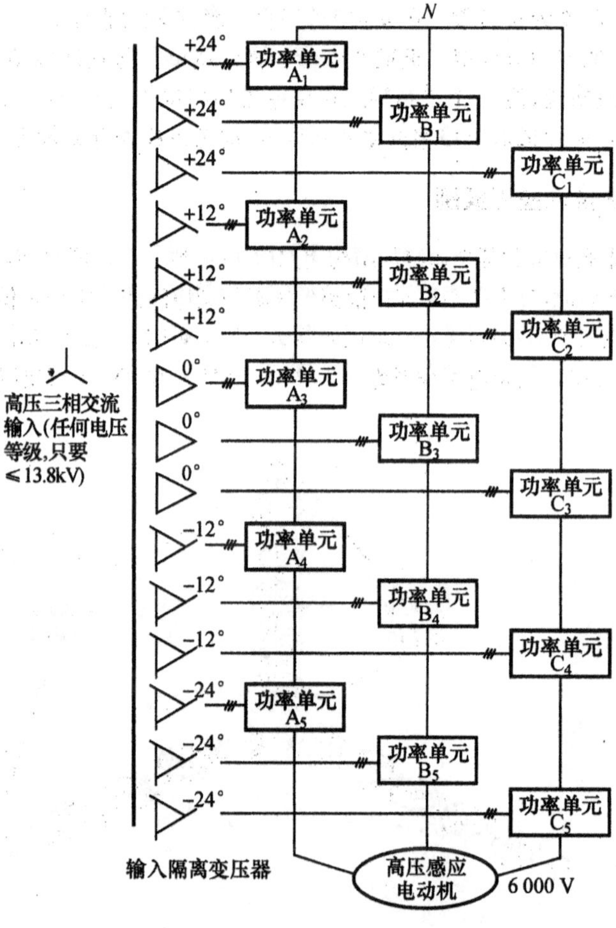

图 4-53　五重电压型变频电路结构原理图

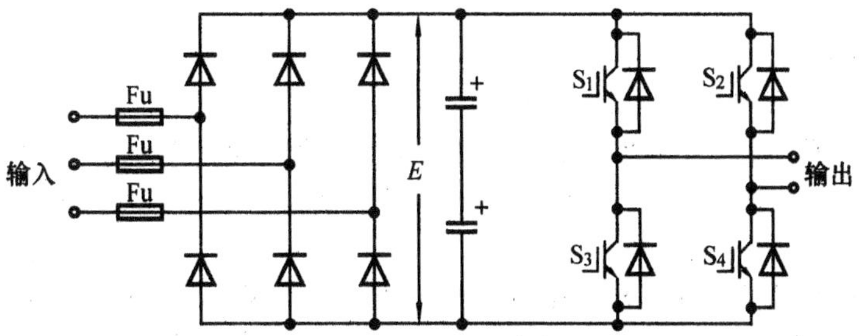

图 4-54 功率单元电路图

多单元串联方案线路比较复杂，功率器件数量多，如用高压 IGBT，则可减少功率单元和器件的数量，例如用 3.3 kV 的高压 IGBT，则 4.16 kV 和 6 kV 的变频器只有 2 个和 3 个单元串联。

本章小结

逆变是将直流电变换为交流电的过程。根据直流侧电源的性质可将逆变电路分为电压型逆变电路和电流型逆变电路两种类型。逆变电路基本上都采用 PWM 控制技术，其重要特点是输出电压、输出频率都可调，而且可控制输出波形良好。电压型逆变电路的直流侧为电压源，广泛应用于交流传动、开关电源、不间断电源、高压直流输电、太阳能发电等许多领域。本章主要介绍了单相半桥/全桥电压型逆变电路、三相桥式逆变电路的组成、工作原理及逆变器输出电压的控制，着重讨论了正弦脉宽调制概念及 SPWM 波形产生的方法，以开关电源和变频器为例讨论了电压型逆变电路的设计方法。电压型逆电路基本上都采用可关断器件作为主开关器件。电流型逆变电路的直流侧为电流源。电流型逆变电路目前仍用于中频冶炼电源、大功率交流电机传动等领域。本章介绍了典型电流型逆变电路的基本结构、工作原理，讨论了主要参数的计算方法。本章最后介绍了电流型多重逆变电路、电压型多重逆变电路的基本结构及工作原理。

逆变电路的广泛应用奠定了电力电子技术在学科体系中的重要地位，掌握逆变技术是做好电力电子领域工作或进一步学习、研究的关键和重要基础。

思考题与习题

4-1 无源逆变电路和有源逆变电路有何不同？

4-2 什么是电压型逆变电路？什么是电流型逆变电路？二者各有何特点？

4-3 电压型逆变电路中，反馈二极管的作用是什么？为什么电流型逆变电路中没有反馈二极管？

4-4 三相桥式电压型逆变电路，180°导电方式，$U_d=100$ V。试求输出相电压的基波幅值 U_{UN1m} 和有效值 U_{UN1}、输出线电压的基波幅值 U_{UV1m} 和有效值 U_{UV1}、输出线电压中5次谐波的有效值 U_{UV5}。

4-5 有哪些方法可以调控逆变电路的输出电压？

4-6 正弦脉宽调制 SPWM 的基本原理是什么？

4-7 设题图4-1中半周期的脉冲数为7，脉冲幅值为相应正弦波幅值的2倍，试按面积等效原理来计算各脉冲的宽度。

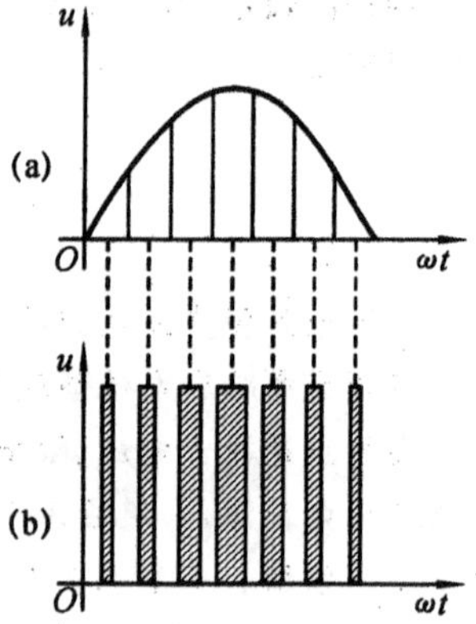

题图 4-1

4-8 单极性和双极性 PWM 调制有什么区别？在三相桥式 PWM 型逆变电路中，输出相电压（输出端相对于直流电源中点的电压）和线电压的 SPWM 波形各有几种电平？

4-9 特定谐波消去法的基本原理是什么？设半个信号波周期内有10个开关时刻（不含0和π时刻）可以控制，可以消去的谐波有几种？

4-10 什么是异步调制？什么是同步调制？二者各有何特点？分段同步调制有什么优点？

4-11 什么是 SPWM 波形的规则采样法？和自然采样法相比，规则采样法有什么优缺点？

4-12 单相和三相 SPWM 波形中，所含主要谐波的频率是多少？

4-13 逆变电路多重化的目的是什么？如何实现？串联多重和并联多重逆变电路各用于什么场合？

4-14 串联二极管式电流型逆变电路中，二极管的作用是什么？试分析换相过程。

4-15 逆变电路有哪些类型？有哪些最基本的应用领域？

5

AC/DC 变换电路

本章主要介绍常用的单相、三相相控整流电路以及大容量相控整流电路，根据整流电路的基本工作原理分析不同性质负载时整流电路的输出电压、电流波形，说明各种整流电路的特点，并介绍了 PWM 整流电路的基本工作原理。

将交流电能转换为直流电能的电路称为交流—直流(AC/DC)变换电路。按控制方式，AC/DC 变换分为相控整流和 PWM 整流两种形式。相控整流电路结构简单、控制方便、性能稳定，利用它可以方便地得到大、中、小各种容量的直流电能，是目前获得直流电能的主要方法，得到了广泛的应用。但是晶闸管相控整流电路随着控制角的增大，电流中的谐波分量相应增大，因而功率因数很低。PWM 整流技术是一种新型 AC/DC 变换技术，它采用全控型功率器件和现代控制技术，使输入电流波形接近正弦波，功率因数接近 1，性能优良，具有广泛的应用前景。

5.1 整流器的性能指标

利用半导体开关器件的通、断控制，将交流电能变为直流电能称为整流。实现整流的电力半导体开关电路连同其辅助元器件和系统称为整流器。

对 AC/DC 变换性能最基本的要求是：输出直流电压可以调控，输出直流电压中的交流分量即谐波电压被控制在允许值范围以内；能输出期望的最大功率或电流；交流侧电流中谐波电流在允许值以内。此外，交流电源供电的功率因数、整流器的效率、重量、体积、成本、电磁干扰和电磁兼容性以及对控制指令的响应特性等都是评价整流器的重要指标。

整流器的主要性能指标如下。

1）额定输出直流电压 U_D

整流电路输出电压范围通常为零到额定输出电压。

2）额定输出电流

额定输出电压与电流的乘积为最大输出功率。

3）电压纹波系数 γ_u

整流器的输出电压是脉动的，其中除了主要的直流成分外，还有一定的交流谐波成分。定义整流器输出电压的交流纹波有效值 U_H 与直流平均值 U_D 之比为电压纹波系数 γ_u，即

$$\gamma_u = \frac{U_H}{U_D} \tag{5-1}$$

如果直流输出电压有效值用 U 表示，则 $U_H = \sqrt{U^2 - U_D^2}$，因此有

$$\gamma_u = \sqrt{\left(\frac{U}{U_D}\right)^2 - 1} \tag{5-2}$$

4）电压脉动系数 S_n

若第 n 次谐波峰值为 U_{nm}，则定义 U_{nm} 与 U_D 之比为电压脉动系数 S_n，即

$$S_n = \frac{U_{nm}}{U_D} \tag{5-3}$$

5）输入电流总畸变率 THD

通常，整流器输入电压都是正弦波，但输出电流中交流谐波非常丰富。输入电流总畸变率 THD(total harmonic distortion)又称为电流谐波因数 HF(harmonic factor)，是除基波电流以外的所有谐波电流有效值与基波电流有效值之比，即

$$THD = \frac{\sqrt{I_S^2 - I_{S1}^2}}{I_{S1}} = \left[\left(\frac{I_S}{I_{S1}}\right)^2 - 1\right]^{1/2} = \sqrt{\sum_{n=2}^{\infty} I_{Sn}^2} \Big/ I_{S1} \tag{5-4}$$

式中，I_S 是交流输入电流有效值，I_{Sn} 是 n 次谐波电流有效值，I_{S1} 是基波电流有效值。

6）输入功率因数 PF

交流电源输入有功功率平均值 P 与视在功率 S 之比为输入功率因数 PF(power factor)，即

$$PF = \frac{P}{S} \tag{5-5}$$

$$S = U_S I_S \tag{5-6}$$

式中，U_S 是交流电源电压有效值。

对于电压无畸变的正弦波，谐波电流在一个周期内的平均功率为零，只有基波电流 I_{s1} 形成有功功率

$$P = U_S I_{S1} \cos\varphi_1 \tag{5-7}$$

式中，φ_1 是输入电压与输入电流基波分量之间的相位角，$\cos\varphi_1$ 称为基波位移因数，则

$$PF = \frac{P}{S} = \frac{U_S I_{S1} \cos\varphi_1}{U_S I_S} = \frac{I_{S1}}{I_S}\cos\varphi_1 \tag{5-8}$$

式中，I_{S1}/I_S 称为基波因数，且有

$$\frac{I_{S1}}{I_S}=\frac{I_{S1}}{\sqrt{I_{S1}^2+\sum_{n=2}^{\infty}I_{Sn}^2}}=\frac{1}{\sqrt{1+\sum_{n=2}^{\infty}I_{Sn}^2\Big/I_{S1}}}=\frac{1}{\sqrt{1+THD^2}} \tag{5-9}$$

则

$$PF=\frac{\cos\varphi_1}{\sqrt{1+THD^2}} \tag{5-10}$$

功率因数由基波电流相移和电流畸变这两个因数共同决定。若 φ_1 越小，基波功率因数 $\cos\varphi_1$ 越大，相应的 PF 也越大。另一方面，输入电流总畸变率 THD 越小，PF 越大；当 $THD=0$ 时，$PF=\cos\varphi_1$。

5.2 单相相控整流电路

单相相控整流电路可分为单相半波可控整流电路、单相桥式可控整流电路和单相桥式半控整流电路，它们连接的负载性质不同，就会有不同的特点。

5.2.1 单相半波可控整流电路

1. 电阻性负载

如图 5-1 所示的单相半波可控整流电路，变压器 Tr 用来变换电压，其副边电压为

$$u_2=\sqrt{2}U_2\sin\omega t \tag{5-11}$$

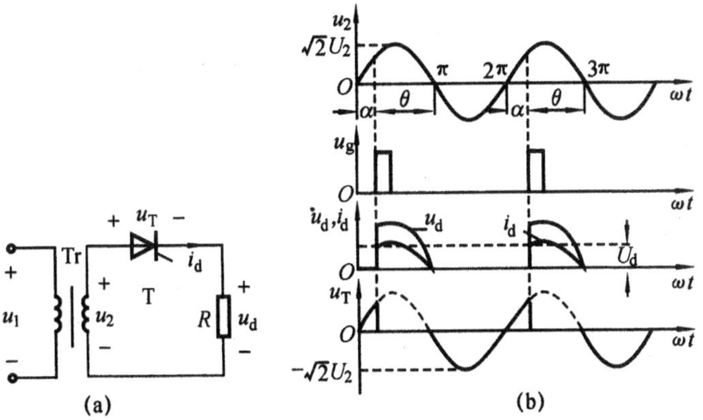

图 5-1 电阻性负载单相半波可控整流电路及其波形

在 u_2 的正半周，晶闸管 T 承受正向电压，如果门极不加触发脉冲，晶闸管不能导通，负载上的电压为零，电源电压全部落在晶闸管 T 上。

在 $\omega t=\alpha$ 时刻向晶闸管门极施加一触发脉冲，这时晶闸管承受正向电压，晶闸管立即导通，负载上有电流流过。如果忽略晶闸管正向压降，则电源电压全部加在负载 R 上，$u_d=u_2$。晶闸管触发导通后，门极失去控制作用，因此门极触发信号只需要一脉冲电压即

可。

晶闸管 T 在电源电压正半周触发导通后，一直承受正向压降，因此一直导通。当 $\omega t=\pi$ 时，u_2 降为零，晶闸管中流过的电流由于下降到维持电流以下而使其关断，电阻上的电压、电流为零。

在 u_2 的负半周，晶闸管承受反向电压而不能导通。当第二个周期正半周的触发脉冲到来时，晶闸管再次导通，如此不断循环下去。

负载上的脉动直流电流的瞬时值由欧姆定律决定：$i_d=u_d/R$，i_d 的波形与 u_d 相同。

改变晶闸管触发脉冲到来的时刻，u_d、i_d 的波形也随之变化，输出电压 u_d 是极性不变但幅值变化的脉动直流电压，它的波形只在电源电压正半周出现，因此称为单相半波可控整流电路。

晶闸管承受电压 u_T 的波形如图 5-1(b)所示，晶闸管承受的最大正、反向电压为 $\sqrt{2}U_2$。

从晶闸管开始承受正向电压起到加上触发脉冲，这一电角度称为控制角，用 α 表示。晶闸管在一个周期内导通的电角度称为导通角，用 θ 表示，则 $\theta=\pi-\alpha$。

整流输出电压的平均值为

$$U_d=\frac{1}{2\pi}\int_\alpha^\pi \sqrt{2}U_2\sin\omega t\,d\omega t=\frac{\sqrt{2}}{\pi}U_2\frac{1+\cos\alpha}{2}=0.45U_2\frac{1+\cos\alpha}{2} \tag{5-12}$$

改变控制角 α，就可以改变整流输出电压的平均值，达到相控整流的目的。这种通过改变触发脉冲相位来控制直流输出电压大小的方式，称为相位控制方式，简称相控方式。

α 为 π 时，U_d 为零；α 为 0°时，U_d 为最大值。整流输出电压平均值从最大值变化到零时，控制角 α 的变化范围，称为移相范围。显然，单相半波可控整流电路带电阻性负载时的移相范围为 0°～180°。

根据有效值的定义，整流输出电压的有效值为

$$U=\sqrt{\frac{1}{2\pi}\int_\alpha^\pi(\sqrt{2}U_2\sin\omega t)^2 d\omega t}=U_2\sqrt{\frac{\sin2\alpha}{4\pi}+\frac{\pi-\alpha}{2\pi}} \tag{5-13}$$

输出直流电流平均值为

$$I_d=\frac{U_d}{R} \tag{5-14}$$

输出直流电流有效值为

$$I=\frac{U}{R} \tag{5-15}$$

电流的波形系数 K_f 为

$$K_f=\frac{I}{I_d}=\frac{\sqrt{\frac{\sin2\alpha}{4\pi}+\frac{\pi-\alpha}{2\pi}}}{\frac{\sqrt{2}}{\pi}\cdot\frac{1+\cos\alpha}{2}}=\frac{\sqrt{\pi\sin2\alpha+2\pi(\pi-\alpha)}}{\sqrt{2}(1+\cos\alpha)} \tag{5-16}$$

式(5-16)表明,控制角 α 越大,波形系数 K_f 越大。

忽略晶闸管损耗,则变压器副边输出有功功率为

$$P = RI^2 = UI \tag{5-17}$$

电源视在功率为 $S=U_2I$,所以功率因数为

$$PF = \frac{P}{S} = \frac{UI}{U_2 I} = \sqrt{\frac{\sin 2\alpha}{4\pi} + \frac{\pi - \alpha}{2\pi}} \tag{5-18}$$

从式(5-18)可知,α 越大,相控整流输出电压越低,功率因数 PF 越小。α 为 $0°$时,$PF=0.707$ 为最大值。因为电路的输出电流中不仅存在谐波,并且基波电流与基波电压(电源输入的正弦电压)也不同相,即使是电阻性负载,PF 也不为 1。

2. 电感性负载

生产实践中,整流电路的负载常常是电感性负载,可等效为电感与电阻的串联,如图 5-2 所示。

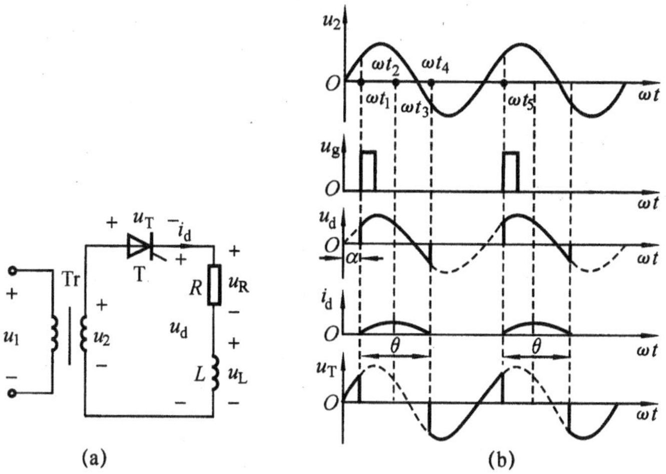

图 5-2　电感性负载单相半波可控整流电路及其波形

由于电感有阻止电流变化的作用,电感中的电流不能突变。当流过电抗器的电流变化时,在电抗器的两端会产生一个感应电动势,它的极性是阻止电流变化的。当电流增加时,电动势的方向是阻止电流增加;当电流减小时,电动势的方向是阻止电流减小。

在电源电压正半周 $\omega t = \omega t_1 = \alpha$ 时,触发导通晶闸管 T,电源电压加到感性负载上。由于感应电动势的作用,电流 i_d 只能从零开始上升,到 $\omega t = \omega t_2$ 时达到最大值,随后 i_d 开始减小。由于电感中感应电动势要阻止电流减小,电动势极性为上负、下正,到 $\omega t = \omega t_3$ 时,u_2 过零变负,只要这时电感的感应电动势比 u_2 大,晶闸管仍能承受正向电压,继续维持导通。直到 $\omega t = \omega t_4$ 时,电感上的感应电动势与电源电压相等,i_d 下降为零,晶闸管 T 截止,此后晶闸管承受反向电压,到下一周期触发脉冲到来时又使晶闸管导通,并重复上

述过程。

感性负载上得到的输出电压平均值为

$$U_d = U_{dR} + U_{dL} = \frac{1}{2\pi}\int_{\alpha}^{\alpha+\theta} u_R \mathrm{d}\omega t + \frac{1}{2\pi}\int_{\alpha}^{\alpha+\theta} u_L \mathrm{d}\omega t \tag{5-19}$$

$$U_{dL} = \frac{1}{2\pi}\int_{\alpha}^{\alpha+\theta} u_L \mathrm{d}\omega t = \frac{1}{2\pi}\int_{\alpha}^{\alpha+\theta} L\frac{\mathrm{d}i_d}{\mathrm{d}t}\mathrm{d}\omega t = \frac{\omega L}{2\pi}\int_{0}^{0}\mathrm{d}i_d \tag{5-20}$$

$$U_d = \frac{1}{2\pi}\int_{\alpha}^{\alpha+\theta} u_R \mathrm{d}\omega t \tag{5-21}$$

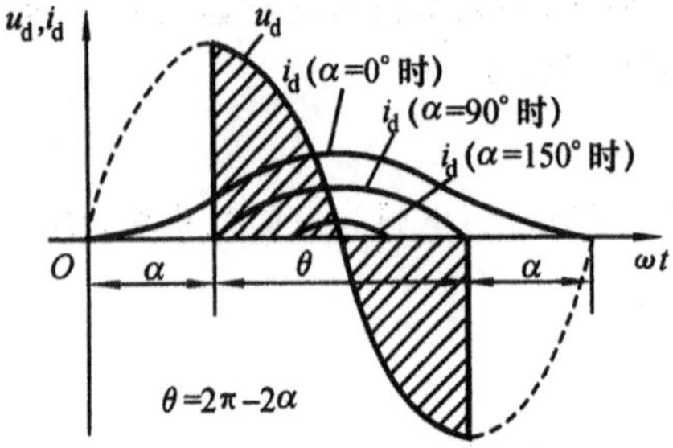

图 5-3 大电感负载时不同控制角电压、电流的波形

式(5-21)表明，电感性负载上的电压平均值等于电阻性负载上的电压平均值。

由于负载中存在电感，使负载电压波形出现负值部分，晶闸管导通角 θ 变大，且负载中 L 越大，θ 越大，输出电压波形图上负值的面积越大，从而使输出电压平均值减小。在大电感负载($\omega L \geqslant R$)时，负载电压波形中正、负面积相等，$U_d \approx 0$，如图 5-3 所示。

由于电感的存在，使整流输出电压平均值减小，特别是大电感负载时，输出电压平均值接近于零。为了解决这个问题，可在负载两端并联续流二极管，如图 5-4 所示。

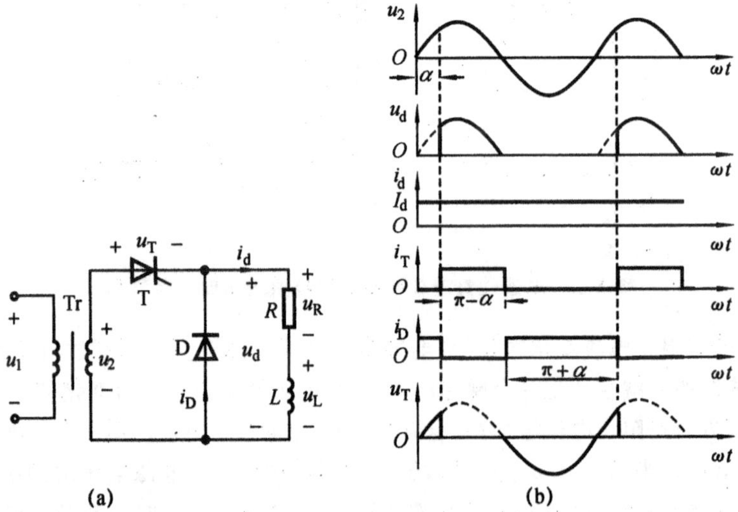

图 5-4 电感性负载接续流二极管的单相半波可控整流电路及其波形

当电源电压过零变负后，电感的感应电动势可经续流二极管使负载电流继续流通，不再流经变压器。如果忽略二极管的正向压降，则 $u_d=0$，u_d 中不再出现负电压。在续流期间，晶闸管承受反向压降而关断。

加了续流二极管以后，输出直流电压的波形和电阻性负载的一样。因为电感很大，流过负载的电流 i_d 不但连续而且基本上维持不变，电感越大，电流波形越接近一条水平线。

流过晶闸管的平均电流为

$$I_{dT} = \frac{\pi - \alpha}{2\pi} I_d \tag{5-22}$$

流过续流二极管的平均电流为

$$I_{dD} = \frac{\pi + \alpha}{2\pi} I_d \tag{5-23}$$

流过晶闸管电流的有效值为

$$I_T = \sqrt{\frac{1}{2\pi}\int_\alpha^\pi I_d^2 \mathrm{d}\omega t} = \sqrt{\frac{\pi - \alpha}{2\pi}} I_d \tag{5-24}$$

流过续流二极管电流的有效值为

$$I_D = \sqrt{\frac{1}{2\pi}\int_\pi^{2\pi+\alpha} I_d^2 \mathrm{d}\omega t} = \sqrt{\frac{\pi + \alpha}{2\pi}} I_d \tag{5-25}$$

晶闸管和续流二极管承受的最大正、反向电压都是$\sqrt{2}U_2$。晶闸管的最大移相范围是180°。

当整流电路中接有大电感负载时，触发脉冲要有足够的宽度，即在脉冲宽度范围内，能保证晶闸管电流上升到擎住电流值，此后，即使触发脉冲消失，晶闸管仍能维持导通。

单相半波可控整流电路的优点是线路简单、调整方便；缺点是输出电压脉动大、负载电流脉动大，且整流变压器副边绕组中存在直流电流分量，使铁心磁化，变压器容量不能充分利用。单相半波可控整流电路只适用于小容量、波形要求不高的场合。

5.2.2 单相桥式全控整流电路

由于单相半波可控整流电路具有明显的缺点，为了较好地满足负载要求，在一般小容量晶闸管整流装置中，较多采用单相桥式全控整流电路。

1. 电阻性负载

单相桥式全控整流电路如图 5-5 所示，Tr 为整流变压器，T_1 和 T_4、T_2 和 T_3 组成两个桥臂，变压器副边电压 u_2 接在 a、b 两点。

$$u_2 = \sqrt{2}U_2 \sin\omega t \tag{5-26}$$

当 u_2 正半周时，a 端为正，b 端为负，在控制角 α 的时刻，即 $\omega t = \alpha$ 时，给 T_1 和 T_4 以触发脉冲，T_1、T_4 导通，电流从电源 a 端经 T_1、R、T_4 流回电源 b 端。这期间 T_2 和 T_3 均承受反向电压而截止。电源电压过零时，电流也降为零，T_1 与 T_4 关断。

当 u_2 负半周时，仍在控制角 α 的时刻，触发 T_2 和 T_3，则 T_2、T_3 导通，电流从电源 b 端经 T_3、R、T_2 流回电源 a 端。到一周期结束时电压过零，电流也降为零，T_2、T_3 关断。在负半周，T_1、T_4 承受反向电压而截止。之后，又是 T_1、T_4 导通，如此循环工作下去。显然，上

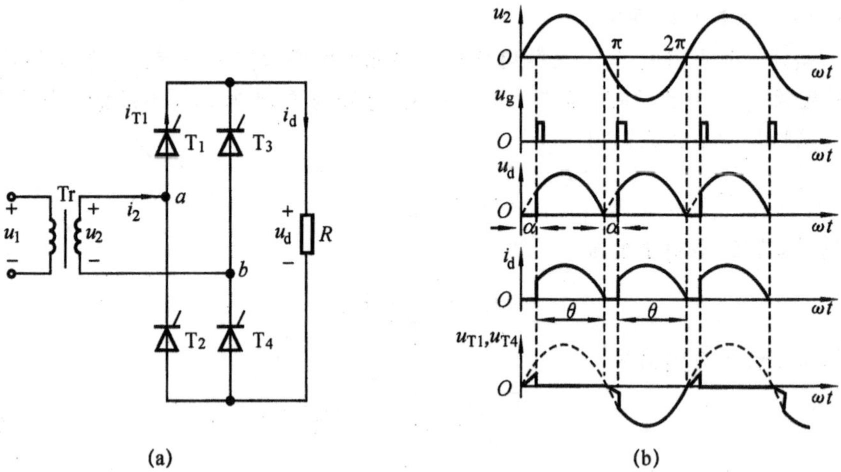

图 5-5 电阻性负载单相桥式全控整流电路及其波形

述两组晶闸管触发脉冲在相位上应相差180°电角度。

由于负载在两个半波中都有电流流过，属于全波整流。一个周期内，整流电压脉动两次，脉动程度比半波要小。变压器副边绕组中，两个半周的电流方向相反且波形对称，因此不存在半波整流中的直流磁化问题。

如图5-5所示，当一桥臂上的一对晶闸管导通时，电源电压 u_2 直接加在另一对晶闸管的两端，因此晶闸管承受的最大反向电压为$\sqrt{2}U_2$，承受的最大正向电压为$\sqrt{2}U_2/2$。

整流输出电压的平均值为

$$U_d = \frac{1}{\pi}\int_\alpha^\pi \sqrt{2}U_2 \sin\omega t \, d\omega t = \frac{2\sqrt{2}}{\pi}U_2 \frac{1+\cos\alpha}{2} = 0.9U_2 \frac{1+\cos\alpha}{2} \tag{5-27}$$

$\alpha=\pi$ 时，$U_d=0$；$\alpha=0°$时，U_d 为最大值，则单相桥式可控整流电路带电阻性负载时的移相范围为0°～180°。

根据有效值的定义，整流输出电压的有效值为

$$U = \sqrt{\frac{1}{\pi}\int_\alpha^\pi (\sqrt{2}U_2 \sin\omega t)^2 d\omega t} = U_2\sqrt{\frac{\sin 2\alpha}{2\pi} + \frac{\pi-\alpha}{\pi}} \tag{5-28}$$

输出直流电流平均值为

$$I_d = \frac{U_d}{R} = 0.9\frac{U_2}{R} \cdot \frac{1+\cos\alpha}{2} \tag{5-29}$$

输出直流电流有效值为

$$I = \frac{U}{R} = \frac{U_2}{R}\sqrt{\frac{\sin 2\alpha}{2\pi} + \frac{\pi-\alpha}{\pi}} \tag{5-30}$$

变压器副边绕组电流有效值为

$$I_2=\sqrt{\frac{1}{\pi}\int_{\alpha}^{\pi}\left(\frac{\sqrt{2}U_2\sin\omega t}{R}\right)^2\mathrm{d}\omega t}=\frac{U_2}{R}\sqrt{\frac{\sin2\alpha}{2\pi}+\frac{\pi-\alpha}{\pi}} \tag{5-31}$$

流过每个晶闸管的电流平均值为输出电流平均值的一半，即

$$I_{\mathrm{dT}}=\frac{1}{2}I_{\mathrm{d}}=0.45\frac{U_2}{R}\cdot\frac{1+\cos\alpha}{2} \tag{5-32}$$

流过每个晶闸管的电流有效值为

$$I_{\mathrm{T}}=\sqrt{\frac{1}{2\pi}\int_{\alpha}^{\pi}\left(\frac{\sqrt{2}U_2\sin\omega t}{R}\right)^2\mathrm{d}\omega t}=\frac{U_2}{\sqrt{2}R}\sqrt{\frac{\sin2\alpha}{2\pi}+\frac{\pi-\alpha}{\pi}}=\frac{I}{\sqrt{2}} \tag{5-33}$$

在一个周期中每个晶闸管只导通一次，流过晶闸管的电流波形系数为

$$K_{\mathrm{fT}}=\frac{I_{\mathrm{T}}}{I_{\mathrm{dT}}}=\frac{\frac{U_2}{\sqrt{2}R}\sqrt{\frac{\sin2\alpha}{2\pi}+\frac{\pi-\alpha}{\pi}}}{\frac{\sqrt{2}U_2}{\pi R}\cdot\frac{1+\cos\alpha}{2}}=\frac{\sqrt{\pi\sin2\alpha+2\pi(\pi-\alpha)}}{\sqrt{2}(1+\cos\alpha)} \tag{5-34}$$

负载电流的波形系数为

$$K_{\mathrm{f}}=\frac{I}{I_{\mathrm{d}}}=\frac{\sqrt{\pi\sin2\alpha+2\pi(\pi-\alpha)}}{2(1+\cos\alpha)} \tag{5-35}$$

忽略晶闸管损耗时，电源供给的有功功率为

$$P=I_2^2R=UI_2 \tag{5-36}$$

电路功率因数为

$$PF=\frac{P}{S}=\frac{UI_2}{U_2I_2}=\sqrt{\frac{\sin2\alpha}{2\pi}+\frac{\pi-\alpha}{\pi}} \tag{5-37}$$

【例 5-1】 单相桥式全控整流电路，电阻性负载 $R=4\ \Omega$，要求 I_{d} 在 0～25 A 之间变化，试求：

(1)整流变压器的变比(不考虑裕量)；

(2)连接导线的截面积(允许电流密度 $J=6\ \mathrm{A/mm^2}$)；

(3)选择晶闸管型号(考虑 2 倍裕量)；

(4)在不考虑损耗的情况下，选择整流变压器的容量；

(5)计算负载电阻的最大功率；

(6)计算电路的最大功率因数。

解 (1)负载得到输出电压的最大平均值为

$$U_{\mathrm{dmax}}=RI_{\mathrm{dmax}}=25\times4\ \mathrm{V}=100\ \mathrm{V}$$

又因

$$U_{\mathrm{d}}=0.9U_2\frac{1+\cos\alpha}{2}$$

当 $\alpha=0°$ 时，U_{d} 最大，即 $U_{\mathrm{dmax}}=0.9U_2$，则

$$U_2=\frac{U_{\mathrm{dmax}}}{0.9}=\frac{100}{0.9}\ \mathrm{V}=111\ \mathrm{V}$$

所以变压器的变比为

$$k = \frac{U_1}{U_2} = \frac{220}{111} \approx 2$$

(2)因为 $\alpha=0°$时的波形系数为

$$K_f = \frac{\sqrt{\pi \sin 2\alpha + 2\pi(\pi - \alpha)}}{2(1+\cos\alpha)} = \frac{\sqrt{2\pi^2}}{4} \approx 1.11$$

所以最大负载电流有效值为

$$I = K_f I_{dmax} = 1.11 \times 25\ \text{A} = 27.75\ \text{A}$$

所选导线截面积为

$$A \geqslant I/J = 27.75/6\ \text{mm}^2 = 4.625\ \text{mm}^2$$

选 BU-70 型铜线。

(3)晶闸管的额定电流为

$$I_{T(AV)} \geqslant \frac{I}{1.57} = \frac{I/\sqrt{2}}{1.57} = \frac{27.75 \times 0.707}{1.57}\ \text{A} = 12.5\ \text{A}$$

考虑 2 倍裕量,取晶闸管的额定电流为 30 A。

晶闸管承受最大电压

$$U_{TM} = \sqrt{2}U_2 = \sqrt{2} \times 111\ \text{V} = 157\ \text{V}$$

考虑 2 倍裕量,取额定电压为 400 V,选择 KP30-4 型晶闸管。

(4)整流变压器容量,不考虑变压器损耗时,有

$$S = U_2 I_2 = U_2 I = 111 \times 27.75\ \text{V}\cdot\text{A} = 3.08\ \text{kV}\cdot\text{A}$$

(5)负载电阻功率为

$$P_R = RI^2 = 4 \times 27.75^2\ \text{W} = 3080.25\ \text{W} = 3.08\ \text{kW}$$

(6)电路最大功率因数为

$$PF = \sqrt{\frac{\sin 2\alpha}{2\pi} + \frac{\pi - \alpha}{\pi}}$$

$\alpha=0°$时,$PF=1$ 达到最大。

2. 电感性负载

电感性负载单相桥式全控整流电路及其波形如图 5-6 所示,假设电感很大,电流连续,且波形为一水平线,线路已进入稳态。

当 u_2 正半周时,在控制角 α 的时刻,给 T_1 和 T_4 以触发脉冲,T_1、T_4 导通,$u_d = u_2$。由于电感的平波作用,流过负载的电流为恒值电流 I_d。当 u_2 过零变负时,电感上的感应电动势使 T_1、T_4 仍承受正向电压而继续导通,因而 u_d 的波形中出现负值部分。

当 $\omega t = \pi + \alpha$ 时,T_2、T_3 触发导通,T_1、T_4 承受反压电压而关断,负载电流从 T_1、T_4 转移到 T_2、T_3 上,这个过程叫换相。到第二个周期重复上述过程,如此循环下去。

负载电流连续时,整流输出电压的平均值为

$$U_d = \frac{1}{\pi}\int_{\alpha}^{\pi+\alpha} \sqrt{2}U_2 \sin\omega t\, d\omega t = \frac{2\sqrt{2}}{\pi}U_2\cos\alpha = 0.9U_2\cos\alpha \tag{5-38}$$

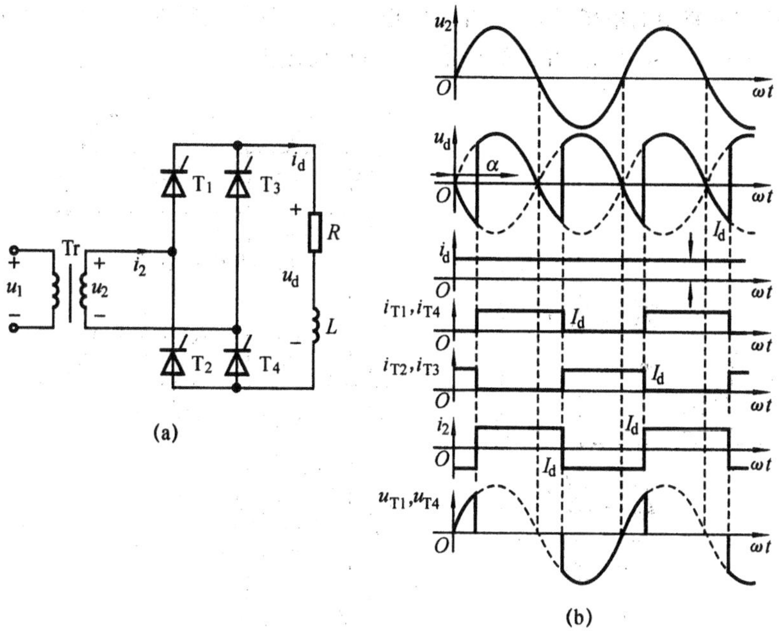

图 5-6 电感性负载单相桥式全控整流电路及其波形

整流输出电压有效值为

$$U=\sqrt{\frac{1}{\pi}\int_{\alpha}^{\pi+\alpha}(\sqrt{2}U_2\sin\omega t)^2\mathrm{d}\omega t}=U_2 \tag{5-39}$$

因变压器副边绕组中的电流 i_2 的波形是对称方波，所以有

$$I_2=I_d=\frac{U_d}{R} \tag{5-40}$$

流过晶闸管的电流平均值为

$$I_{dT}=\frac{\pi}{2\pi}I_d=\frac{1}{2}I_d \tag{5-41}$$

流过晶闸管的电流有效值为

$$I_T=\sqrt{\frac{\pi}{2\pi}}I_d=\frac{1}{\sqrt{2}}I_d \tag{5-42}$$

$\alpha=90°$时，$U_d=0$；$\alpha=0°$时，U_d 为最大值，则单相桥式可控整流电路带电感性负载时的移相范围为 0°～90°。

晶闸管承受的最大正、反向电压都是$\sqrt{2}U_2$。

3. 反电动势负载

蓄电池、直流电动机电枢等，这类负载特性相当于一个直流电源。对于可控整流电路来说，它们是反电动势负载，反电动势负载单相桥式全控整流电路及其波形如图 5-7 所示。当忽略主回路中的电感时，只有在电源电压 $u_2>E$ 时，晶闸管才会承受正向电压，才能触发导通；而当 $u_2<E$ 时，晶闸管承受反向电压而截止。

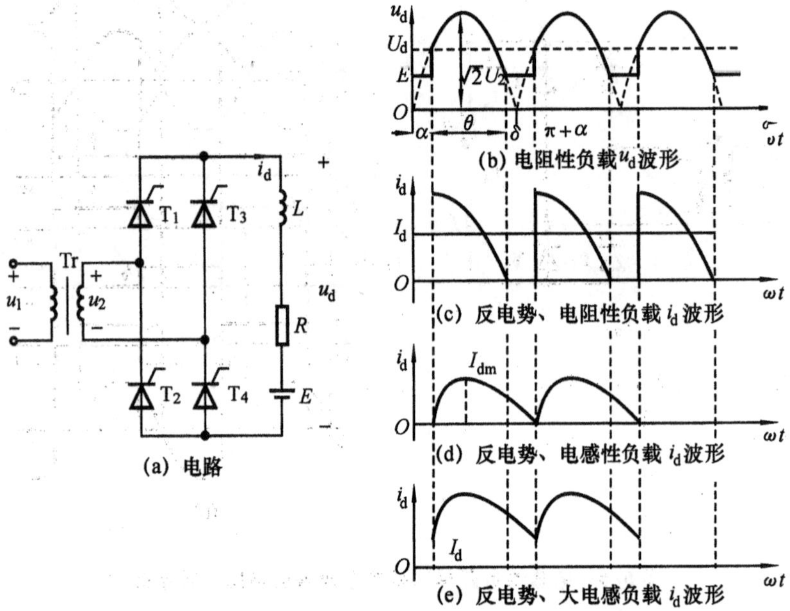

图 5-7　反电动势负载单相桥式全控整流电路及其波形

当晶闸管导通时，$u_d=u_2$，当晶闸管关断时，$u_d=E$，因此在相同的控制角下，反电动势负载的整流电压比电阻性负载的要大。

图 5-7 中，δ 为停止导电角，即与电阻性负载相比，晶闸管提前了 δ 电角度停止导电。

$$\delta=\arcsin\frac{E}{\sqrt{2}U_2} \tag{5-43}$$

整流电压平均值为

$$\begin{aligned}U_d&=E+\frac{1}{\pi}\int_{\alpha}^{\pi-\delta}(\sqrt{2}U_2\sin\omega t-E)\mathrm{d}\omega t\\&=\frac{1}{\pi}[2\sqrt{2}U_2(\cos\delta+\cos\alpha)]+\frac{\delta+\alpha}{\pi}E\end{aligned} \tag{5-44}$$

负载电流平均值为

$$I_d=\frac{U_d-E}{R} \tag{5-45}$$

当 $\alpha<\delta$ 时，若触发脉冲到来，晶闸管因承受负向电压不可能导通。为了使晶闸管可靠导通，要求触发脉冲有足够的宽度，保证当 $\omega t=\delta$ 晶闸管开始承受正向电压时，触发脉冲仍然存在，这样就要求控制角 $\alpha\geqslant\delta$。

整流输出直接连接反电动势负载时，由于晶闸管导通角小，电流不连续，而负载回路中电阻又很小，在输出同样的平均电流时，峰值电流大，因而电流有效值将比平均值大许多。这对于直流电动机负载来说，将使其换向器换向电流加大，易产生火花；对于交流电源来说，则因电流有效值大，要求电源的容量大，功率因数低。因此，一般反电动势负载回路中常串联平波电抗器，增大时间常数以延长晶闸管的导电时间从而使电流连续。只要电感足够大，就能使 $\theta=180°$，而输出电流波形变得连续、平直，从而改善了整流装置及电动机的工作条件。

在上述条件下，整流电压 u_d 的波形和负载电流 i_d 的波形与电感性负载电流连续时的波形相同，u_d 的计算公式也一样。针对电动机在低速轻载运行时电流连续的临界情况，可计算出所需电感量 L 为

$$L=\frac{2\sqrt{2}U_2}{\pi\omega I_{\text{dmin}}} \tag{5-46}$$

式中，L 为主电路中的总电感量，其单位为 H。

5.2.3 单相桥式半控整流电路

在单相桥式全控整流电路中，采用两个晶闸管同时导通并规定电流流通的路径。如果仅用于整流工作状态，实际上每个支路只需要一个晶闸管就能控制导通的时刻，另一个可采用整流二极管来限定电流路径，这样线路更简单，这种电路称为单相桥式半控整流电路，如图 5-8 所示。

桥式半控整流电路在电阻性负载时的工作情况与全控整流电路完全相同，参数的计

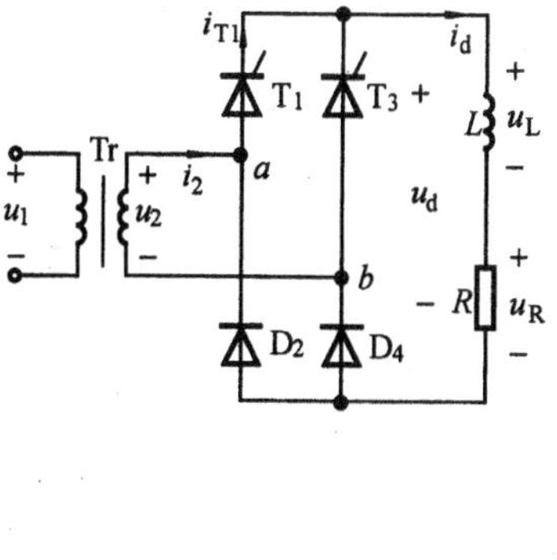

(a)

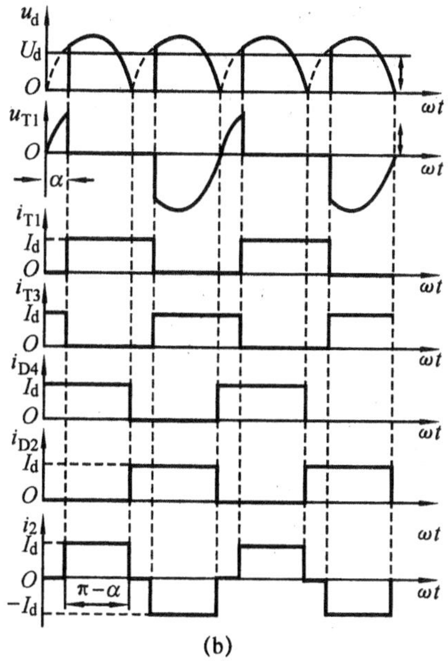

(b)

图 5-8 电感性负载单相桥式半控整流电路及其波形

算也相同。下面讨论感性负载时的工作情况。

当 u_2 正半周时，在控制角 α 的时刻，给 T_1 触发脉冲使 T_1 导通，电源经 T_1、D_4 向负载供电。当 u_2 过零变负时，电感上的感应电动势使 T_1 仍承受正向电压而继续导通，但此时 a 点电位比 b 点电位低，电流从 D_4 转换到 D_2，这样电流不再经过变压器绕组而由 T_1 和 D_2 续流。忽略管压降，则 $u_d=0$，不会出现负值电压。

当 u_2 负半周时，在控制角 α 的时刻，触发 T_3 导通，使 T_1 承受反向电压而关断，电源经 T_3 和 D_2 又向负载供电。当 u_2 过零变负时，则 D_4 导通而 D_2 关断，电感通过 T_3 和 D_4 续流，u_d 也为零。以后 T_1 再触发导通，重复上述过程。

综上所述，单相桥式半控整流电路接大电感负载时的工作特点如下。

(1)晶闸管在触发时刻被迫换流，二极管则在电源电压过零时自然换流；

(2)由于自然续流的作用，整流输出电压 u_d 的波形没有负值的部分，与单相桥式全控整流电路接电阻性负载的波形一样。

(3)流经晶闸管和二极管的电流都是宽度为 180°的方波，交流侧电流为正负对称的交流方波。

单相桥式半控整流电路带感性负载时，虽然自身有自然续流能力，但在实际运行中，当突然把控制角 α 增大到 180°或突然把触发电路切断时，会发生一个晶闸管直通而两个二极管轮流导通的异常现象，称为失控现象。例如当 T_1 导通时切断触发电路，则当 u_2 过零变负时，由于电感的作用，负载电流由 T_1 和 D_2 续流；当 u_2 过零进入正半周时，因 T_1 已经导通，所以电源又经 T_1、D_4 向负载供电。此时 u_d 波形相当于单相半波不可控整流时的波形。为了避免失控情况，可以在负载侧并联一个续流二极管 D，使负载电流通过 D 续流，而不再经过 T_1 和 D_2，这样就可使晶闸管恢复阻断能力，如图 5-9 所示。

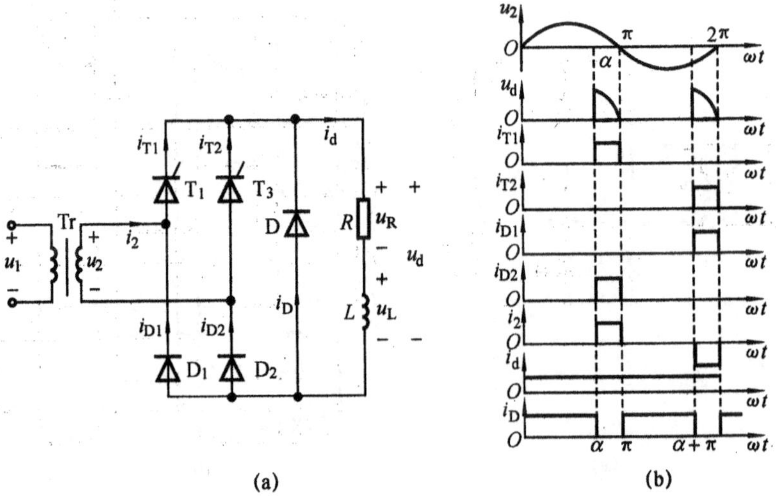

图 5-9　并联续流二极管的单相桥式半控整流电路及其波形

并联续流二极管的单相桥式半控整流电路带感性负载时，输出电压平均值为

$$U_d = \frac{1}{\pi}\int_{\alpha}^{\pi}\sqrt{2}U_2\sin\omega t\,\mathrm{d}\omega t = \frac{2\sqrt{2}}{\pi}U_2\,\frac{1+\cos\alpha}{2}$$

$$= 0.9U_2\,\frac{1+\cos\alpha}{2} \tag{5-47}$$

输出电压有效值为

$$U = \sqrt{\frac{1}{\pi}\int_{\alpha}^{\pi}(\sqrt{2}U_2\sin\omega t)^2\,\mathrm{d}\omega t} = U_2\sqrt{\frac{\sin2\alpha}{2\pi}+\frac{\pi-\alpha}{\pi}} \tag{5-48}$$

流过晶闸管的电流平均值和有效值分别为

$$I_{dT} = \frac{\pi-\alpha}{2\pi}I_d \tag{5-49}$$

$$I_T = \sqrt{\frac{\pi-\alpha}{2\pi}}I_d \tag{5-50}$$

流过续流二极管的电流平均值和有效值分别为

$$I_{dD} = \frac{\alpha}{\pi}I_d \tag{5-51}$$

$$I_d = \sqrt{\frac{\alpha}{\pi}}I_d \tag{5-52}$$

5.3 三相相控整流电路

当负载容量较大时，若采用单相相控整流电路，将造成电网三相电压不平衡，影响其他用电设备的正常运行，因此必须采用三相相控整流电路。三相相控整流电路分为三相半波、三相桥式整流电路两大类。

5.3.1 三相半波可控整流电路

1. 电阻性负载

图 5-10 所示的为三相半波整流电路。三个晶闸管的阴极分别接入 A、B、C 三相电源，它们的阴极连在一起，称为共阴极接法。变压器为三角形—星形连接。采用共阴极接法的触发电路有公共点，接线比较方便，应用较广。

在 $\omega t_1 \sim \omega t_2$ 期间，A 相电压最高，在 ωt_1 时刻触发晶闸管 T_1 导通，负载上得到 A 相电压 u_a，T_2、T_3 承受反向电压。在 $\omega t_2 \sim \omega t_3$ 期

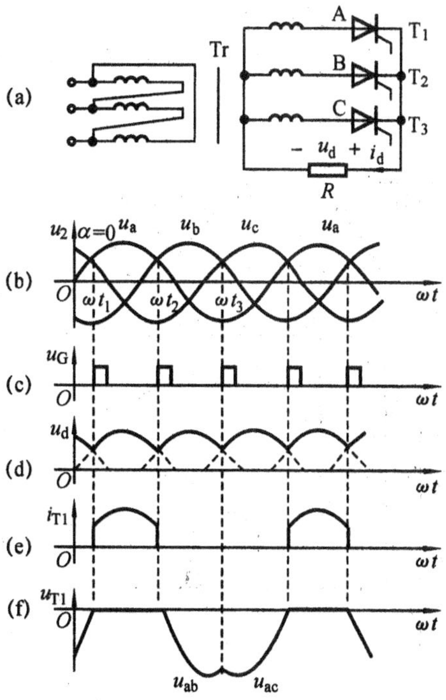

图 5-10 电阻性负载 $\alpha=0°$三相半波可控整流电路及其波形

间，B相电压最高，在 ωt_2 时刻触发晶闸管 T_2 导通，负载上得到B相电压 u_b，T_1 承受反向电压而截止。若在 ωt_3 时刻触发晶闸管 T_3 导通，负载上得到C相电压 u_c，T_2 承受反向电压截止。如此循环下去，输出的电压 u_d 是一个脉动的直流电压，为三相电源电压正半周的包络线，在三相电源电压的一个周期内有三次脉动。输出电压 u_d、晶闸管 T_1 电流的波形 i_{T1} 如图 5-10(d)、(e)所示。

距相电压过零点30°电角度的 ωt_1、ωt_2、ωt_3 时刻，是各相晶闸管能被正常触发的最早时刻，在该点以前，对应的晶闸管承受反向电压而不能触发导通，所以把 ωt_1、ωt_2、ωt_3 时刻称为自然换相点。在三相相控整流电路中，把自然换相点作为计算控制角 α 的起点，即在该点 $\alpha=0°$。因此，图 5-10(d)所示的为三相半波可控整流电路在 $\alpha=0°$ 时的输出电压波形。

各晶闸管上的触发脉冲应依次间隔120°，相序应与电源相序相同。在一个周期内，三相电源轮流向负载供电，每相晶闸管各导电120°电角度。

图 5-10(e)所示的是变压器A相绕组和晶闸管 T_1 电流波形，其他两组的电流波形性状相同，相位依次滞后120°电角度，因此变压器副边绕组中流过的是直流脉动电流。

图 5-10(f)所示的是晶闸管 T_1 端电压波形，可分为三个部分：T_1 导通期间，$u_{T1}=0$；T_2 导通期间，晶闸管 T_1 承受A相与B相的电压差 u_{ab}；T_3 导通期间，晶闸管 T_1 承受A相与C相的电压差 u_{ac}。如图 5-10 所示，$\alpha=0$ 时，晶闸管仅承受反向电压，随着 α 的增加，晶闸管承受的正向电压增加。

增大 α 值，触发脉冲后移，则整流电压相应减小。图 5-11 所示的是电阻性负载 $\alpha=30°$ 三相丰波可控整流电路的波形。从输出电压、电流的波形可知，负载电流处于连续与断续的临界状态，各相仍能导电120°电角度。

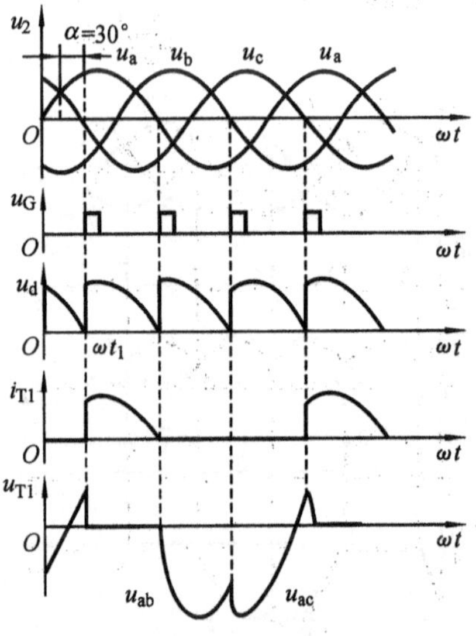

图 5-11 电阻性负载 $\alpha=30°$ 三相半波可控整流电路波形

若 $\alpha>30°$，例如 $\alpha=60°$ 时，整流电压波形如图 5-12 所示。当导通的一相相电压过零变负时，该晶闸管关断。此时，下一相晶闸管承受正向电压，但其触发脉冲未到，不会导通，因而输出电压、电流都为零，直到下一相触发脉冲到来时为止。显然负载电流断续，各相晶闸管导电时间都小于120°。

当 $\alpha=150°$ 时，整流输出电压为零，因此电阻性负载时的移相范围是150°。

从 u_{T1} 波形可知，晶闸管承受的最大反向电压为变压器副边绕组线电压的峰值电压 $\sqrt{6}U_2$，晶闸管承受的最大正向电压为 $\sqrt{2}U_2$。

整流电压平均值分为两种情况计算。

当 $\alpha\leqslant30°$ 时，u_d 波形连续，有

$$U_d = \frac{1}{2\pi/3}\int_{\pi/6+\alpha}^{5\pi/6+\alpha}\sqrt{2}U_2\sin\omega t\,d\omega t = \frac{3\sqrt{2}\times\sqrt{3}}{2\pi}U_2\cos\alpha = 1.17U_2\cos\alpha$$

当 $\alpha>30°$时，u_d 波形断续，有

$$U_d = \frac{1}{2\pi/3}\int_{\pi/6+\alpha}^{\pi}\sqrt{2}U_2\sin\omega t\,d\omega t = \frac{3\sqrt{2}}{2\pi}U_2\left[1+\cos\left(\frac{\pi}{6}+\alpha\right)\right]$$

$$= 0.675U_2\left[1+\cos\left(\frac{\pi}{6}+\alpha\right)\right] \tag{5-53}$$

负载电流平均值为

$$I_d = \frac{U_d}{R} \tag{5-54}$$

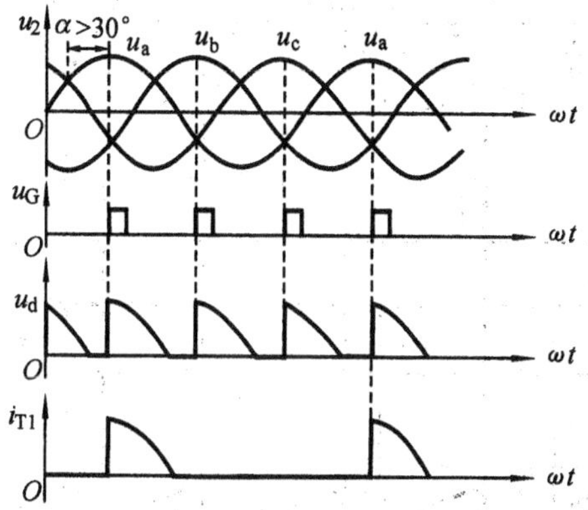

图 5-12　电阻性负载 $\alpha=60°$三相半波可控整流电路波形

由于晶闸管是交替工作的，流过晶闸管的平均电流为

$$I_{dT} = \frac{1}{3}I_d \tag{5-55}$$

当 $\alpha\leqslant30°$时，流过晶闸管的电流有效值为

$$I_T = \frac{1}{2\pi}\int_{\pi/6+\alpha}^{5\pi/6+\alpha}\left(\frac{\sqrt{2}U_2\sin\omega t}{R}\right)^2 d\omega t = \frac{U_2}{R}\sqrt{\frac{1}{2\pi}\left(\frac{2}{3}\pi+\frac{\sqrt{3}}{2}\cos2\alpha\right)} \tag{5-56}$$

当 $\alpha>30°$时，流过晶闸管的电流有效值为

$$I_T = \frac{1}{2\pi}\int_{\pi/6+\alpha}^{\pi}\left(\frac{\sqrt{2}U_2\sin\omega t}{R}\right)^2 d\omega t$$

$$= \frac{U_2}{R}\sqrt{\frac{1}{2\pi}\left(\frac{5}{6}\pi-\alpha+\frac{\sqrt{3}}{4}\cos2\alpha+\frac{1}{4}\sin2\alpha\right)} \tag{5-57}$$

2. 电感性负载

大电感负载的三相半波可控整流电路在 $\alpha\leqslant30°$时，u_d 的波形与电阻性负载相同。如图 5-13 所示，当 $\alpha>30°$，如 $\alpha=60°$时电感性负载时的电路及其波形，在 ωt_0 时刻触发 T_1 管，T_1 导通到 ωt_1 时，其阳极电压 u_A 已过零变负，但由于电感 L 感应电动势的作用，使 T_1

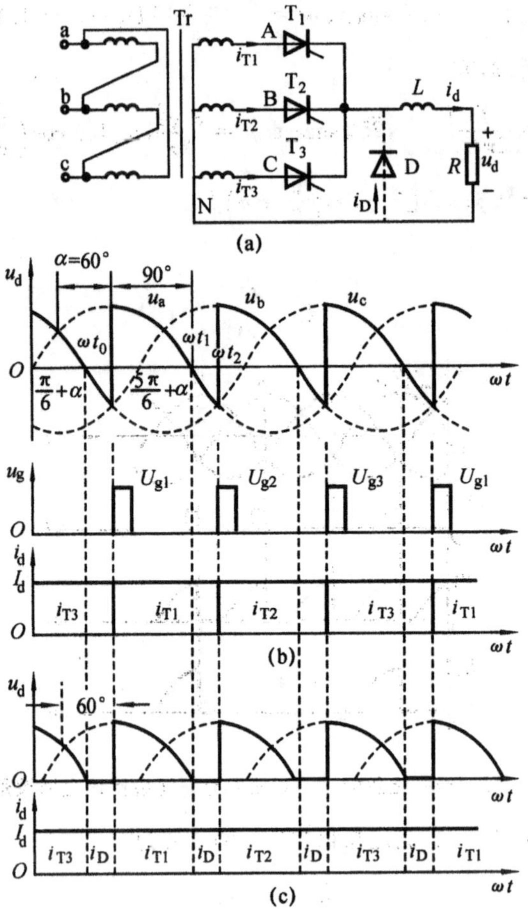

图 5-13　电感性负载 $\alpha=60°$ 三相半波可控整流电路及其波形

仍继续维持导通，直到 ωt_2 时刻，触发 T_2 管导通，T_1 才截止，从而使 u_d 波形出现部分负值。尽管 $\alpha>30°$，由于电感负载的作用，仍然使各相晶闸管导通 120°，保证了电流的连续。整流输出电压平均值为

$$U_d=\frac{1}{2\pi/3}\int_{\pi/6+\alpha}^{5\pi/6+\alpha}\sqrt{2}U_2\sin\omega t\,d\omega t=\frac{3\sqrt{2}\times\sqrt{3}}{2\pi}U_2\cos\alpha=1.17U_2\cos\alpha \tag{5-58}$$

由式(5-58)可知，$\alpha=90°$时，$U_d=0$；$\alpha=0°$时，U_d 为最大值，则带电感性负载时的移相范围为 0°～90°。

大电感负载时，电流波形接近于水平线，则流过每个晶闸管的电流平均值与电流有效值分别为

$$I_{dT}=\frac{2\pi/3}{2\pi}I_d=\frac{1}{3}I_d \tag{5-59}$$

$$I_T = \sqrt{\frac{2\pi/3}{2\pi}}I_d = \sqrt{\frac{1}{3}}I_d \tag{5-60}$$

电感性负载时，晶闸管可能承受的最大正、反向电压都是$\sqrt{6}U_2$。

三相半波可控整流电路带电感性负载时，可以通过并联续流二极管解决因控制角α接近90°时，输出电压波形出现正、负面积相当，而使其平均电压接近零的问题。如图5-13(c)所示，很明显，接续流二极管后，u_d的波形与纯电阻性负载时的一样，U_d的计算公式也一样。流过晶闸管的电流平均值和有效值分别为

$$I_{dT} = \frac{5\pi/6-\alpha}{2\pi}I_d \tag{5-61}$$

$$I_T = \sqrt{\frac{5\pi/6-\alpha}{2\pi}}I_d \tag{5-62}$$

流过续流二极管的电流平均值和有效值分别为

$$I_{dT} = \frac{\alpha-\pi/6}{2\pi/3}I_d \tag{5-63}$$

$$I_T = \sqrt{\frac{\alpha-\pi/6}{2\pi/3}}I_d \tag{5-64}$$

三相半波可控整流电路接线简单，与单相电路比较，其输出电压脉动小，输出功率大，三相负载平衡。但整流变压器副边绕组在一个周期内只有1/3时间流过电流，且电流是单方向的，其直流分量会产生直流磁化问题，引起附加损耗，使变压器利用率低。

5.3.2 三相桥式可控整流电路

1. 基本工作原理

三相桥式可控整流电路如图5-14所示，上面三个晶闸管T_1、T_3、T_5共阴极连接，为共阴极组，其输出端P接负载正端；下面三个晶闸管T_2、T_4、T_6共阳极连接，为共阳极组，其输出端N接负载负端。负载上的整流电压为$u_d=U_P-U_N$。

为了分析方便，把交流电源的一个周期由六个自然换相点分为六段，共阴极组的自然换相点在ωt_1、ωt_3、ωt_5时刻，分别为晶闸管T_1、T_3、T_5的自然换相点；同理可知，共阳极组的自然换相点在ωt_2、ωt_4、ωt_6时刻，分别为晶闸管T_2、T_4、T_6的自然换相点。晶闸管的导通顺序为T_1、T_2、T_3、T_4、T_5、T_6。在三相桥式可控整流电路中，只有在共阴极组和共阳极组各有一个晶闸管处于导通状态，才能形成通路，将电源电压接到负载。下面先分析$\alpha=0°$时的工作情况。

在$\omega t_1 \sim \omega t_2$期间，A相电位最高，共阴极组的$T_1$触发导通，B相电位最低，共阳极组的$T_6$触发导通，这时电流由A相经$T_1$流向负载，再经$T_6$流入B相，变压器A、B两相工作。加在负载上的电压为$u_d=u_a-u_b=u_{ab}$。

经过60°后，进入第2段$\omega t_2 \sim \omega t_3$，这时A相电位仍然最高，$T_1$继续导通，但C相电位最低，在自然换相点触发C相的$T_2$导通。电流从B相换相到C相，$T_6$承受反向电压而关断，变压器A、C两相工作，负载电压为$u_d=u_a-u_c=u_{ac}$。

再经过60°后，进入第3段 $\omega t_3 \sim \omega t_4$，这时B相电位最高，共阴极组的 T_3 触发导通，电流从A相换相到B相，T_1 承受反向电压而关断，共阳极组的 T_2 继续导通。B、C两相工作，负载电压为 $u_d = u_b - u_c = u_{bc}$。

依次类推，$\alpha = 0°$时三相桥式可控整流电路的工作情况如图5-14所示。

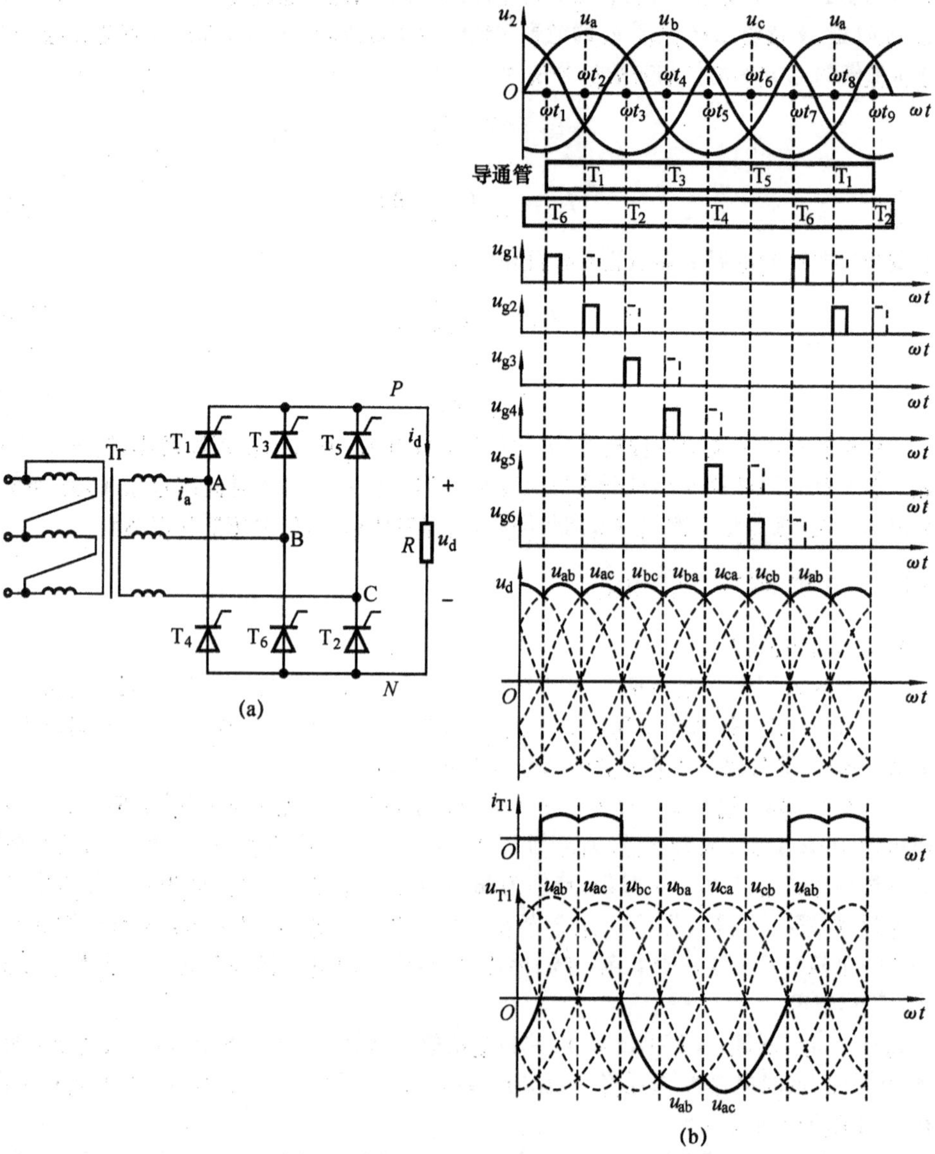

图5-14 电阻性负载 $\alpha=0°$三相桥式可控整流电路及其波形

综上所述，三相桥式可控整流电路工作特点如下。

(1)每个时刻均需两个晶闸管同时导通，共阴极组、共阳极组分别有且只有一个晶闸管导通，形成向负载供电的回路。

(2)触发脉冲的相位，共阴极组的 T_1、T_3、T_5 之间互差 120°，共阳极组的 T_2、T_4、T_6 之间也互差 120°。接在同一相的两管，如 T_1 与 T_4 之间则互差 180°。

(3)为了保证整流电路接通后共阴极组和共阳极组各有一个晶闸管导通，或者由于电流断续后能再次导通，必须对两组中应导通的一对晶闸管同时给触发脉冲。为此，可采用两种办法：一是使每个触发脉冲的宽度大于 60°，称为宽脉冲触发；二是触发某一晶闸管的同时，给前一个晶闸管补发一个脉冲，相当于用两个窄脉冲等效替代大于 60°的宽脉冲，称为双窄脉冲触发。用双窄脉冲触发，一个周期内要对每个晶闸管连续触发两次，两次脉冲间隔 60°。双窄脉冲触发电路比较复杂，但可以减小触发装置的输出功率，减小脉冲变压器的体积。宽脉冲触发电路输出功率大，脉冲变压器体积较大，脉冲前沿不够陡。因此，通常采用双窄脉冲触发。

(4)三相桥式可控整流电路输出的是变压器副边线电压的整流电压，输出的两相相电压相减以后的波形：u_{ab}、u_{ac}、u_{bc}、u_{ba}、u_{ca} 和 u_{cb}。

如图 5-13 所示，$\alpha=0°$时三相桥式可控整流电路输出电压 u_d 的波形是上述电压的包络线。

(5)$\alpha=0°$时晶闸管承受的电压波形如图 5-14 所示，晶闸管承受的最大反向电压是 $\sqrt{6}U_2$。

2. 电阻性负载

当 $\alpha=30°$时，电阻性负载三相桥式可控整流电路的波形如图 5-15 所示，电压 u_d、电流 i_d 波形连续。

当 $\alpha=60°$时，电阻性负载三相桥式可控整流电路的波形如图 5-16 所示，电压 u_d 波形出现零点，负载电流 i_d 处于连续与断续的临界状态。

当 $\alpha>60°$，如 $\alpha=90°$时，电阻性负载三相桥式可控整流电路的波形如图 5-17 所示，此时电压 u_d 波形每 60°中有 30°为零，u_d 为零时，i_d 也为零，晶闸管截止，电阻性负载时 u_d 波形不能出现负值。

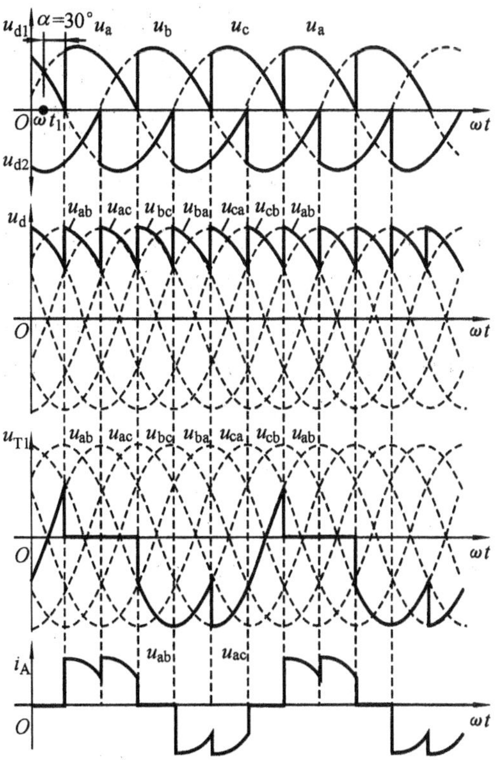

图 5-15　电阻性负载 $\alpha=30°$三相桥式可控整流电路波形

如果 α 继续增大到 120°，整流输出电压 u_d 波形将全为零，其平均值也为零。可知

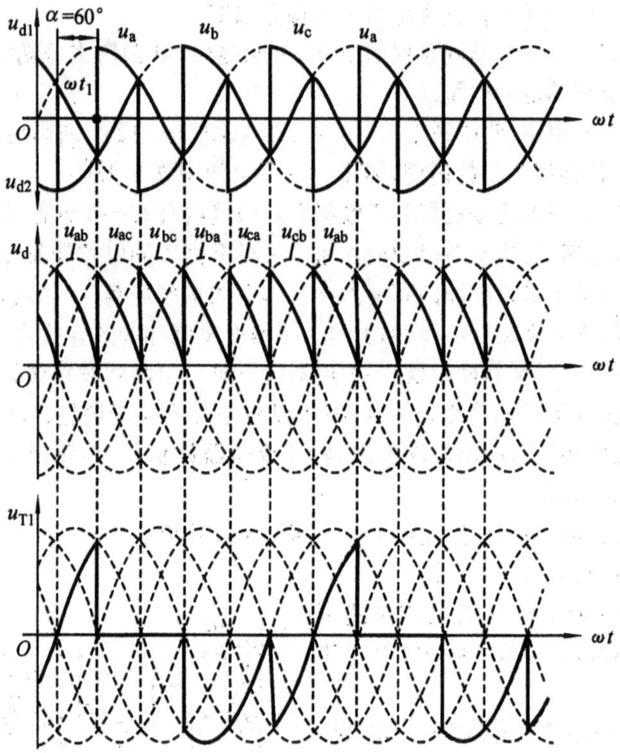

图 5-16 电阻性负载 α=60°三相桥式可控整流电路波形

带电阻性负载时，三相桥式可控整流电路移相范围为 120°。

下面对三相桥式可控整流电路带电阻性负载的情况进行分析计算。

平移纵轴使线电压 u_{ac} 零点为坐标原点，其自然换相点在 $\omega t=60°$ 处，当 $\alpha \leqslant 60°$ 时，电流连续；当 $\alpha > 60°$ 时，电流断续，因此 U_d 分两种情况计算。

(1) 当 $0° < \alpha \leqslant 60°$ 时，有

$$U_d = \frac{1}{\pi/3}\int_{\pi/3+\alpha}^{2\pi/3+\alpha} \sqrt{3} \times \sqrt{2}U_2 \sin\omega t \, d\omega t = \frac{3\sqrt{6}}{\pi}U_2 \cos\alpha$$
$$= 2.34U_2\cos\alpha = 1.35U_{2L}\cos\alpha \tag{5-65}$$

式中，U_2 为相电压，U_{2L} 为线电压。

(2) 当 $60° < \alpha \leqslant 120°$ 时，有

$$U_d = \frac{1}{\pi/3}\int_{\pi/3+\alpha}^{\pi} \sqrt{3} \times \sqrt{2}U_2 \sin\omega t \, d\omega t = \frac{3\sqrt{6}}{\pi}U_2\left[1+\cos\left(\frac{\pi}{3}+\alpha\right)\right]$$
$$= 2.34U_2\left[1+\cos\left(\frac{\pi}{3}+\alpha\right)\right] \tag{5-66}$$

晶闸管承受的最大正反向电压是 $\sqrt{6}U_2$。

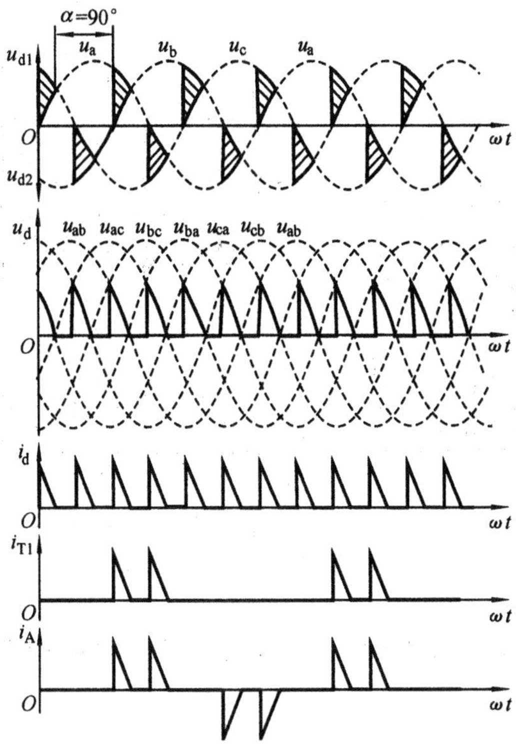

图 5-17 电阻性负载 $\alpha=90°$ 三相桥式可控整流电路波形

3. 电感性负载

三相桥式可控整流电路带电感性负载，当 $0°<\alpha\leqslant 60°$ 时，由于电阻性负载电压、电流连续，这时电感性负载不需要电感的感应电动势维持晶闸管导通，因而感性负载输出电压 u_d 波形与电阻性负载一样，是电感性负载 $\alpha=30°$ 三相桥式可控整流电路的波形，如图 5-18 所示。

当 $60°<\alpha<90°$ 时，电阻性负载电压、电流断续，在电感感应电动势作用下，u_d 波形出现负值，但正的面积仍然大于负的面积，平均电压 U_d 仍为正值。

当 $\alpha = 90°$ 时，正负面积相等，$U_d = 0$，整流电路波形如图 5-19 所示。

整流输出电压平均值为

$$U_d = \frac{1}{\pi/3}\int_{\pi/3+\alpha}^{2\pi/3+\alpha}\sqrt{3}\times\sqrt{2}U_2\sin\omega t\,\mathrm{d}\omega t = \frac{3\sqrt{6}}{\pi}U_2\cos\alpha$$

$$= 2.34U_2\cos\alpha = 1.35U_{2L}\cos\alpha \tag{5-67}$$

由式(5-67)可知，$\alpha=90°$ 时，$U_d=0$；$\alpha=0°$ 时，U_d 为最大值，则带电感性负载时的移相范围为 $0°\sim 90°$。负载电流平均值为

$$I_d = \frac{U_d}{R} = 2.34\,\frac{U_2}{R}\cos\alpha \tag{5-68}$$

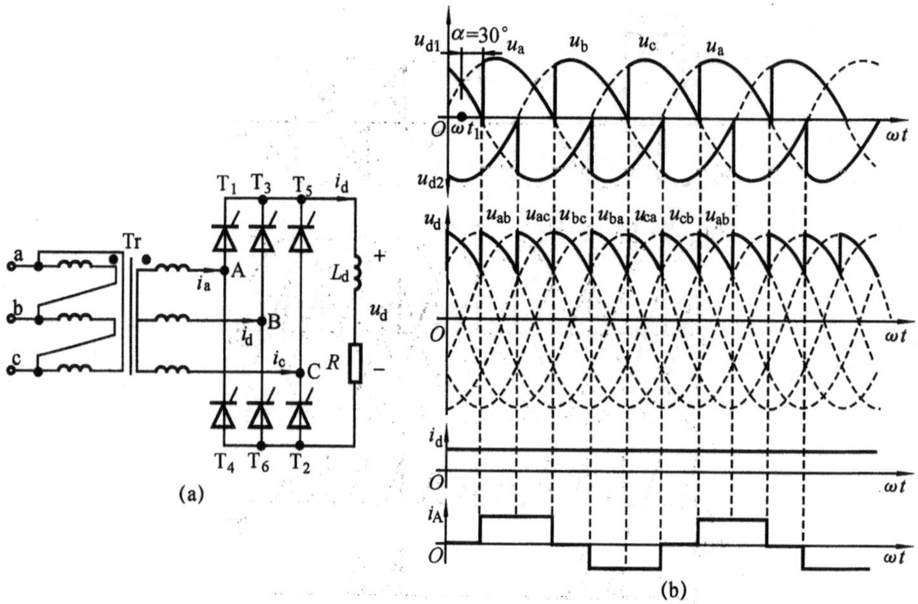

图 5-18 电感性负载 $\alpha=30°$三相桥式可控整流电路波形

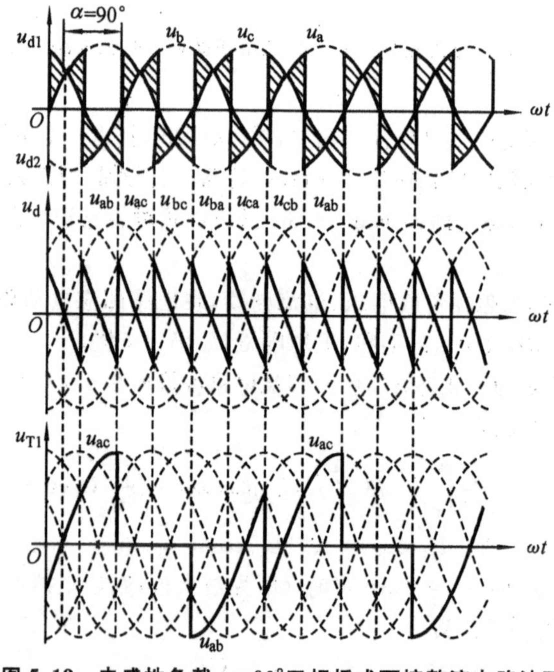

图 5-19 电感性负载 $\alpha=90°$三相桥式可控整流电路波形

流过晶闸管的电流平均值、有效值分别为

$$I_{dT} = \frac{2\pi/3}{2\pi} I_d = \frac{1}{3} I_d \tag{5-69}$$

$$I_T = \sqrt{\frac{1}{3}} I_d = 0.577 I_d \tag{5-70}$$

整流变压器副边绕组正、负半周都有电流流过，每半周内流通的角度为 120°，则变压器副边电流有效值为

$$I_2 = \sqrt{\frac{1}{\pi}\int_0^{2\pi/3} I_d^2 \mathrm{d}\omega t} = \sqrt{\frac{2}{3}} I_d = 0.816 I_d \tag{5-71}$$

晶闸管承受的最大正反向电压是$\sqrt{6}U_2$。

5.3.3 相控整流电源设计

1. 相控整流电源设计方法

(1)选择整流电路。整流电路的选择应根据用户电源的情况及装置的容量来决定，装置容量在 5 kW 以下多采用单相桥式整流电路；装置容量在 5kW 以上，额定直流电压又较高时多采用三相桥式整流电路。但对于低压大电流的整流器，多采用带平衡电抗器的六相半波整流电路。

整流电路选择主要有如下原则。

①整流器开关元件的电流容量和电压容量必须能被充分利用。

②整流器直流侧的纹波越小越好，以减小整流直流电压的脉动分量，从而减少或省去平波电抗器。

③应使整流器引起的交流侧谐波电流，特别是低次谐波电流越小越好，以保证整流器有较高的功率因数，减小对电网和弱电系统的干扰。

④整流变压器的容量应得到充分利用，变压器的容量应尽可能接近直流容量，并避免产生磁通直流分量。

(2)计算整流变压器参数。

整流变压器参数计算主要包括变压器副边线电压、电流的计算；变压器原边线电压的确定及线电流的计算；变压器原、副边容量计算及等值容量计算。

(3)选择冷却系统，包括发热计算和冷却系统选择两部分。

(4)开关器件的选用与计算。开关器件的参数计算应包括每臂开关管的正反向峰值电压和每臂器件的电流的计算。开关器件的选用原则是根据整流器的用途、使用场合及特殊要求确定电流和电压的安全裕量系数，根据开关器件参数、经济技术指标选用开关器件。

(5)保护系统设计。保护系统是整流装置的重要组成部分，其功能就是在线检测装置各点电流、电压参数，及时发现并切除故障，防止故障进一步扩大以造成重大经济损失。保护系统主要包括过压抑制、过流及负载短路保护、电压电流上升率的限制等。

(6)主要部件和器件的计算及选用，包括平波电抗器的计算，触发器的选用，确定电压、电流检测方式以及电压调节器的设计。

对于单相全控整流电路，为保证电流连续，平波电抗器电感量的最小值为

$$L_{\min} = \frac{2\sqrt{2}U_2}{\pi\omega I_{\text{dmin}}} = 2.87\frac{U_2}{I_{\text{dmin}}}\text{mH} \tag{5-72}$$

对于三相半波整流电路，为保证电流连续，平波电抗器电感量的最小值为

$$L_{\min} = 1.46\frac{U_2}{I_{\text{dmin}}}\text{mH} \tag{5-73}$$

对于三相桥式可控整流电路，为保证电流连续，平波电抗器电感量的最小值为

$$L_{\min} = 0.693\frac{U_2}{I_{\text{dmin}}}\text{mH} \tag{5-74}$$

(7)继电操作电路及故障检测电路设计。

(8)结构布置设计。

(9)主要性能参数核算。

2. 设计举例

【例 5-2】 直流电动机用硅整流器的设计，要求对电参数进行设计，略去冷却、保护、故障检测、结构布置的设计过程。

(1)设计要求包括负载设计要求和整流器的电流参数确定。

①负载要求额定负载电压 $U_N = 220$ V，额定负载电流 $I_N = 25$ A，启动电流要求限制在 60 A，并且当负载电流降到 3 A 时，电流仍然连续。

②整流器的电流参数包括电网频率为工频 50 Hz，电网额定电压 $U_L = 380$ V，电网电压波动±10%。

(2)整流器主电路设计。由负载要求可知 $U_d = U_N = 220$ V，故装置容量为

$$P_d = U_d I_d = 220 \times 25\ \text{W} = 5.5\ \text{kW}$$

因为 $P_d > 5$ kW，所以采用三相桥式整流电路且带整流变压器，电路如图 5-20 所示。

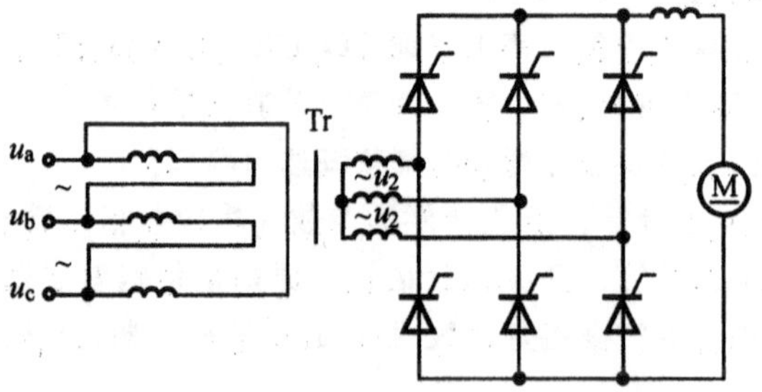

图 5-20 三相桥式可控整流器主电路

(3)晶闸管的选择，包括电流、电压参数的选取。电动机在启动过程中电流最大，因此

以启动电流作为晶闸管电流参数计算的依据，可确定电流有效值为

$$I_T = \frac{1}{\sqrt{3}} I_d = \frac{1}{\sqrt{3}} \times 60\ \text{A} \approx 35\ \text{A}$$

晶闸管通态平均电流为

$$I_{T(AV)} = \frac{I_T}{1.57} = \frac{35}{1.57}\text{A} \approx 23\ \text{A}$$

取安全裕量 2，则晶闸管电流值为 46 A。

在三相桥式可控整流电路中，变压器副边相电压有效值 U_2 为

$$U_2 = \frac{U_d}{(2.34\cos\alpha)},\quad U_d = 220\ \text{V}$$

晶闸管承受的峰值电压为$\sqrt{6}U_2$。为保证换相可靠，取 $\alpha_{min} = 30°$，则

$$U_{2min} = \frac{U_d}{2.34\cos 30°} = \frac{220}{(2.34 \times \cos 30°)} \approx 108.6\ \text{V}$$

因为存在±10%的波动，所以

$$U_2 = \frac{U_{2min}}{0.9} \approx 120\ \text{V}$$

晶闸管电压值为

$$\sqrt{6}U_2 = 294\ \text{V}$$

取安全裕量为 2，则晶闸管电压值为 588 V。选取 50 A、700 V 的晶闸管，型号为 KP50-700。

(4)变压器的设计，包括副边、原边容量计算。根据负载要求可知 $I_d = I_N = 25$ A，变压器相电流有效值为

$$I_2 = \sqrt{\frac{2}{3}} I_d = \sqrt{\frac{2}{3}} \times 25\ \text{A} = 20.4\ \text{A}$$

$$S_2 = 3U_2 I_2 = 3 \times 120 \times 20.4\ \text{V}\cdot\text{A} = 7.344\ \text{kV}\cdot\text{A}$$

因为是三相桥式整流电路，所以

$$S_1 = S_2 = 7.344\ \text{kV}\cdot\text{A}$$

取 S 为 7.5 kV·A。

变压器原边电流为

$$I_1 = \frac{U_2 I_2}{U_1} = \frac{120 \times 20.4}{380}\text{A} = 6.44\ \text{A}$$

取 $I_1 = 7$ A，$U_1 = 380$ V，$I_2 = 21$ A，$U_2 = 120$ V，$S = 7.5$ kV·A。

(5)平波电抗器的计算，由式(5-74)知

$$L_{min} = 0.693 \frac{U_2}{I_{dmin}} = 0.693 \times \frac{120}{3}\text{mH} = 27.72\ \text{mH}$$

则平波电抗器取 $L = 27.72$mH，$I_L = I_d = 25$A。

5.3.4 大功率整流电路

在相控整流电路中，采用相同器件的条件下，要想达到更大的功率，并且减少交流侧输入电流的谐波或提高功率因数以减小对供电电网的干扰，就必须采用多重化整流电路。而在电解电镀等工业应用中，经常需要低压大电流的可调直流电源。如果采用三相桥式电路，整流器件的数量很多，由于管压降损耗，降低了效率。在这种情况下，可采用带平衡电抗器的双反星形相控整流电路。

如图 5-21 所示的带平衡电抗器的双反星形相控整流电路，整流变压器副边每相有两个匝数相同、极性相反的绕组，分别接成三相半波电路，即 A_1、B_1、C_1 一组，A_2、B_2、C_2 一组。A_1 与 A_2、B_1 与 B_2、C_1 与 C_2 绕在同一相铁芯上，所以称为双反星形电路。设置电感量为 L_p 的平衡电抗器是为了保证两组三相半波整流电路能同时导电，每组承担一半负载。因此，与三相桥式电路比较，输出电流可增大一倍。

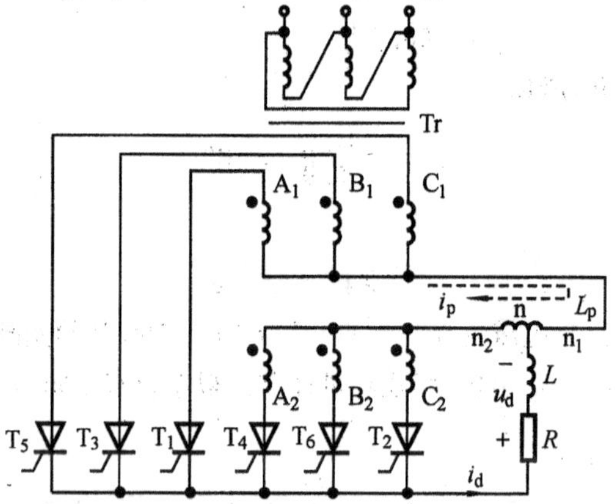

图 5-21 带平衡电抗器的双反星形相控整流电路

在双反星形电路中，虽然两组整流电压的平均值 U_{d1} 和 U_{d2} 是相等的，但它们的脉动波相差 60°，如图 5-22 所示。它们的瞬时值 u_{d1} 和 u_{d2} 是不同的，两个星形的中点 n_1 和 n_2 间的电压等于 u_{d1} 和 u_{d2} 之差，其波形是三倍频的近似三角波，如图 5-23 所示。这个电压加在平衡电抗器 L_p 上，因而产生电流 i_p，通过两组星形自成回路，不流经负载，因此称为环流或平衡电流。

在图 5-23 中取任一瞬间如 ωt_1，此时电路工作的等效电路如图 5-24 所示。由于在 ωt_1 时 u_{b2} 比 u_{a1} 电压高，T_6 导通，此电流在流经 L_p 时，L_p 上要感应一电动势 u_p，它的方向是阻止电流增大。平衡电抗器两端电压和整流输出电压的数学表达式为

$$u_p = u_{d1} - u_{d2} \tag{5-75}$$

$$u_d = u_{d2} - \frac{1}{2}u_p = u_{d1} + \frac{1}{2}u_p = \frac{1}{2}(u_{d1} + u_{d2}) \tag{5-76}$$

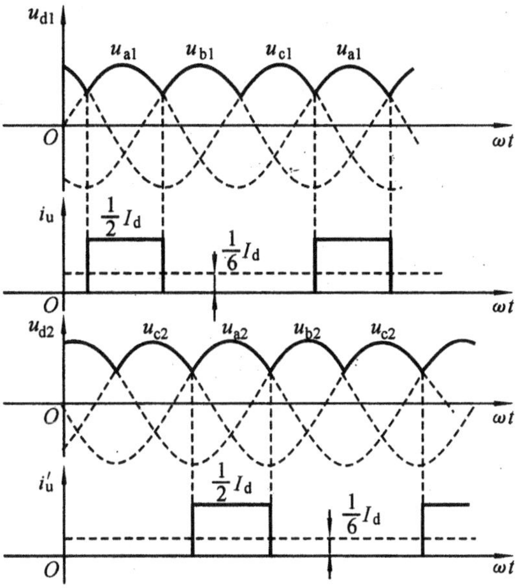

图 5-22　$\alpha=0°$时双反星形电路两组输出电压、电流波形

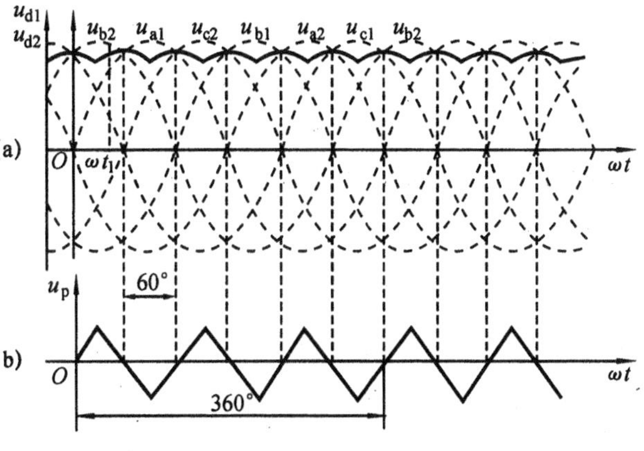

图 5-23　平衡电抗器作用下输出电压的波形和平衡电抗器上的电压的波形

虽然 u_{b2} 比 u_{a1} 电压高，导致 $u_{d2}>u_{d1}$，但由于 L_p 的平衡作用，晶闸管 T_6 和 T_1 都承受正向电压而同时导通。随着时间的推迟到 u_{b2} 和 u_{a1} 交点时，由于 $u_{b2}=u_{a1}$，两管继续导电，此时 $u_p=0$。之后 $u_{a1}>u_{b2}$，则流经 u_{b2} 相的电流减小，但 L_p 有阻止电流减小的作用，u_p 的极性则与图 5-24 相反，L_p 仍起平衡的作用，使 T_6 继续导通，直到 $u_{c2}>u_{b2}$，电流才从 T_6 换流到 T_2。此时变成 T_1 与 T_2 同时导电。每隔 60°有一个晶闸管换相。每一组中的每一个晶闸管仍按三相半波的导电规律，轮流导电 120°，以平衡电抗器中点作为整流电压输出的负端，其输出的整流电压瞬时值为两组三相半波整流电压瞬时值的平均值，如图 5-23(a)所示。

当 $\alpha=0$ 时，将 u_{d1} 和 u_{d2} 用傅里叶级数展开为

$$u_{d1}=\frac{3\sqrt{6}U_2}{2\pi}\left[1+\frac{1}{4}\cos3\omega t-\frac{2}{35}\cos6\omega t+\frac{1}{40}\cos9\omega t-\cdots\right] \tag{5-77}$$

$$\begin{aligned}u_{d2}&=\frac{3\sqrt{6}U_2}{2\pi}\left[1+\frac{1}{4}\cos 3(\omega t-60^\circ)-\frac{2}{35}\cos(6\omega t-60^\circ)+\frac{1}{40}\cos(9\omega t-60^\circ)-\cdots\right]\\&=\frac{3\sqrt{6}U_2}{2\pi}\left[1-\frac{1}{4}\cos3\omega t-\frac{2}{35}\cos 6\omega t-\frac{1}{40}\cos 9\omega t-\cdots\right]\end{aligned} \tag{5-78}$$

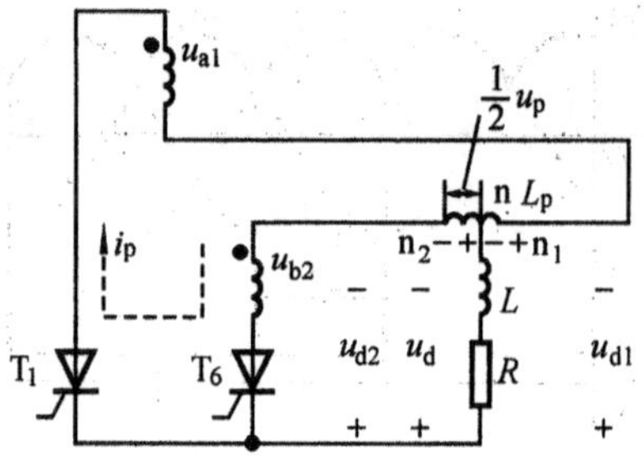

图 5-24 平衡电抗器作用下两个晶闸管同时导电及环流的作用

则
$$u_p=u_{d2}-u_{d1}=\frac{3\sqrt{6}U_2}{2\pi}\left[-\frac{1}{2}\cos3\omega t-\frac{1}{20}\cos 9\omega t-\cdots\right] \tag{5-79}$$

$$u_d=\frac{3\sqrt{6}U_2}{2\pi}\left[1-\frac{2}{35}\cos 6\omega t-\cdots\right] \tag{5-80}$$

负载电压 u_d 中的谐波分量比直流分量小得多，而且最低次谐波是六次谐波，其直流分量就是该式中的常数项，即为直流平均电压

$$u_{d0}=\frac{3\sqrt{6}U_2}{2\pi}=1.17U_2 \tag{5-81}$$

电压 u_p 的波形如图 5-23(b)所示，其峰值电压为

$$U_{pmax}=\sqrt{2}U_2-\sqrt{2}U_2\sin 30^\circ=\frac{\sqrt{2}}{2}U_2 \tag{5-82}$$

因为最大的环流为 $I_d/2$，而环流实际上就是平衡电抗器的励磁电流，因此平衡电抗器的电感量也可由规定的最小负载电流 I_{dmin} 估算出。

$$X_p=3\omega L_p=\frac{U_{pmax}}{I_{dmin}/2}=\frac{\sqrt{2}U_2}{I_{dmin}} \tag{5-83}$$

$$L_p=\frac{\sqrt{2}U_2}{3\omega I_{dmin}} \tag{5-84}$$

双反星形整流电路是两组三相半波电路的并联，所以整流电压的平均值就等于一组三相半波整流电路的整流电压平均值，在不同的控制角 α 时，有

$$U_d = 1.17U_2\cos\alpha \tag{5-85}$$

双反星形整流电路中，由于每组三相半波整流电流是负载电流的50%，因此晶闸管的选择和变压器副边绕组额定容量的确定只要按$I_d/2$计算即可。流过晶闸管和变压器副边绕组的电流相同，在电感性负载时都是方波，其有效值为

$$I_T = I_2 = \sqrt{\frac{1}{2\pi}\left(\frac{1}{2}I_d\right)^2 \times \frac{2\pi}{3}} = \frac{1}{2\sqrt{3}}I_d = 0.289I_d \tag{5-86}$$

晶闸管承受的最大正反向电压的计算与三相半波相同。变压器流过的电流，其副边绕组与三相半波相同，原边绕组与三相桥式相同。

带平衡电抗器的双反星形整流电路有以下特点。

(1)两组三相半波电路双反星形并联工作，得到的整流电压波形与六相整流的波形相同，整流电压的脉动情况比三相半波时小得多。

(2)同时有两相导电，变压器磁路平衡，不存在直流磁化问题。

(3)与六相半波电路相比，变压器副边绕组的利用率提高了一倍，所以变压器的设备容量比六相半波整流时小。

(4)每一整流器件承担负载电流的50%，整流器件流过电流的有效值，电感性负载时为$0.289I_d$，所以与其他整流电路相比，提高了整流器件承受负载的能力。

5.4 变压器漏感对相控整流电路的影响

在以前分析和计算相控整流电路时，都认为晶闸管为理想开关器件，其换流是瞬间完成的。实际上整流变压器总存在漏抗，晶闸管之间的换流不能瞬间完成，该漏抗可用一个集中的电感L_S表示，其值是折算到变压器副边的。由于电感要阻止电流的变化，电感中的电流不能突变，因此电流换相必然要经历一段时间，不能瞬时完成。如图5-25所示，为考虑变压器漏抗时，整流电路电压、电流波形。下面以三相半波为例说明变压器漏抗对整流电路的影响。虽然是三相半波电路，但得出的结论可以推广到单相半波、单相桥式、三相桥式等整流电路。

负载电流从A相换相到B相时，A相电流从I_d逐渐减小到零，而B相电流是从零逐步增大到I_d，这个过程称为换相过程。换相过程所对应的时间用电角度表示，叫换相重叠角，用γ表示。在换相过程中，A、B相的两个晶闸管都导通，相当于两相短路，两相间的电压差为u_b-u_a，它在两相漏抗回路中产生一环流i_k，如图5-25(a)所示。由于有电感L_S的存在，$i_k=i_b$是逐渐增大的，而A相电流$i_a=I_d-i_k$是逐渐减小的。当环流i_k增大到I_d时，i_a等于零而A相晶闸管阻断，这时$i_b=I_d$，完成了换相过程。

当B相晶闸管刚开始导通并处于换相过程时，负载上整流电压的瞬时值为

$$u_d = u_a + L_S\frac{di_k}{dt} = u_b - L_S\frac{di_k}{dt} = \frac{u_a+u_b}{2} \tag{5-87}$$

$$u_b - u_a = 2L_S\frac{di_k}{dt} \tag{5-88}$$

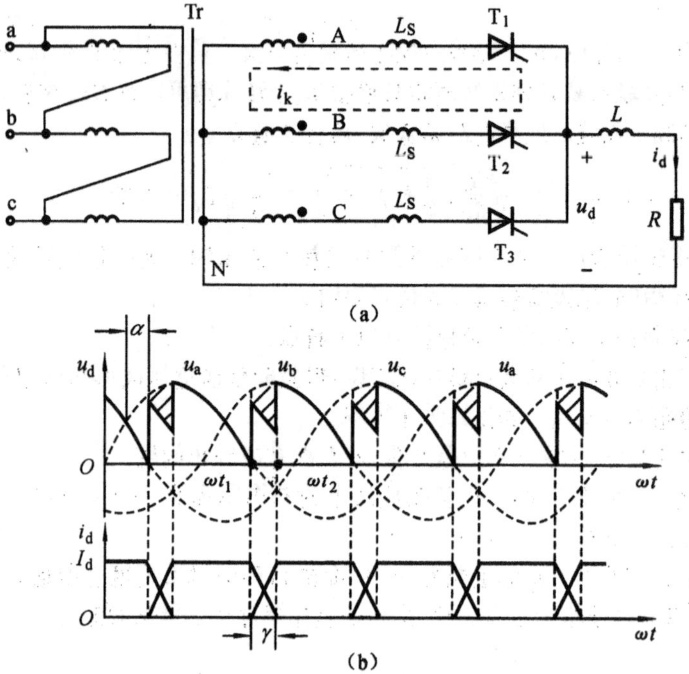

图 5-25　变压器漏抗对可控整流电路的电压、电流波形的影响

在换相过程中，整流电压是换相的两相电压的平均值，波形如图 5-25(b)所示。与不考虑变压器漏抗相比，波形少了一块如图 5-25(b)所示的阴影部分，这样使得输出的整流电压降低了。这块面积是由负载电流 I_d 的换相过程引起的，因此这块面积的平均值也就是 I_d 引起的压降，称为换相压降，其值等于阴影面积除以一个晶闸管的导通时间。每次换相都会产生换相压降。一般地，输出有 m 个脉波时，换相压降可表示为

$$\begin{aligned}\Delta U_S &= \frac{1}{2\pi/m}\int_{\alpha}^{\alpha+\gamma}(u_b - u_d)\mathrm{d}\omega t = \frac{m}{2\pi}\int_{\alpha}^{\alpha+\gamma}\left[u_b - \left(u_b - L_S\frac{\mathrm{d}i_k}{\mathrm{d}t}\right)\right]\mathrm{d}\omega t \\ &= \frac{m}{2\pi}\int_{\alpha}^{\alpha+\gamma}L_S\frac{\mathrm{d}i_k}{\mathrm{d}t}\mathrm{d}\omega t = \frac{m}{2\pi}\int_{0}^{I_d}\omega L_S\mathrm{d}i_k \\ &= \frac{m}{2\pi}\omega L_S I_d = \frac{mX_S}{2\pi}I_d \end{aligned} \tag{5-89}$$

对于单相桥式电路，换相过程漏感电流从 I_d 变为 $-I_d$，即电流变化量为 $2I_d$，所以单相桥式整流电路和单相双半波整流电路比较 ΔU_S 大一倍，各种换相压降的计算公式如表 5-1 所示。

换相重叠角的计算，以自然换相点 $\alpha=0°$ 处作为坐标原点，以 m 相通式表示电压 u_a、u_b，有

$$u_a = \sqrt{2}U_2\cos\left(\omega t + \frac{\pi}{m}\right) \tag{5-90}$$

$$u_b = \sqrt{2}U_2\cos\left(\omega t - \frac{\pi}{m}\right) \tag{5-91}$$

$$u_b - u_a = 2\sqrt{2}U_2\sin(\pi/m)\sin\omega t = 2L_S\frac{\mathrm{d}i_k}{\mathrm{d}t} \tag{5-92}$$

$$\mathrm{d}i_k = \frac{1}{\omega L_S}\sqrt{2}U_2\sin(\pi/m)\sin\omega t\,\mathrm{d}\omega t \tag{5-93}$$

在换相过程中 i_k 从零增加到 I_d，则

$$\int_0^{I_d}\mathrm{d}i_k = \frac{\sqrt{2}U_2\sin(\pi/m)}{\omega L_S}\int_\alpha^{\alpha+\gamma}\sin\omega t\,\mathrm{d}\omega t \tag{5-94}$$

$$I_d = \frac{\sqrt{2}U_2\sin(\pi/m)}{X_S}[\cos\alpha - \cos(\alpha+\gamma)] \tag{5-95}$$

移相得

$$\cos\alpha - \cos(\alpha+\gamma) = \frac{I_d X_S}{\sqrt{2}U_2\sin(\pi/m)} \tag{5-96}$$

这是对于 m 脉波数换相重叠角计算公式，对于各种整流电路中换相重叠角的计算如表 5-1 所示。

表 5-1 相控整流电路换相压降和换相重叠角的计算(U_2 为相电压有效值)

电路	m 脉波整流电路	单相桥式 $m=2$	两相半波 $m=2$	三相半波 $m=3$	三相全桥 $m=6$
换相压降 ΔU_S	$\frac{m}{2\pi}\omega L_S I_d$	$\frac{2}{\pi}\omega L_S I_d$	$\frac{1}{\pi}\omega L_S I_d$	$\frac{3}{2\pi}\omega L_S I_d$	$\frac{3}{\pi}\omega L_S I_d$
$\cos\alpha-\cos(\alpha+\gamma)$	$\frac{2\omega L_S I_d}{\sqrt{2}U_2\sin(\pi/m)}$	$\frac{\sqrt{2}\omega L_S I_d}{U_2}$	$\frac{\omega L_S I_d}{\sqrt{2}U_2}$	$\frac{2\omega L_S I_d}{\sqrt{6}U_2}$	$\frac{2\omega L_S I_d}{\sqrt{6}U_2}$

变压器的漏抗能够限制其短路电流，并使电流的变化比较缓和。但是漏抗引起重叠角，在换相期间产生相间短路，致使相电压波形出现一些很深的缺口，造成电网波形畸变，情况严重时必须加滤波装置。另外，漏抗使整流装置的功率因数变小，电压脉动系数增加，输出电压的调整率降低。

5.5 整流电路的谐波分析

整流输出的脉动直流电压都是周期性的非正弦函数，它可用傅里叶级数的形式分解成各次正弦函数。一般负载电路是线性的，可应用叠加原理。这种谐波分析的方法对分析整流电路很重要。负载电压可看成各次谐波电压的合成，对应各次谐波电压，产生各次谐波电流，负载电流便是各次谐波电流的合成。

5.5.1 m 相整流电路的一般分析

当 $\alpha=0°$时，设 m 相半波整流电路的整流电压如图 5-26 所示。在 $-\pi/m\sim\pi/m$ 区间整流电压的表达式为

$$u_{d0} = \sqrt{2}U_2 \cos \omega t \tag{5-97}$$

则全部整流电压可分解为

$$u_{d0} = U_{d0} + \sum_{n=mk}^{\infty} a_n \sin n\omega t + \sum_{n=mk}^{\infty} b_n \cos n\omega t \tag{5-98}$$

由于电压对纵轴对称，则 $a_n=0$，式(5-98)可化简为

$$u_{d0} = U_{d0} + \sum_{n=mk}^{\infty} b_n \cos n\omega t \tag{5-99}$$

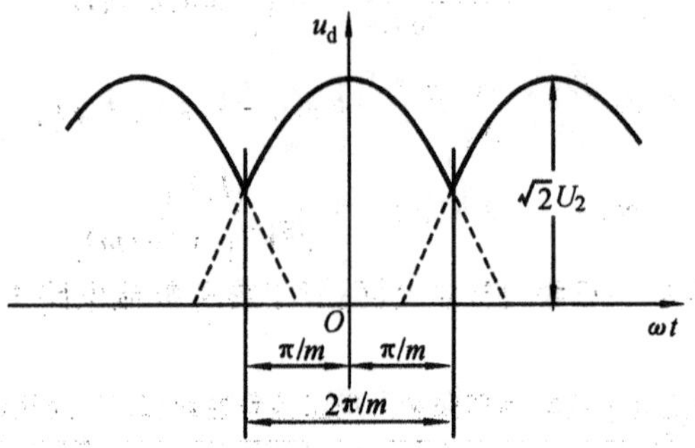

图 5-26 *m* 相整流电路的整流电压波形

又因 U_{d0} 以 $2\pi/m$ 为周期，则有

$$\cos n\omega t = \cos n(\omega t + 2\pi/m) = \cos(n\omega t + 2n\pi/m) \tag{5-100}$$

因此，n 为 m 的整数倍，则

$$b_n = \frac{1}{\pi/m}\int_{-\pi/m}^{\pi/m} \sqrt{2}U_2 \cos\omega t \cos n\omega t \, d\omega t = \frac{-2m\sqrt{2}U_2}{\pi} \frac{\cos k\pi \sin(\pi/m)}{n^2-1} \tag{5-101}$$

式中，$k=1,2,3\cdots$。

整流电压的平均值是傅里叶级数的常数项，其值为

$$U_{d0} = \frac{1}{2\pi/m}\int_{-\pi/m}^{\pi/m} \sqrt{2}U_2 \cos\omega t \, d\omega t = \sqrt{2}U_2 \left(\frac{m}{\pi}\right) \sin\left(\frac{\pi}{m}\right) \tag{5-102}$$

可得 $\alpha = 0°$ 时整流电压可分解为

$$u_{d0} = U_{d0}\left(1 - \sum_{n=mk}^{\infty} \frac{2\cos k\pi}{n^2-1} \cos n\omega t\right) \tag{5-103}$$

单相双半波、单相桥式整流电路 $m=2$，代入式(5-103)可得

$$u_{d0} = \sqrt{2}U_2 \frac{2}{\pi} \sin\frac{\pi}{2}\left(1 + \frac{2}{1\times 3}\cos 2\omega t - \frac{2}{3\times 5}\cos 4\omega t + \frac{2}{5\times 7}\cos 6\omega t - \cdots\right) \tag{5-104}$$

三相半波整流电路 $m=3$ 代入式(5-103)可得

$$u_{d0} = \sqrt{2}U_2 \frac{3}{\pi} \sin\frac{\pi}{3}\left(1 + \frac{2\cos 3\omega t}{2\times 4} - \frac{2\cos 6\omega t}{5\times 7} + \frac{2\cos 9\omega t}{8\times 10} - \cdots\right) \tag{5-105}$$

三相桥式整流电路，等效于相电压为 U_{2L} 的六相半波电路，$m=6$，代入式(5-103)可得

$$u_{d0}=\sqrt{2}U_{2L}\frac{6}{\pi}\sin\frac{\pi}{6}\left(1+\frac{2\cos6\omega t}{5\times7}-\frac{2\cos12\omega t}{11\times13}+\frac{2\cos18\omega t}{17\times19}-\cdots\right)\tag{5-106}$$

由式(5-104)、(5-105)、(5-106)可知，随着相数 m 的增加谐波中最低次谐波的频率随之增加，同时其幅值迅速减小。

整流电压的有效值为

$$U=\sqrt{\frac{m}{2\pi}\int_{-\pi/m}^{\pi/m}(\sqrt{2}U_2\sin\omega t)^2\mathrm{d}\omega t}=U_2\sqrt{1+\frac{\sin(2\pi/m)}{2\pi/m}}\tag{5-107}$$

第 n 次谐波的电压有效值为

$$U_n=\frac{1}{\sqrt{2}}(a_n^2+b_n^2)^{1/2}\tag{5-108}$$

整流电压有效值为

$$U=\left(U_{d0}^2+\sum U_n^2\right)^{1/2}\tag{5-109}$$

谐波电压有效值为

$$U_H=\left(\sum U_n^2\right)^{1/2}=(U^2-U_{d0}^2)^{1/2}\tag{5-110}$$

电压纹波系数 γ_u 为

$$\gamma_u=\frac{U_H}{U_{d0}}=\frac{[1/2+m/(4\pi)\sin(2\pi/m)-m^2/\pi^2\sin^2(\pi/m)]^{1/2}}{m/\pi\sin(\pi/m)}\tag{5-111}$$

各种整流电路的电压纹波系数如表 5-2 所示。

表 5-2 相控整流电路电压纹波系数

m	2	3	6	12	∞
γ_u(%)	48.2	18.27	4.18	0.994	0

由表 5-2 中可以看出相数越多，输出直流电压的交流分量就越小。

当 $\alpha>0°$时，傅里叶级数中的常数项即整流电压平均值为

$$U_{d\alpha}=\frac{1}{2\pi/m}\int_{-\pi/m+\alpha}^{\pi/m+\alpha}\sqrt{2}U_2\cos\omega t\,\mathrm{d}\omega t=\sqrt{2}U_2\left(\frac{m}{\pi}\right)\sin\left(\frac{\pi}{m}\right)\cos\alpha\tag{5-112}$$

a_n、b_n 系数可简化为

$$a_n=U_{d0}\cos k\pi\left[\frac{\sin(km+1)\alpha}{km+1}-\frac{\sin(km-1)\alpha}{km-1}\right]\tag{5-113}$$

$$b_n=U_{d0}\cos k\pi\left[\frac{\cos(km+1)\alpha}{km+1}-\frac{\cos(km-1)\alpha}{km-1}\right]\tag{5-114}$$

式中，$k=1,2,3,\cdots$；$n=km$。

5.5.2 单相和三相桥式可控整流电路的谐波分析

1. 单相桥式可控整流电路谐波分析

将 $m=2$ 代入 m 脉波通用公式得单相桥式可控整流电路的输出电压平均值为

$$u_d=\frac{2\sqrt{2}}{\pi}U_2\cos\alpha\tag{5-115}$$

$$a_n = \frac{2\sqrt{2}U_2}{\pi}\cos k\pi\left[\frac{\sin(2k+1)\alpha}{2k+1} - \frac{\sin(2k-1)\alpha}{2k-1}\right] \tag{5-116}$$

$$b_n = \frac{2\sqrt{2}U_2}{\pi}\cos k\pi\left[\frac{\cos(2k+1)\alpha}{2k+1} - \frac{\cos(2k-1)\alpha}{2k-1}\right] \tag{5-117}$$

$2k$ 次谐波($n=2,4,6$)的电压幅值为

$$U_{nm} = \sqrt{a_n^2 + b_n^2} \tag{5-118}$$

$2k$ 次谐波($n=2,4,6$)的电压幅值与交流电压幅值的比值为

$$\frac{U_{nm}}{\sqrt{2}U_2} = \frac{\sqrt{a_n^2 + b_n^2}}{\sqrt{2}U_2} \tag{5-119}$$

$2k$ 次谐波($n=2,4,6$)的相位角为

$$\theta_n = \arctan\frac{a_n}{b_n} \tag{5-120}$$

$n=2,4,6$ 时的 $U_{nm}/(\sqrt{2}U_2)$ 与控制角 α 的关系曲线如图 5-27 所示，很显然，$\alpha=90°$时谐波幅值最大，因此实际应用中按 $\alpha=90°$选用平波电抗器。

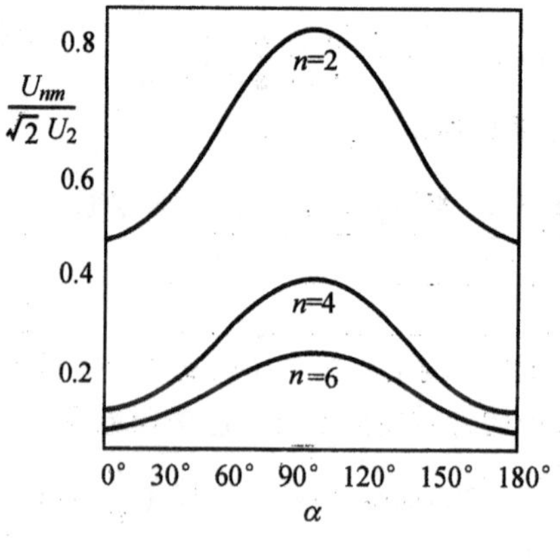

图 5-27 单相桥式可控整流电路电压的谐波特性

$m=2$ 时，单相桥式可控整流电路的负载电压有效值 $U=U_2$，则谐波电压有效值为

$$U_H = \sqrt{U^2 - U_d^2} = U_2\sqrt{1 - \frac{8\cos^2\alpha}{\pi^2}} \tag{5-121}$$

因此，电压纹波系数为

$$\gamma_u = \frac{U_H}{U_d} = \sqrt{\left(\frac{\pi}{2\sqrt{2}\cos\alpha}\right)^2 - 1} \tag{5-122}$$

2. 三相桥式可控整流电路谐波分析

将 $m=6$ 代入 m 脉波通用公式得三相桥式可控整流电路的输出电压平均值为

$$u_d = \frac{3\sqrt{2}}{\pi}U_{2L}\cos\alpha \tag{5-123}$$

$$a_n = \frac{3\sqrt{2}U_{2L}}{\pi}\cos k\pi\left[\frac{\sin(6k+1)\alpha}{6k+1} - \frac{\sin(6k-1)\alpha}{6k-1}\right] \tag{5-124}$$

$$b_n = \frac{3\sqrt{2}U_{2L}}{\pi}\cos k\pi\left[\frac{\cos(6k+1)\alpha}{6k+1} - \frac{\cos(6k-1)\alpha}{6k-1}\right] \tag{5-125}$$

式中，U_{2L}为线电压有效值。

6k 次谐波(n=6，12，18)的电压幅值为

$$U_{nm} = \sqrt{a_n^2 + b_n^2} \tag{5-126}$$

6k 次谐波(n=6，12，18)的电压幅值与交流电压幅值的比值为

$$\frac{U_{nm}}{\sqrt{2}U_2} = \frac{\sqrt{a_n^2 + b_n^2}}{\sqrt{2}U_2} \tag{5-127}$$

6k 次谐波(n=6，12，18)的相位角为

$$\theta_n = \arctan\frac{a_n}{b_n} \tag{5-128}$$

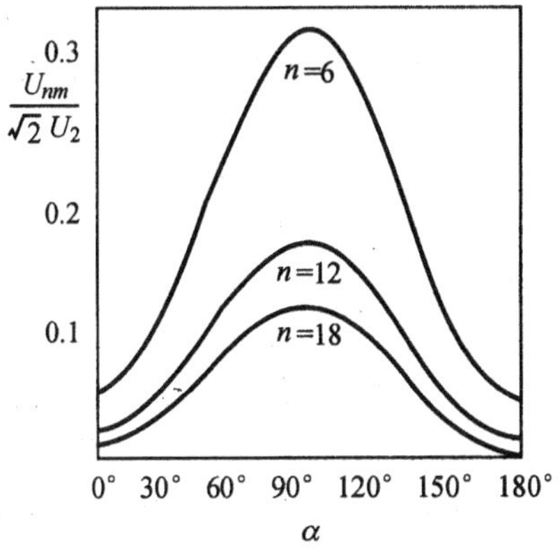

图 5-28 三相桥式可控整流电路电压的谐波特性

n=6，12，18 时 $U_{nm}/(\sqrt{2}U_2)$与控制角 α 的关系曲线如图 5-28 所示。同样，α=90°时谐波幅值最大，因此实际应用中应按 α=90°选用平波电抗器。

m=6 时，三相桥式可控整流电路负载电压有效值为

$$U = \sqrt{\frac{3}{\pi}\int_{\pi/3+\alpha}^{2\pi/3+\alpha}(\sqrt{2}U_{2L}\sin\omega t)^2\,\mathrm{d}\omega t} = \sqrt{2}U_{2L}\sqrt{\frac{1}{2} + \frac{3\sqrt{3}}{4\pi}\cos 2\alpha} \tag{5-129}$$

则谐波电压有效值为

$$U_H = \sqrt{U^2 - U_d^2} \tag{5-130}$$

因此，电压纹波系数为

$$\gamma_u = \frac{U_H}{U_d} = \frac{\sqrt{U^2 - U_d^2}}{U_d} \tag{5-131}$$

各次谐波电压产生相应频率的谐波电流，为了保持电流连续，减小电流脉动程度，通常在整流电路输出的电流回路中串接平波电抗器，使负载中交流谐波电流值限制在一定范围内，并确保负载电流连续。分析、计算谐波电压可以评价整流器的特性，用于设计计算平波电感。

5.6 相控整流电路的有源逆变工作状态

把直流电能变为交流电能输出给交流电网，称为有源逆变，完成有源逆变的装置称为有源逆变器。

5.6.1 有源逆变的工作原理

下面以单相全波整流电路给直流电动机供电为例说明有源逆变的工作原理。

1. 全波整流电路的整流工作状态

当控制角 α 在 0°～90°范围内变化时，单相全波整流电路直流侧输出电压 $U_d>0$，如图 5-29 所示，M 为电动机。整流器输出功率，电动机吸收功率，此时电动机处于电动工作状态，电流值为

$$I_d = \frac{U_d - E}{R} \tag{5-132}$$

式中，E 为电动机反电动势，R 为电动机电枢回路电阻。

因为电枢回路电阻 R 很小，其两端电压也很小，因此，$U_d \approx E$，此时电流从电动机反电动势 E 的正端输入，直流电动机吸收功率。如果在电动机运行过程中使控制角 α 减小，则 U_d 增大，I_d 瞬时值也随之增大，电动机电磁转矩增大，所以电动机转速提高。随着转速提高，E 增大，I_d 随之减小，最后恢复到原来的数值，此时电动机稳定运行在较高的转速上。反之，如果使控制角 α 增大，电动机转速减小。所以，改变晶闸管的控制角可以方便地对电动机进行无极调速。

2. 全波整流电路的逆变工作状态

在实际应用中，电动机除了正转外，有时在外力的作用下，还会发生反转。电动机反转时，其电动势 E 极性改变，如图 5-30 所示。为了防止两电动势顺向串联形成短路，则要求 U_d 的极性也必须反过来，因此整流电路的控制角 α 必须在 90°～180°范围内变化。此时电流 I_d 为

$$I_d = \frac{|E| - |U_d|}{R} \tag{5-133}$$

由于晶闸管的单向导电性，I_d 方向仍然保持不变。当反电动势大于平均电压 U_d 时，电流 I_d 从反电动势的正极性端流出，电动机处于发电状态，输出直流功率；电流从 U_d 正极

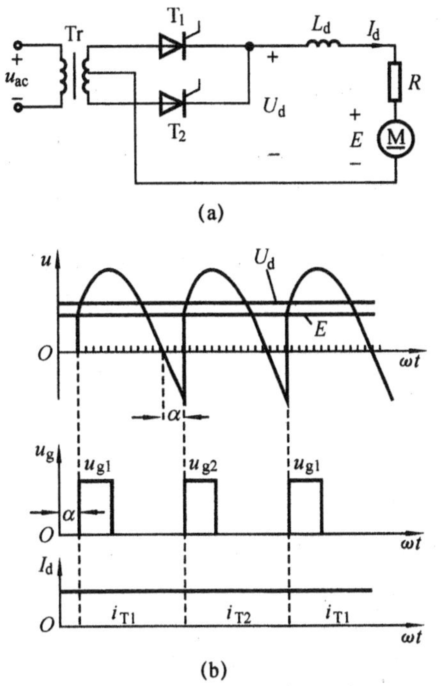

图 5-29　单相全波整流电路整流工作状态

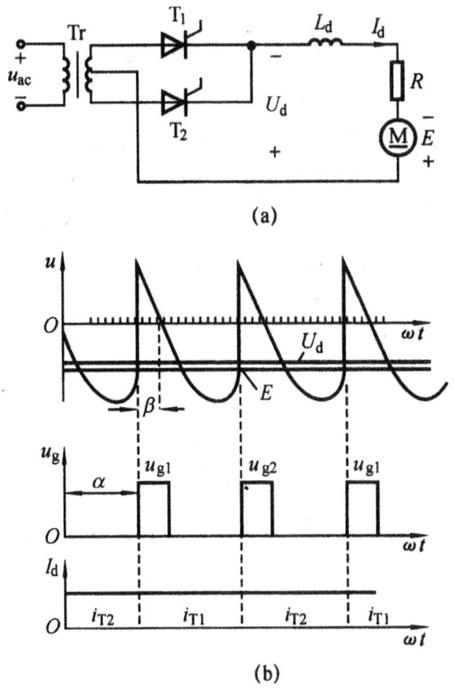

图 5-30　单相全波整流电路逆变工作状态

性端流入，整流电路吸收直流功率，把它逆变为 50 Hz 的交流电返送电网，这就是有源逆变工作状态。

逆变时，电流 I_d 的大小取决于 E 和 U_d，而 E 由电动机的转速决定，可以调节控制角 α 改变 U_d 大小。为了防止过流，应满足 $U_d \approx E$ 的关系。

在逆变工作状态下，虽然控制角 α 在 90°～180°范围内变化，晶闸管的阳极电位大部分处于交流电压的负半周，但由于有外接直流电动势 E 的存在，晶闸管仍然承受正向压降导通。

由此可知，在一定的条件下，同一套晶闸管电路既可以工作在整流状态，又可以工作在逆变状态，这种电路称为变流器。

综上所述，可以归纳出有源逆变的条件如下。

(1) 要有直流电动势源，其极性必须与晶闸管的导通方向一致，其值应稍大于变流器直流侧的平均电压。

(2) 变流器直流侧电压平均值必须小于零，即 $U_d<0$，为此控制角 α 应大于 90°。

由于半控桥式或有续流二极管的整流电路不能输出负值电压，因而不允许直流侧出现负极性的电动势，所以不能实现有源逆变。

5.6.2 三相半波有源逆变电路

图 5-31 所示的为三相半波变流器带电动机负载的电路，并假设负载电流连续。当控制角 α 在 90°～180°范围内变化时，变流器输出电压的瞬时值虽然在一个周期内有正有负，但负的面积总是大于正的面积，因此输出电压的平均值 U_d 为负值。电动势 E_M 极性与晶闸管导通方向一致，当 α 在 90°～180°范围内变化且 $E_M > U_d$，可以实现有源逆变。

图 5-31(b)画出了 $\alpha=150°$ 时，逆变电路的输出电压和电流波形。i_d 从 E_M 的正极流出，电动机输出电能，处于发电制动状态；i_d 从 U_d 的正极性端流入，变流器吸收电能，将电能回送电网，实现有源逆变。

逆变器逆变工作时，直流侧电压计算公式和整流时一样。当电流连续时，有

$$U_d = 1.17U_2\cos\alpha \tag{5-134}$$

逆变时 $\alpha > 90°$，计算不方便，于是引入逆变角 β，令 $\alpha = \pi - \beta$，则

$$U_d = -1.17U_2\cos\beta \tag{5-135}$$

逆变角为 β 的触发脉冲位置由 $\alpha = \pi$ 的时刻左移 β 角来确定。

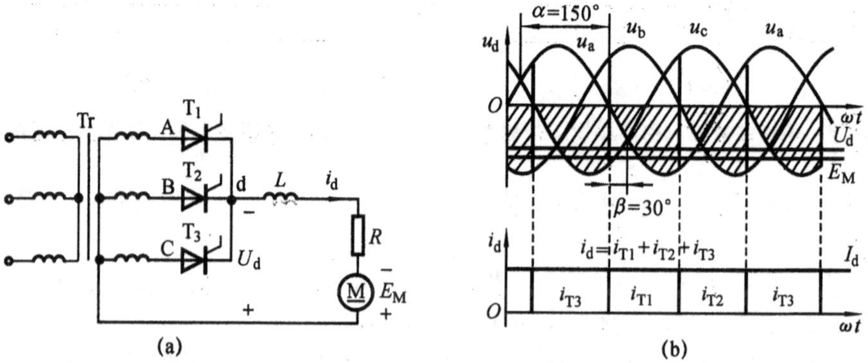

图 5-31 三相半波有源逆变电路及其波形

5.6.3 三相桥式有源逆变电路

三相桥式整流电路作有源逆变时，就成为三相桥式逆变电路，其工作与三相桥式整流电路一样，要求每隔 60°依次触发晶闸管，电流连续时，每个晶闸管导通 120°，逆变电路输出电压波形如图 5-32 所示。

直流侧电压计算公式和整流时一样。当电流连续时，有

$$U_d = 2.34U_2\cos\alpha = -2.34U_2\cos\beta \tag{5-136}$$

或

$$U_d = 1.35U_{2L}\cos\alpha = -1.35U_{2L}\cos\beta \tag{5-137}$$

式中，U_2 为相电压有效值，U_{2L} 为线电压有效值。

输出直流电流的平均值可用整流公式，即

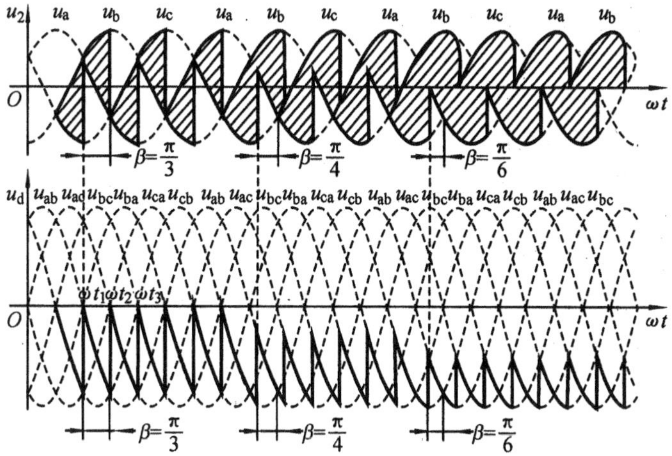

图 5-32 三相桥式有源逆变电路的电压波形

$$I_d = \frac{U_d - E_M}{R} \tag{5-138}$$

式中，U_d 和 E_M 均为负值。输出电流有效值为

$$I = [I_d^2 + I_R^2]^{1/2} \tag{5-139}$$

$$I_R = \left[\sum I_n^2\right]^{1/2} \tag{5-140}$$

流过晶闸管电流的有效值为

$$I_T = \frac{I}{\sqrt{3}} = 0.577I \tag{5-141}$$

从交流侧送到直流侧负载的有功功率为

$$P_d = RI^2 + E_M I_d \tag{5-142}$$

变压器副边线电流有效值为

$$I_2 = \sqrt{2}I_T = \sqrt{\frac{2}{3}}I = 0.816I \tag{5-143}$$

三相电源视在功率为

$$S = \sqrt{3}U_{2L}I_2 = \sqrt{2}U_{2L}I \tag{5-144}$$

逆变器功率因数为

$$PF = \frac{P_d}{S} \tag{5-145}$$

5.6.4 逆变失败与最小逆变角的限制

1. 逆变失败及其成因

逆变运行时，一旦发生换相失败，外接的直流电源就会通过晶闸管电路形成短路，或者使变流器输出的平均电压和直流电动势变成顺向串联，由于逆变电路内阻很小，形成极

大的短路电流，这种情况称为逆变失败或逆变颠覆。

造成逆变失败的原因很多，主要如下。

(1)触发电路工作不可靠，不能适时、准确地分配脉冲，会出现脉冲丢失、脉冲延迟等现象导致晶闸管不能正常换相，使交流电压和直流电动势顺向串联，形成短路。

(2)晶闸管发生故障，在应该阻断期间，器件失去阻断能力，或应导通时刻不能导通，造成逆变失败。

(3)在逆变工作时，交流电源发生缺相或突然消失，由于直流电动势的存在，晶闸管仍可导通，此时变流器交流侧由于失去了同直流电动势极性相反的交流电压，因此直流电动势将经晶闸管电路而短路。

(4)换相裕量角不足，引起换相失败，应考虑变压器漏抗引起的换相重叠角对逆变电路换相的影响。

2. 最小逆变角的限制

由于变压器漏抗的影响，电流换流不能瞬间完成，从而引起换相重叠角 γ，如图 5-33 所示。如果逆变角 β 太小，即 $\beta<\gamma$ 时，从图中可知，换流还未结束，已经到达 u_a 和 u_b 的交点，之后将 u_a 高于 u_b，晶闸管 T_2 承受反向电压而重新截止，而应截止的 T_1 却承受正向电压继续导通，从而造成逆变失败。因此，为了防止逆变失败，逆变角 β 不能太小，必须限制在某一允许的最小角度内。最小逆变角 β_{min} 的选取要考虑以下因素。

(1)换相重叠角 γ，一般取 15°～25°电角度。

(2)晶闸管关断时间 t_q 所对应的电角度 δ，一般 t_q 大的可达 200～300 μs，折算电角度 δ 为 4°～5°。

(3)安全裕量角 θ。考虑脉冲调整时不对称、电网波动等因素影响，还必须留有一个安全裕量角，一般选取 θ 为 10°。

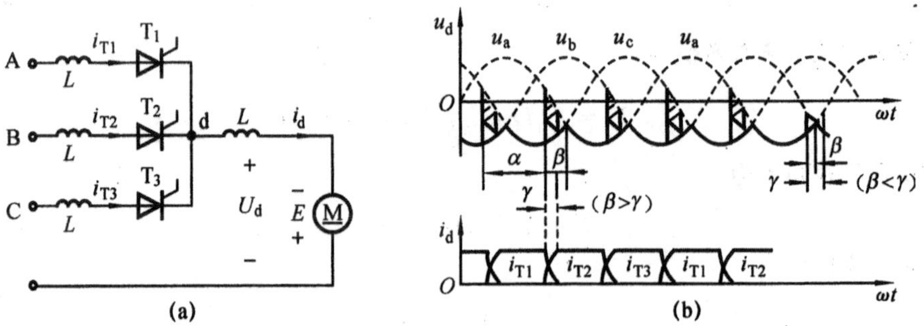

图 5-33　交流侧电抗对逆变换相过程的影响

综上所述，最小逆变角 β_{min} 为

$$\beta_{min} \geqslant \gamma + \delta + \theta \approx 30^\circ \sim 35^\circ \tag{5-146}$$

设计有源逆变电路时，必须保证 $\beta > \beta_{min}$，因此常在触发电路中附加一个保护环节，以

保证控制脉冲不进入 β_{min} 区域。

5.6.5 晶闸管—直流电动机系统工作原理

采用两组三相全控桥式变流器构成的晶闸管一直流电动机可逆电力拖动系统如图 5-34 所示，两组三相全控桥式变流器反向并联，对电动机供电，能够在四个象限运行。采用无环流控制方式，当一组晶闸管工作时，另一组晶闸管关断，这样在两组桥路之间就没有环流。

图 5-34 画出了电动机四个象限运行时两组桥的工作情况。

第一象限：电流 I_d 大于零，电动机电磁转矩与电流成正比，因此电动机电磁转矩大于零，转矩方向是驱动电动机正转；电动机正转，反电动势 E_M 与电动机转速成正比，极性如图 5-34 所示。1 组桥工作在整流状态，$\alpha<90°$，$U_{d\alpha}>E_M$，$U_{d\alpha}$ 极性如图 5-34 所示。电流从 $U_{d\alpha}$ 正极性端流出，故整流桥输出电能；电流从 E_M 正极性端流入，电动机吸收电能，处于正转电动状态。

第二象限：电流 I_d 小于零，2 组桥工作；转速大于零，电动机正转，E_M 极性不变，由电流方向可知，$U_{d\beta}<E_M$，电流从 E_M 正极性端流出，电动机输出电能，电磁转矩为负，电动机处于正转发电制动状态；2 组桥电流从 $U_{d\beta}$ 正极性端流入，吸收电能，处于逆变状态。

第三象限：电磁转矩小于零，电流 I_d 小于零，2 组桥工作；转速小于零，电动机反转，E_M 极性改变如图 5-34 所示，由电流方向可知，$U_{d\alpha}>E_M$，电流从 E_M 正极性端流入，电动机吸收电能，电动机处于反转电动状态；2 组桥电流从 $U_{d\alpha}$ 正极性端流出，输出电能，处于整流状态。

第四象限：电流 I_d 大于零，1 组桥工作；转速小于零，电动机反转，E_M 极性不变，由电流方向可知，$U_{d\beta}<E_M$，电流从 E_M 正极性端流出，电动机输出电能，电磁转矩为正，电机处于反转发电制动状态；1 组桥电流从 $U_{d\beta}$ 正极性端流入，吸收电能，处于逆变状态。

直流可逆拖动系统，除了能方便地正反转运行外，还能实现回馈制动，把电动机轴上的机械能变为电能回送电网。如图 5-34 所示，当电动机正转运行时，工作在第一象限，1 组桥工作在整流状态。如需反转运行，应先使电动机制动停转，要取得制动转矩，必须使其电流反向，因而需要切换到 2 组桥工作，并要求 2 组桥以逆变状态工作，保证 U_d 与 E_M 同极性相接，使得电动机的制动电流 $I_d=(E_M-U_d)/R$ 限制在允许范围内。此时电动机转速大于零，电流小于零，电动机工作于第二象限，处于正转发电制动状态。为了保持电动机在制动过程中有足够的制动转矩，一般应随着电动机转速的下降，不断调节 β，使其由小变大直到 $\beta=90°$，转速为零。这时如果继续增大 β，即使其 $\alpha<90°$，电动机开始反转，进入第三象限反转电动运行。以上就是电动机由正转到反转的过程。

晶闸管—直流电动机可逆电力拖动系统，在后续课程“电力拖动控制系统”中将有详细的介绍。

5.7 相控整流电路的晶闸管触发电路

晶闸管装置的正常工作，与门极触发电路正确、可靠地运行密切相关，门极触发电路

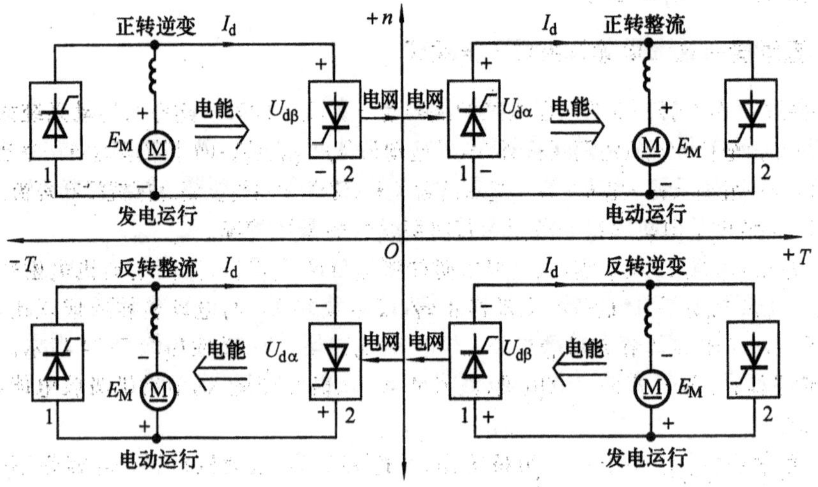

图 5-34　两组变流器反向并联的可逆电路

必须按主电路的要求设计。为了得到晶闸管装置的某些特性，往往通过门极触发电路实现各种要求的反馈控制。

对晶闸管变流装置主电路，门极触发电路的要求如下。

(1)触发脉冲应有足够的功率，触发脉冲的电压和电流应大于晶闸管要求的数值，并留有一定的裕量。

(2)触发脉冲的相位应能在规定的范围内移动。

(3)触发脉冲与晶闸管主电路电源必须同步，两者频率应该相同，而且要有固定的相位关系，使每一周期都能在同样的相位上触发。

(4)触发脉冲的波形要符合要求，例如对感性负载，脉冲的宽度要宽一些，一般应达到50 Hz 的 18°。对于多个晶闸管串、并联运行时，为改善平均电压和平均电流，脉冲的前沿陡度希望大于 1 A/μs。

5.7.1　同步信号为锯齿波的触发电路

同步信号为锯齿波的触发电路如图 5-35 所示。电路可为双窄脉冲，也可为单窄脉冲，适用于有两相晶闸管同时导通的电路，例如三相全控桥式整流电路。电路分为脉冲的形成与放大、锯齿波的形成与脉冲移相和同步三个基本环节。此外，电路还有强触发环节和双窄脉冲形成环节。

1. 脉冲的形成与放大环节

如图 5-35 所示，脉冲形成环节由晶体管 T_4、T_5 组成；放大环节由 T_7、T_8 组成。控制电压 u_{co} 加在 T_4 的基极上，电路的脉冲由脉冲变压器 T_P 副边输出，其原边接在 T_8 集电极电路中。

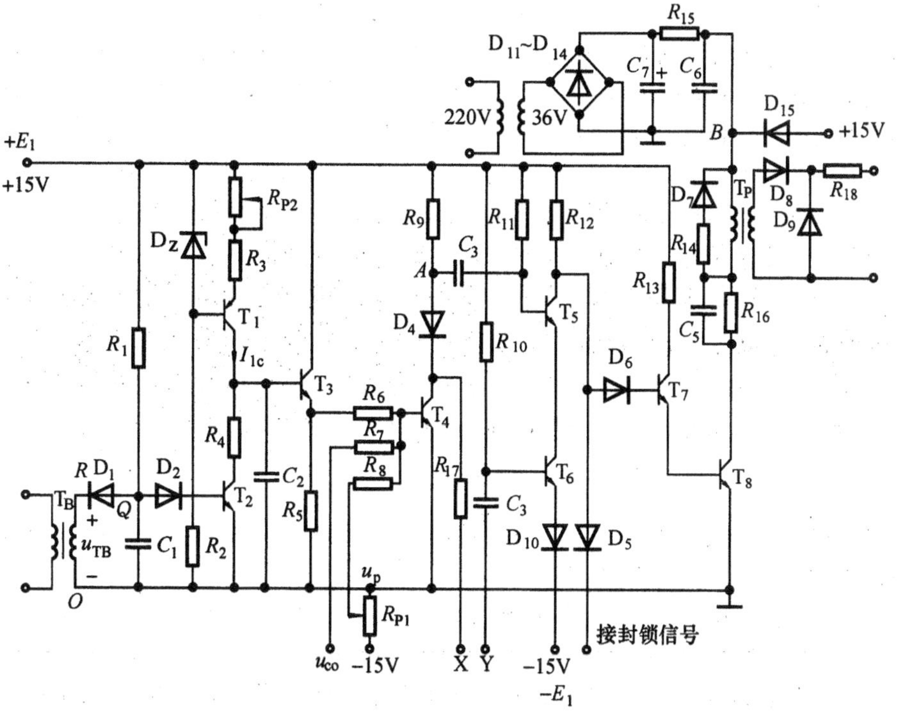

图 5-35 同步信号为锯齿波的触发电路

当控制电压 $u_{co}=0$ 时，T_4 截止。$+E_1$ 电源通过 R_{11} 供给 T_5 一个足够大的基极电流，使 T_5 饱和导通，所以 T_5 的集电极电压 u_{c5} 接近于 $-E_1$，T_7、T_8 处于截止状态，无脉冲输出。另外，$+E_1$ 电源经 R_9、T_5 发射结到 $-E_1$，对电容 C_3 充电，充满后电容两端电压接近 $2E_1$，极性如图 5-36 所示。

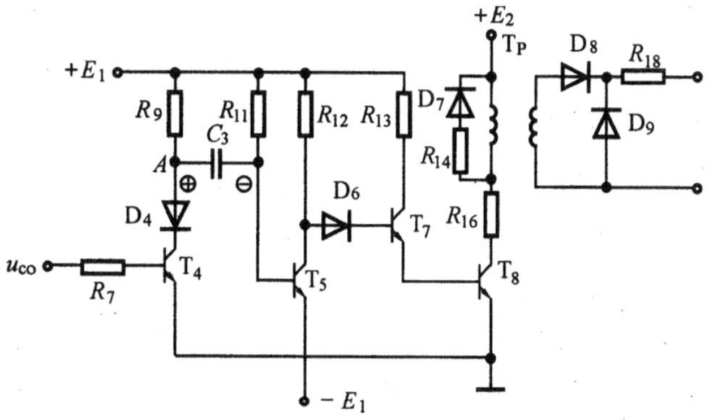

图 5-36 脉冲的形式与放大环节电路

当控制电压 $u_{co}=0.7$ V 时，T_4 导通，A 点电位由 $+E_1$ 迅速降低至 1.0 左右，由于电容 C_3 两端电压不能突变，所以 T_5 基极电位迅速降至约 $-2E_1$，由于 T_5 发射结反向偏置，T_5 立即截止。它的集电极电压由 $-E_1$ 迅速上升到 $+2.1$ V（D_6、T_7、T_8 三个 PN 结正向电压之和），于是 T_7、T_8 导通，输出触发脉冲。同时，电容 C_3 经电源 $+E_1$、R_{11}、D_4、T_4 放电和反向充电，使 T_5 基极电位又逐渐上升，直到 $u_{b5}>-E_1$，T_5 又重新导通。这时 u_{c5} 又立即降至 $-E_1$，使 T_7、T_8 截止，输出脉冲终止。可见，脉冲前沿由 T_4 导通时刻确定，T_5 或 T_6 截止持续时间即为脉冲宽度，所以脉冲宽度与反向充电回路时间常数 $R_{11}C_3$ 有关。

R_{13} 和 R_{16} 为 T_7、T_8 的限流电阻，防止由于 T_5 长时间截止致使 T_7、T_8 长时间过流而烧毁。

2. 锯齿波的形成与脉冲移相环节

锯齿波形成电路由 T_1、T_2、T_3 和 C_2 等元件组成，其中 T_1、D_z、R_{P2} 和 R_3 为一恒流源。当 T_2 截止时，恒流源电流 I_{1c} 对电容 C_2 充电，所以 C_2 两端电压 U_C 为

$$U_C=\frac{1}{C}\int I_{1c}\mathrm{d}t=\frac{1}{C}I_{1c}t \tag{5-147}$$

电压 U_C 线性增长，即 T_3 的基极电位线性增长。调节电位器 R_{P2}，即改变 C_2 的恒定充电电流 I_{1c}，因此 R_{P2} 是用来调节锯齿波斜率的。

当 T_2 导通时，由于 R_4 阻值很小，所以 C_2 迅速放电，使 T_3 基极电位 u_{b3} 迅速降到零附近。当 T_2 周期性地导通和关断时，u_{b3} 便形成锯齿波，同样 u_{e3} 也是一个锯齿波电压，如图 5-37 所示。射极跟随器 T_3 的作用是减小控制回路的电流对锯齿波电压 u_{b3} 的影响。

T_4 的基极电位由锯齿波电压 u_{e3}、直流控制电压 u_{co}、直流偏移电压 u_P 三个电压的叠加值所确定。

根据叠加原理，先分析 T_4 基极电压的波形。只考虑锯齿波电压 u_{e3} 时，有

$$u_{e31}=u_{e3}\frac{R_7//R_8}{R_6+R_7//R_8} \tag{5-148}$$

u_{e31} 仍为一锯齿波。

只考虑直流偏移电压 u_P 时，有

$$u_{P1}=u_P\frac{R_7//R_6}{R_8+R_7//R_6} \tag{5-149}$$

u_{P1} 仍然为一条与 u_P 平行的直线。

只考虑直流控制电压 u_{co} 时，有

$$u_{co1}=u_{co}\frac{R_8//R_6}{R_7+R_8/R_6} \tag{5-150}$$

u_{co1} 仍然为一条与 u_{co} 平行的直线。

T_4 的基极 b_4 的电位由 $u_{e31}+u_{P1}+u_{co1}$ 确定，当 b_4 极电压 u_{b4} 高于 0.7 V 时，T_4 导通。之后 u_{b4} 一直被箝制在 0.7 V，如图 5-37 所示。M 点是 T_4 由截止变为导通的转折点。因此当 u_P 为固定值时，改变 u_{co} 就可以改变 M 点的时间坐标，即改变了脉冲产生的时刻，脉冲移相，从而改变晶闸管电路整流电压的大小。可以看出，加 u_P 的目的是为了确定控制电压 $u_{co}=0$ 时的初始相位。

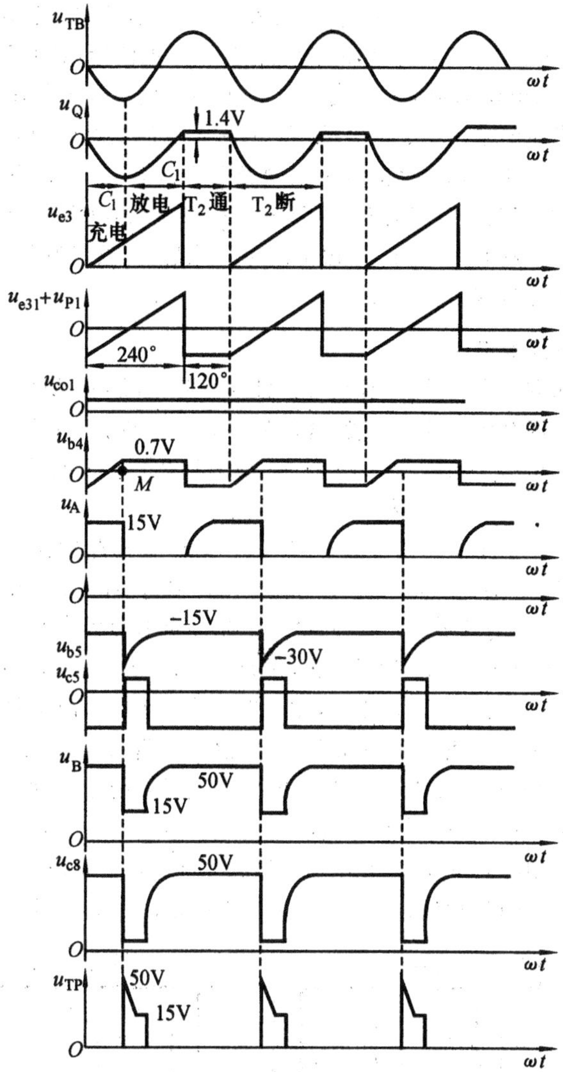

图 5-37 同步信号为锯齿波的触发电路波形

3. 同步环节

触发电路与主电路的同步是指要求锯齿波的频率与主回路电源的频率相同。锯齿波是由开关管 T_2 来控制的，T_2 由导通变截止期间产生锯齿波，T_2 截止持续时间就是锯齿波的宽度，T_2 开关的频率就是锯齿波的频率。同步环节由同步变压器 T_B 和同步开关晶体管 T_2 组成。

同步变压器副边电压 u_{TB} 经二极管 D_1 间接加在 T_2 的基极上。当副边电压波形在负半周的下降段时，D_1 导通，电容 C_1 被迅速充电。因 O 点接地为零电位，R 点为负电位，Q

点电位与R点相近，因而在这一阶段T_2基极为反向偏置，T_2截止；在负半周的上升段，$+E_1$电源通过R_1给电容C_1反向充电，u_Q为电容反向充电波形，其上升速度比u_{T_B}波形慢，因此D_1截止。当Q点电位达到1.4 V时，T_2导通，Q点电位被箝制在1.4 V。直到T_B副边电压的下一个负半周到来，D_1重新导通，C_1迅速放电后又被充电，T_2截止。如此周而复始。在一个正弦波周期内，T_2包括截止与导通两个状态，对应锯齿波形恰好是一个周期，与主回路电源频率完全一致，达到同步目的。可以看出，Q点电位从同步电压负半走上升段开始到达1.4 V的时间越长，T_2截止的时间就越长，锯齿波就越宽。因此，锯齿波的宽度是由充电时间常数R_1C_1决定的。

4. 双窄脉冲的形成环节

产生双窄脉冲的方法有两种：一种是每个触发电路在每个周期内只产生一个脉冲，脉冲输出电路同时触发两个桥臂的晶闸管，这称为外双窄脉冲触发；另一种是每个触发电路在一个周期内连续发出两个相隔60°的窄脉冲，脉冲输出电路只触发一个晶闸管，这称为内双脉冲触发。图5-35所示的是内双脉冲电路。

T_5、T_6构成或门。当T_5、T_6都导通时，T_7、T_8截止，没有脉冲输出。只要T_5、T_6有一个截止，都会使T_7、T_8导通，有脉冲输出。所以，只要用适当的信号来控制T_5或T_6的截止，就可以产生符合要求的双脉冲。其中，第一个脉冲由本相触发单元的u_{co}对应的控制角α产生，使T_4由截止变为导通，T_5瞬时截止，于是T_8输出脉冲。相隔60°的第二个脉冲是由滞后60°相位的后一相触发单元产生的，在其生成第一个脉冲时刻将其信号引致本相触发单元的基极，使T_6瞬时截止，于是本相触发单元的T_8管又导通，第二次输出一个脉冲，因而得到间隔60°的双脉冲。其中，D_4和R_{17}的作用主要是防止双脉冲信号互相干扰。在三相全控桥式整流电路中，晶闸管的导通次序为$T_1 \rightarrow T_2 \rightarrow T_3 \rightarrow T_4 \rightarrow T_5 \rightarrow T_6$，彼此间隔60°。本相触发电路输出脉冲时X端发出信号给相邻前相触发电路Y端，使前相触发电路补发一个脉冲，其触发电路中双脉冲环节的接线方式如图5-38所示。

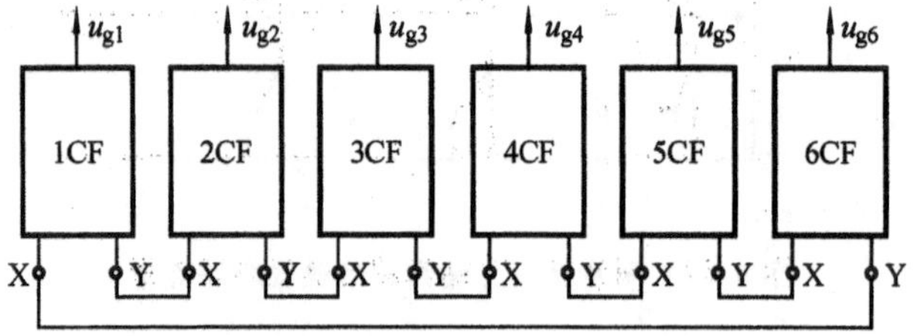

图5-38 双窄脉冲形成环节X、Y端的连接

5. 强触发环节

强触发环节可以缩短晶闸管的开通时间，提高晶闸管承受di/dt的能力，有利于改善串、并联器件动态平均电压和平均电流。

根据强触发脉冲形状的特点，在脉冲初期输出约为通常情况下的5倍脉冲幅值，时间只占整个脉冲宽度的很小一部分，以减小门极损耗，其前沿陡度在1 A/μs左右。

此电路强触发环节由单相桥式整流电路获得 50 V 电源。在 T_8 导通前，50 V 电源已通过 R_{15} 向 C_6 充电。所以 B 点电位已升到 50 V。当 T_8 导通时，C_6 经过脉冲变压器、R_{16}、T_8 迅速放电。由于放电回路电阻较小，电容 C_6 两端电压衰减很快，B 点电位迅速下降。当 u_B 稍低于 15 V 时，二极管 D_{15} 由截止变为导通。虽然这时 50 V 电源电压较高，但它向 T_8 提供较大的负载电流，在 R_{15} 上的电阻压降较大，不可能向 C_6 提供超过 15 V 的电压，因此 B 点电位被钳制在 15 V。当 T_8 由导通变为截止时，50 V 电源又通过 R_{15} 向 C_6 充电，使 B 点电位再升到 50 V，准备下一次强触发。

5.7.2 KC 04 集成移相触发器

KC 系列集成触发器品种多、功能全、可靠性高、调试方便，因此得到了广泛应用。下面介绍 KC 04 集成移相触发器。

KC 04 集成移相触发器主要为单相或三相桥式晶闸管电路作触发电路，其主要技术参数如下。

电源电压：DC±15 V

电源电流：正电流≤15 mA，负电流≤8 mA

脉冲宽度：400 μs ～ 200 ms

脉冲幅度：≥13 V

移相范围：≤180°(同步电压为 30 V 时，≤150°)

输出最大电流：100 mA

环境温度：－10℃～ 70℃

如图 5-39 所示的是 KC 04 移相触发电路，它分为同步、锯齿波形成、移相、脉冲形成、脉冲输出等几个部分，图 5-40 是各点电压波形。

1. 同步电路

同步电路由晶体管 T_1～T_4 等元件组成，正弦波同步电压 u_T 经限流电阻加到 T_1、T_2 基极。在 u_T 正半周，T_2 截止，T_1 导通，D_1 导通，T_4 得不到足够的基极电压而截止。在 u_T 的负半周，T_1 截止，T_2、T_3 导通，D_2 导通，T_4 同样得不到足够的基极电压而截止。在 u_T 的正负半周内，$|u_T|<0.7$ V 时，T_1、T_2、T_3 均截止，D_1、D_2 也截止，于是 T_4 从电源＋15 V 经 R_3、R_4 获得足够的基极电流而饱和导通，形成如图 5-40 所示的与正弦波同步电压 u_T 同步的脉冲 u_{c4}。

2. 锯齿波形成电路

晶体管 T_5、电容 C_1 等组成锯齿波发生器。当 T_4 截止时，＋15 V 电源通过 R_6、R_{22}、R_P、－15 V 对 C_1 充电。当 T_4 导通时，C_1 通过 T_4 迅速放电，在 KC 04 的④脚形成锯齿波电压 u_{c5}，锯齿波的斜率取决于 R_{22}、R_P 与 C_1 的大小，锯齿波的相位与 u_{c4} 相同。

3. 移相电路

晶体管 T_6 与外围元器件组成移相电路。锯齿波电压 u_{c5}、控制电压 U_k、偏移电压 U_p 分别通过电阻 R_{23}、R_{24}、R_{25} 在 T_6 的基极叠加成 u_{be6}。当 $u_{be6}>0.7$ V 时，T_6 导通，即 u_{c5} +

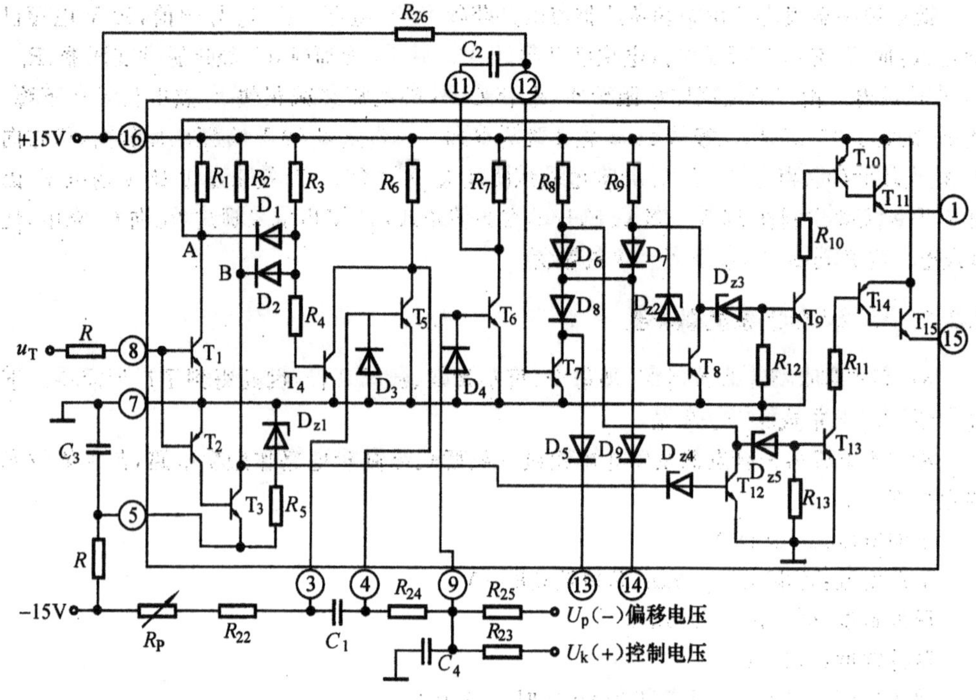

图 5-39 KC 04 集成移相触发电路

U_p+U_k 控制了 T_6 的导通与截止时刻，也就是控制了脉冲的移相。

4. 脉冲形成电路

晶体管 T_7 与外围元器件组成脉冲形成电路。当 T_6 截止时，+15 V 电源通过 R_7、T_7 对 C_2 充电(左正右负)，同时 T_7 经 R_{26} 获得基极电流而导通。当 T_6 导通时，C_2 上的充电电压成为 T_7 发射结的反向偏置电压，T_7 截止。此后+15 V 电源经 R_{26}、T_6 对 C_2 充电(左负右正)，当反向充电电压大于 1.4 V 时，T_7 又恢复导通。这样，在 T_7 的集电极得到脉冲 u_{c7}，其脉冲宽度由时间常数 $R_{26}C_2$ 的大小决定。

5. 脉冲输出电路

T_8～T_{15} 组成脉冲输出电路。在同步电压 u_T 的一个周期内，T_7 的集电极输出两个相位差 180°的脉冲。在 u_T 的正半周，T_1 导通，A 点为低电位，B 点为高电位，使 T_8 截止，T_{12} 导通。T_{12} 的导通使 D_{z4} 截止，由 T_{13}、T_{14}、T_{15} 组成的放大电路无脉冲输出。T_8 的截止，使 D_{z3} 导通，T_7 集电极的脉冲经 T_9、T_{10}、T_{11} 组成的电路放大后由①脚输出。同理可知，在 u_T 的负半周，T_8 导通，T_{12} 截止，T_7 的正脉冲经 T_{13}、T_{14}、T_{15} 组成的放大电路放大后由⑮脚输出。

KC 04 的⑬脚为脉冲列调制端，⑭脚为脉冲封锁控制端。

在 KC 04 的基础上采用晶闸管作脉冲记忆就构成了改进型产品 KC 09，KC 09 和 KC 04 可以互换，但提高了抗干扰能力和触发脉冲的前沿陡度，增大了脉冲调节范围。

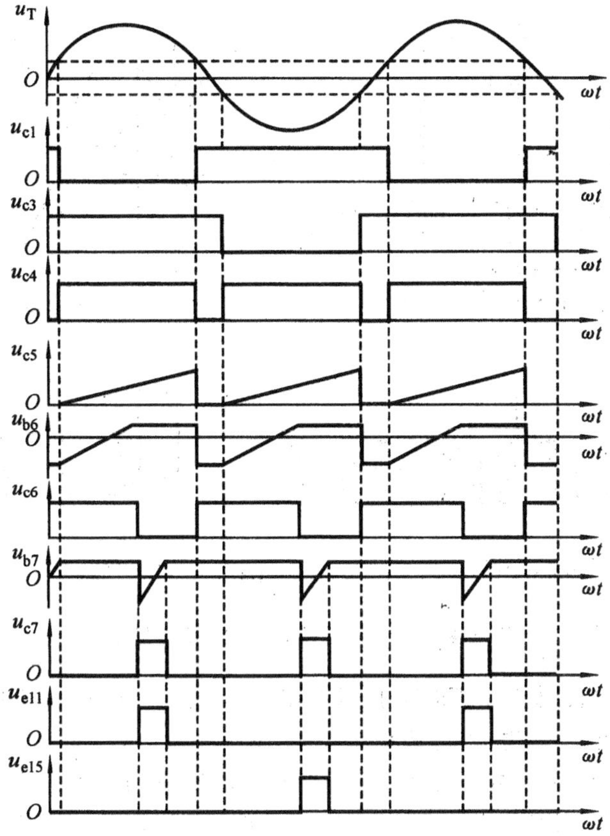

图 5-40 KC 04 **集成移相触发电路电压波形**

5.7.3 相控整流电路中晶闸管触发控制

如图 5-41 所示的是单相全控桥式整流电路，T_1 和 T_4、T_2 和 T_3 应同时触发。若要求控制角为 α，则应在 $\omega t = \alpha$ 时的 P 点触发 T_1、T_4，在 $\omega t = \pi+\alpha$ 时触发 T_2、T_3。输出电压与触发信号如图 5-41(b)、(c)所示。

图 5-41(c) 所示的为触发控制系统框图，首先检测实际直流电压 U_d，将它与直流电压给定值 U_d^* 比较，其偏差 ΔU 经电压调节器 VR 后输出控制量 u，将电源电压 u_S 的起始相位和控制量 u 送入控制角形成电路，输出控制角信号。再经脉冲功率放大电路形成相位为 $\omega t=\alpha$ 和 $\omega t=\pi+\alpha$ 的触发脉冲电流去触发 T_1、T_4 和 T_2、T_3。

图 5-41(c)所示的闭环控制框图可以实现输出电压 U_d 的闭环控制：电压调节器设计成 PI 调节器，当实际电压 $U_d<U_d^*$，$\Delta U>0$ 时，使控制量 u 不断增大，控制角形成电路则使其控制角 α 减小，T_1、T_4 和 T_2、T_3 提前触发导通，使其输出电压 U_d 增大，直到 $U_d=U_d^*$，$\Delta U=0$，控制量 u 不再增大，保持控制角 α 不变，使 $U_d=U_d^*$。反之，如果 $U_d>U_d^*$，$\Delta U<0$，

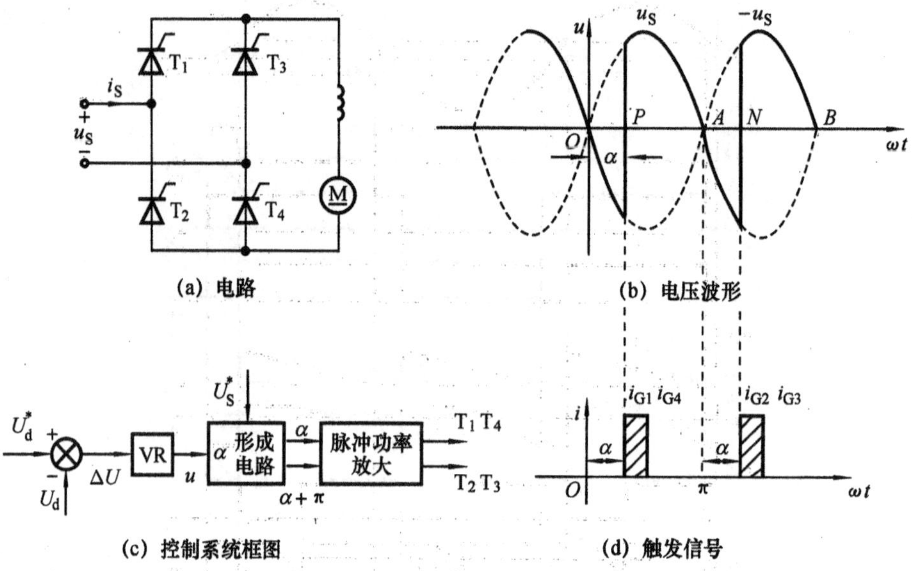

图 5-41 单相全控桥变流器触发控制图

电压调节器 VR 输出控制量 u 不断减小，使控制角 α 变大，U_d 减小，直到 $U_d=U_d^*$，$\Delta U=0$，u 不再减小，控制角 α 不再增加，保持 $U_d=U_d^*$ 不变。

国内外已有各种型号、规格的晶闸管集成触发电路及控制系统可供设计者选用。目前集成触发电路产品已得到广泛应用。以专用微处理器和 DSP 为基础的数字触发、控制系统和保护监控系统，随着性价比的提高也将得到推广应用。

5.8 PWM 整流电路

相控整流电路输入电流滞后于电压，其滞后角随着触发控制角的增大而增大，而且输入电流中的谐波分量很大，因此功率因数很低。

PWM 整流电路可以使其输入电流接近正弦波，且和输入电压同相位，功率因数接近 1。PWM 整流电路可分为电压型和电流型两大类，目前应用较多的是电压型 PWM 整流电路，因此这里主要介绍电压型单相和三相 PWM 整流电路。

5.8.1 单相 PWM 整流电路

如图 5-42 所示的为单相全控桥式 PWM 整流电路。交流侧电感包含外接电抗器和交流电源内部电感，是电路正常工作所必需的；电阻包含外接电抗器的电阻和交流电源内阻。开关管按正弦规律作脉宽调制，稳态时，PWM 整流电路输出直流电压不变，交流输入端 A、B 之间产生一个 SPWM 波 u_{AB}，u_{AB} 中除了含有与电源频率相同的基波分量和高次谐

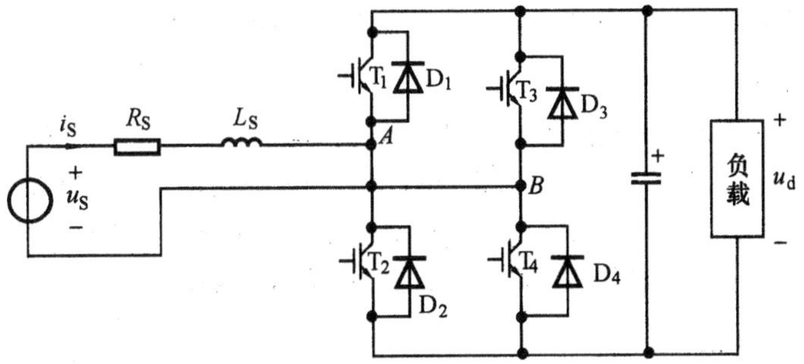

图 5-42 单相全控桥式 PWM 整流电路

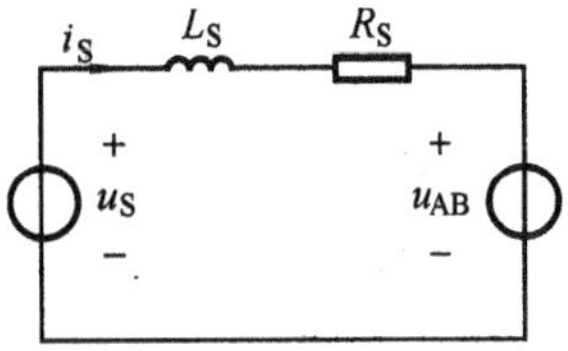

图 5-43 PWM 全桥等效电路

波外，不含低次谐波成分。由于电感 L_S 的滤波作用，这些高次谐波电压只会使交流电流 i_S 产生很小的脉动。如果忽略这种脉动，电流 i_S 为频率与电源频率相同的正弦波。PWM 整流逆变电路的等效电路如图 5-43 所示。当交流电源电压 u_S 一定时，电流 i_S 的幅值和相位由 u_{AB} 中基波分量的幅值及其与 u_S 的相位差决定。改变 u_{AB} 中基波分量的幅值和相位，就可以使 i_S 与 u_S 同相位、反相位，i_S 比 u_S 超前 90°或使 i_S 与 u_S 的相位差为所需要的角度。如图 5-44(a)所示，$\dot{U}_{AB}$滞后 $\dot{U}_S$ 相角 φ，电流 $\dot{I}_S$ 与 $\dot{U}_S$ 的相位完全相同，电路工作在整流状态，从交流侧输送能量，且功率因数为 1。在图 5-44(b)中，$\dot{U}_{AB}$超前 $\dot{U}_S$ 的相角为 φ，$\dot{I}_S$ 与 $\dot{U}_S$ 反相，电路工作在逆变状态，从直流侧向交流侧输送能量。在图 5-44(c)中，$\dot{U}_{AB}$滞后 $\dot{U}_S$ 的相角为 φ，$\dot{I}_S$ 超前 $\dot{U}_S$90°，电路向交流电源输出无功功率，这时的电路称为静止无功发生器。在图 5-44(d)中，控制 $\dot{U}_{AB}$的幅值和相位，可以使 $\dot{I}_S$ 超前或滞后 $\dot{U}_S$ 任意角度 φ。

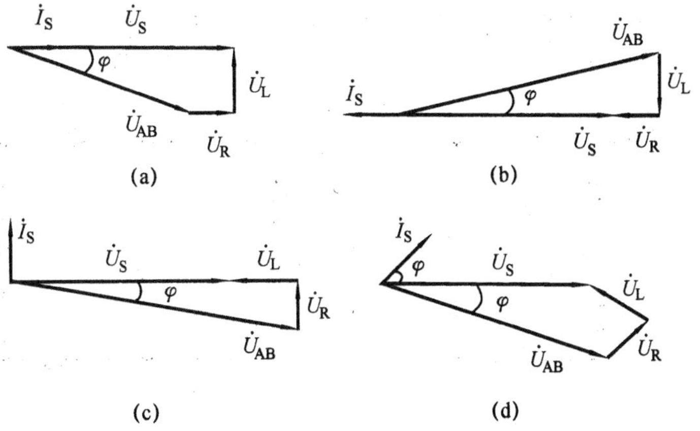

图 5-44 单相 PWM 整流电路运行方式相量图

根据上面的分析，PWM 整流电路具有整流和逆变两种工作状态。

1. 整流运行

根据整流运行状态下的电路工作情况，可将图 5-42 所示的系统简化如图 5-45 所示。图 5-45(a)是在 $u_S>0$ 和 $i_S>0$ 时的简化电路，图 5-45(b)是在 $u_S<0$ 和 $i_S<0$ 时的简化电路。在图 5-45 (a)中，由 T_2、D_1、L_S 和 T_3、D_4、L_S 分别组成两个升压变换电路。对于第一个升压变换电路，当 T_2 导通时，电源 u_S 通过 T_2、D_4 向 L_S 储存能量；当 T_2 截止时，L_S 存储

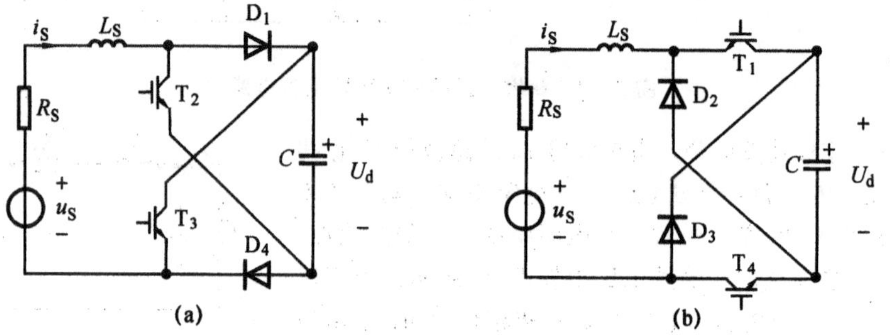

图 5-45　单相 PWM 整流电路整流状态时的等效电路

的能量通过 D_1、D_4 向直流侧电容充电。同样，当 T_3 导通时，电源 u_S 通过 T_3、D_1 向 L_S 储存能量；当 T_3 截止时，L_S 中存储的能量通过 D_1、D_4 向直流侧电容充电。因为电路按升压变换电路工作，因此工作时，其直流侧电压大于交流输入电压的峰值。

从上述分析可知，电压型 PWM 整流电路是升压型整流电路，其输出直流电压应该从交流电源电压峰值附近向高调节，如果向低调节就会使电路性能恶化，以致不能工作。

2. 逆变运行

同整流运行相似，当 PWM 整流电路工作在逆变状态时，可将图 5-42 所示的系统简化如图 5-46 所示。在图 5-46(a)中，$u_S>0$ 和 $i_S<0$，由 T_1、T_4、D_2、D_3 组成一个降压变换电

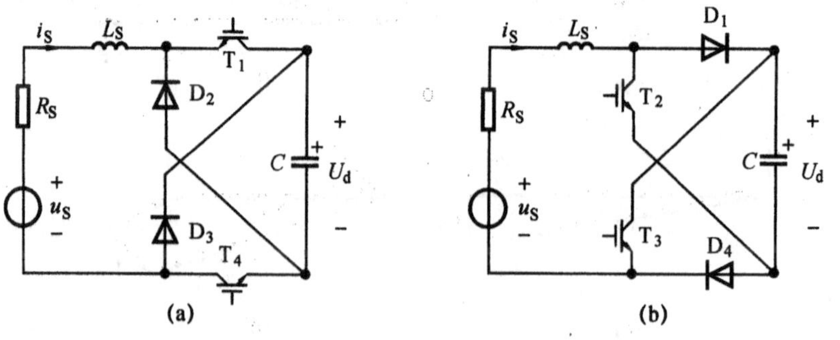

图 5-46　单相 PWM 整流电路逆变状态时的等效电路

路，当 T_1、T_4 导通时，直流侧通过 T_1、T_4 向电感 L_S 和电源 u_S 提供能量；当 T_1、T_4 截止时，电感 L_S 中的能量通过 D_2、D_3 向电源释放。在图 5-46(b)中，$u_S<0$ 和 $i_S>0$，由 T_2、T_3、D_1、D_4 组成一个降压变换电路，其工作过程与 $u_S>0$ 时类似。因为电路按降压变换电路工作，工作时其直流侧电压也必须大于交流输入电压的峰值。

5.8.2 三相 PWM 整流电路

图 5-47 所示的是三相桥式 PWM 整流电路，这是基本的 PWM 整流电路之一。交流侧电感 L_S 包含外接电抗器的电感和交流电源内部电感，电阻 R_S 包含外接电抗器的电阻和交流电源内阻。对开关管按正弦规律作脉宽调制，稳态时，PWM 整流电路输出直流电压不变，交流输入端 A、B 和 C 可得到 SPWM 电压，其中除了含有与电源同频率的基波分量和高次谐波外，不含低次谐波成分。由于电感 L_S 的滤波作用，这些高次谐波电压只会使交流电流 i_a、i_b、i_c 产生很小的脉动。如果忽略这种脉动，i_a、i_b、i_c 为频率与电源频率相同的正弦波，且和电压相位相同，功率因数近似为 1。和单相 PWM 整流电路相同，该电路可以工作在图 5-44(a)、(b)所示的整流与逆变状态，也可以工作在图 5-44(c)、(d)所示的状态。

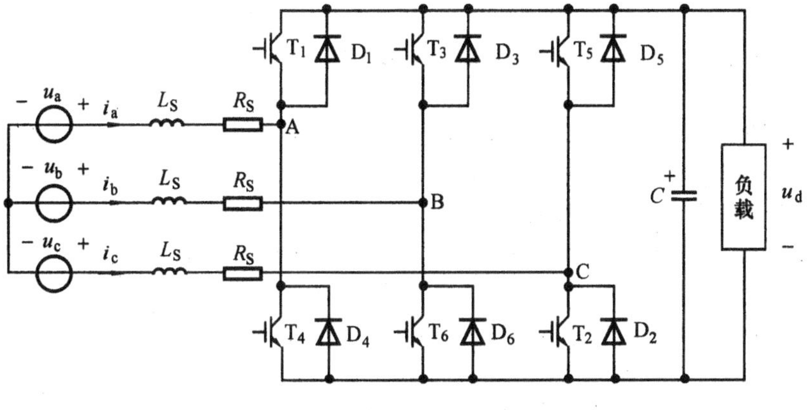

图 5-47 三相桥式 PWM 整流电路

5.8.3 PWM 整流电路的控制方法

图 5-48 是 PWM 整流逆变电路控制系统的结构图。采用双闭环控制，其外环为直流电压控制环，内环为交流电流控制环。直流输出电压给定信号 u_d^* 和实际的直流电压 u_d 比较后的误差信号送入 PI 调节器，PI 调节器的输出即为整流电路交流输入电流的幅值 i_d，i_d 分别乘以和 A、B、C 三相相电压同相位的正弦信号，得到三相交流电流的正弦指令信号 i_a^*，i_b^*，i_c^*。而 i_a^*，i_b^*，i_c^* 分别和各自的电源电压同相位，其幅值和反映负载电流大小的直流信号 i_d 成正比，这是整流器运行时所需要的交流指令信号。该指令信号与实际的交流输入电流 i_a、i_b、i_c 进行比较产生电流误差信号，它经比例调节器放大后送入比较器，再

与三角波信号比较形成 PWM 信号。该 PWM 信号经驱动电路后去驱动主电路开关器件，便可使实际的交流输入电流跟踪指令值，同时达到控制直流电压的目的。

PWM 整流电路向电网返送能量时，不仅需要控制流入电网的电流为正弦波，同时还要跟踪电网电压的相位，使流入电网的电流与电压反向。由于电网电压存在不同程度的畸变，不能直接用作 PWM 整流电路的标准正弦波信号，需要重新产生与电网电压同频率、同相位的标准正弦波，可以采用锁相环电路产生与电源电压同步的标准正弦波信号。

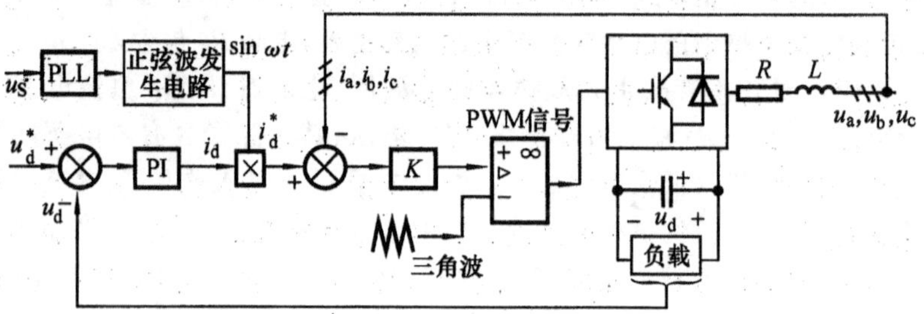

图 5-48 PWM 整流逆变电路控制系统原理方框图

本 章 小 结

整流是将交流电变换为直流电的过程。以二极管为开关器件的整流电路输出的直流电压不受控制信号控制，完全由输入电压决定，电路简单，使用广泛。传统的整流电路以晶闸管作为开关器件，通过改变晶闸管的控制角来调节、输出直流电压。改变控制角就改变了晶闸管导通的时刻，整流电路的这种控制方式称为调相控制。本章介绍了单相半波、单相桥式、三相半波、三相桥式整流电路的结构、工作原理和主要数量关系。相控整流目前仍是大功率交流—直流变换的重要方法，仍在同步电动机直流励磁、电解电镀电源、直流传动等领域获得广泛应用。

相控有源逆变电路利用晶闸管将直流电能返馈电网。由于通过晶闸管的电流是单向的，因此实现相控有源逆变的必要条件是直流电势变负且晶闸管的控制角大于 90°。有源逆变电路工作中需注意逆变颠覆问题。

相控整流电路采用晶闸管作为开关器件，晶闸管的开关频率低，且开通时刻通常不与电压同步，因此相控整流电路会给电网带来有害的交流谐波电流，而且控制角大时输入功率因数很低。

采用全控器件的 PWM 整流电路，具有可以实现功率双向流动、输入功率因数接近 1 或具有指定值、输出电压快速可调等优点，是一种理想的交流—直流变换方法。本章主要介绍了单相桥式、三相桥式 PWM 整流电路的基本结构、工作原理及主要特点。

思考题与习题

5-1 单相半波可控整流电路对电感负载供电，$L=20\ \mathrm{mH}$，$U_2=100\ \mathrm{V}$，求当 $\alpha=0°$ 和 $60°$ 时的负载电流 I_d，并画出 u_d 与 i_d 波形。

5-2 题图 5-1 所示的为具有变压器中心抽头的单相全波可控整流电路，问该变压器还有直流磁化问题吗？试证明：

(1)晶闸管承受的最大正反向电压为 $2\sqrt{2}U_2$；

(2)当负载为电阻和电感时，其输出电压和电流的波形与单相全控时相同。

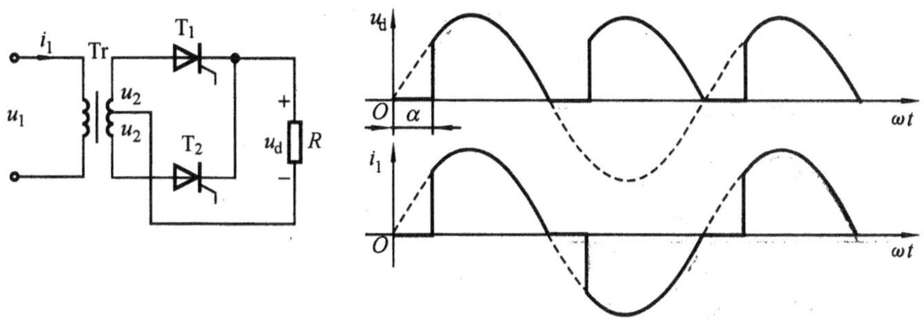

题图 5-1

5-3 单相桥式全控整流器电路，其中，$U_2=100\ \mathrm{V}$，负载中 $R=2\ \Omega$，L 值极大，当 $\alpha=30°$ 时，要求：

(1) 作出 u_d、i_d 和 i_2 的波形；

(2) 整流输出平均电压 U_d、电流 I_d，变压器副边电流有效值 I_2，输入功率因数；

(3)考虑安全裕量，确定晶闸管的额定电压和额定电流。

5-4 某单相桥式半控整流电路，有电阻性负载，画出整流二极管在一周期内承受的电压波形。

5-5 单相桥式全控整流电路，$U_2=100\ \mathrm{V}$，负载中 $R=20\ \Omega$，L 值极大，反电动势 $E=60\ \mathrm{V}$，当 $\alpha=30°$ 时，要求：

(1)作出 u_d、i_d 和 i_2 的波形；

(2)整流输出平均电压 U_d、电流 I_d，变压器二次电流有效值 I_2；

(3)考虑安全裕量，确定晶闸管的额定电压和额定电流。

5-6 晶闸管串联的单相半控桥式整流电路如题图 5-2 所示，桥中 T_1、T_2 为晶闸管，$U_2=100\ \mathrm{V}$，电阻电感负载，$R=2\ \Omega$，L 值极大，当 $\alpha=60°$ 时求流过器件中电流的有效值，并作出 u_d、i_d、i_T、i_D 的波形。

5-7 在三相半波整流电路中，如果 a 相的触发脉冲消失，试绘出在电阻负载和阻感负载下整流电压 u_d 的波形。

5-8 三相半波整流电路，可以将整流变压器的副边绕组分为两段称为曲折接法，每段的电动势相同，其分段布置及矢量图如题图 5-3 所示，此时线圈的绕组增加了一些，铜的用料约增加 10%，问变压器铁芯是否被直流磁化，为什么？

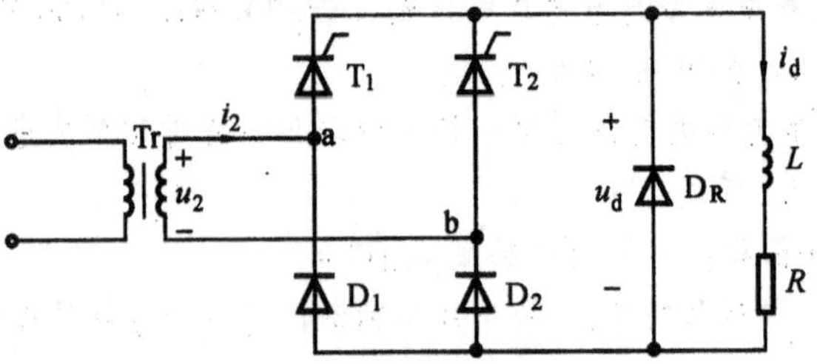

题图 5-2

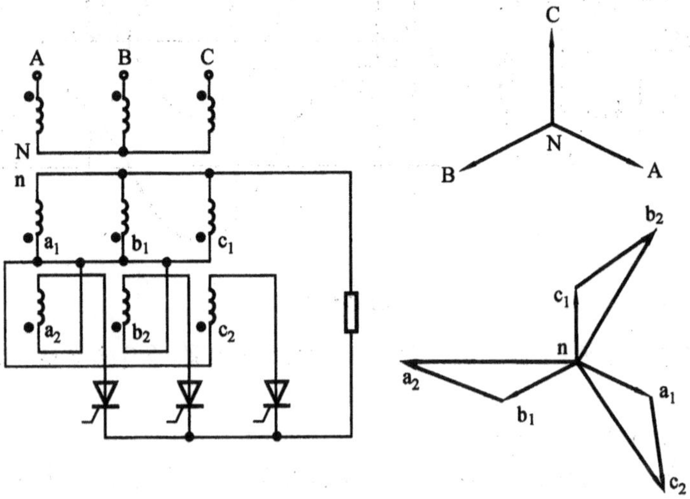

题图 5-3

5-9 三相半波整流电路的共阴极接法与共阳极接法，a、b 两相的自然换相点是同一点吗？如果不是，它们在相位上差多少度？

5-10 有两组三相半波可控整流电路，一组是共阴极接法，一组是共阳极接法，如果它们的触发角都是 α，那么共阴极组的触发脉冲与共阳极组的触发脉冲对同一相来说，在相位上差多少度？

5-11 在三相半波可控整流电路中，$U_2=100$ V，有电阻电感负载，$R=5\ \Omega$，L 值极大，当 $\alpha=60°$ 时，要求：

(1)画出 u_d、i_d 和 i_T 的波形；

(2)计算 U_d、I_d、I_{dT} 和 I_T。

5-12 在三相桥式全控整流电路中，有电阻负载，如果有一个晶闸管不能导通，此时电路的整流电压 u_d 波形如何？如果有一个晶闸管被击穿而短路，其他晶闸管受什么影响？

5-13 在三相桥式全控整流电路中，$U_2=100$ V，有电阻电感负载，$R=5\ \Omega$，L 值极大，当 $\alpha=60°$时，要求：

(1)画出 u_d、i_d 和 i_T 的波形；

(2)计算 U_d、I_d、I_{dT}、I_T 和输入功率因素。

5-14 在单相全控桥式整流电路中，有反电动势阻感负载，$R=1\ \Omega$，L 值极大，$E=40$ V，$U_2=100$ V，$L_S=0.5$mH，当 $\alpha=60°$时求 U_d、I_d 和 γ 的数值，并画出整流电压 u_d 的波形。

5-15 在三相半波可控整流电路中，有反电动势阻感负载，$R=1\ \Omega$，L 值极大，$U_2=100$ V，$L_S=1$ mH，求当 $\alpha=30°$、$E=50$ V 时，U_d、I_d 和 γ 的值并作出 u_d、i_T 和 i_2 的波形。

5-16 在三相桥式不可控整流电路中，有阻感负载，$R=5\ \Omega$，L 值极大，$U_2=220$ V，$X_S=0.3\ \Omega$，求 U_d、I_d、I_2 和 γ 的值并作出 u_d、i_D 和 i_2 的波形。

5-17 在三相全控桥式整流电路中，有反电动势阻感负载，$E=200$ V，$R=1\Omega$，L 值极大，$U_2=220$ V，$\alpha=60°$，当 $L_S=0$、$L_S=1$mH 时，分别求 U_d、I_d 的值；后者还应求 γ 并分别作出 u_d 和 i_T 的波形。

5-18 对于在单相桥式全控整流电路，其整流输出电压中含有哪些次数的谐波？其中幅值最大的是哪一次？变压器副边电流中含有哪些次数的谐波？其中主要的是哪几次？

5-19 对于三相桥式全控整流电路，其整流输出电压中含有哪些次数的谐波？其中幅值最大的是哪一次？变压器副边电流中含有哪些次数的谐波？其中主要的是哪几次？

5-20 试计算5-3题中 i_2 的第3、5、7次谐波分量的有效值 i_{23}、i_{25}、i_{27}，以及电路的输入功率因数。

5-21 试计算5-13题中 i_2 的第5、7次谐波分量的有效值 i_{25}、i_{27}，以及电路的输入功率因数。

5-22 带平衡电抗器的双反星形可控整流电路与三相桥式全控整流电路相比有何主要异同？

5-23 整流电路多重化的主要目的是什么？

5-24 使变流器工作于有源逆变状态的条件是什么？

5-25 在三相全控桥式变流器中，有反电动势阻感负载，$R=1\ \Omega$，L 值极大，$U_2=220$ V，$L_S=1$ mH，当 $E_M=-400$ V，$\beta=60°$时，求 U_d、I_d 和 γ 的值，此时送回电网的有功功率是多少？

5-26 在单相全控桥式变流器中，有反电动势阻感负载，$R=1\ \Omega$，L 值极大，$U_2=100$ V，$L_S=0.5$mH，当 $E_M=-99$ V，$\beta=60°$时求 U_d、I_d 和 γ 的值。

5-27 什么是逆变失败？如何防止逆变失败？

5-28 单相、三相桥式全控整流电路中，当负载分别为电阻负载或电感负载时，晶闸管的 α 角移相范围分别是多少？

6

AC/AC 变换电路

本章主要讨论直接AC/AC变换器的基本电路、工作原理、基本特性及控制方法。

为了从一种形式的交流电获得另一种形式(电压有效值、频率、相位或波形不同)的交流电,可先采用AC/DC变换器将交流电变换为直流电,再采用DC/AC变换器获得期望的交流电源,这种变换过程称为交—直—交变换,是一种交流电到另一种交流电的间接变换。还可以直接从一种形式的交流电变换得到另一种形式的交流电,中间不存在直流环节,这种变流器称为交流—交流(AC/AC)变换器。

不对频率进行变换的AC/AC变换器称为交流控制器,实现频率变换的AC/AC变换器称为周波变换器。交流控制器主要用于交流调压、调功等场合,周波变换器常用于低频大功率交流变频调速等场合。

6.1 交流调压电路

6.1.1 单相交流调压电路

在工业生产及日用电气设备中,有不少由交流电供电的设备采用控制交流电压来调节设备的工作状态,如加热炉的温度、灯光亮度、小型交流电动机转速的控制等。

交流调压电路通常使用晶闸管作为主开关器件,典型单相交流调压主电路如图6-1所示。

对图6-1所示的电路,常用通断控制、相位控制来调节输出电压。

1. 通断控制调压方法

考虑电阻负载情形。设控制晶闸管 T_1、T_2 连续导通 m 个电源周期,然后再关断 n 个周期,晶闸管控制角 α 为 0°。通过改变晶闸管导通与关断周期数的比例来改变输出电压。

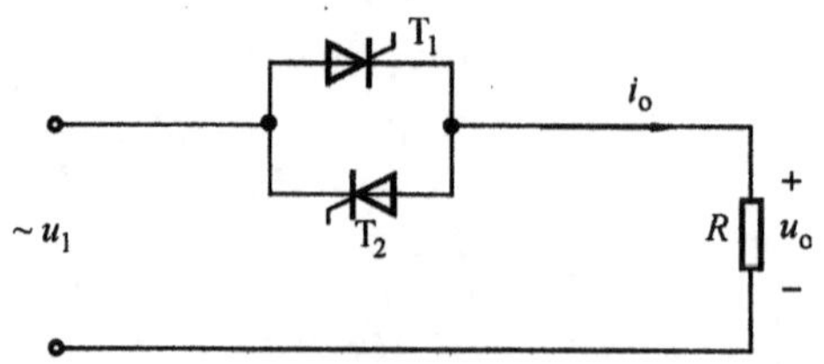

图 6-1 电阻负载时晶闸管单相交流调压电路

电阻负载时输出电压波形如图 6-2 所示，输出电压 u_o 的有效值为

$$U_o = \sqrt{\frac{1}{2(m+n)\pi}\int_0^{2m\pi} u_1^2 \omega t \,\mathrm{d}\omega t} = \sqrt{\frac{m}{m+n}}\,U \tag{6-1}$$

式中，U 为输入电压有效值。记 $\delta=\frac{m}{m+n}$，δ 称为周期占空比。调节 m 与 n 比例即 δ 的大小可控制输出电压，显然总有 $U_o<U$。

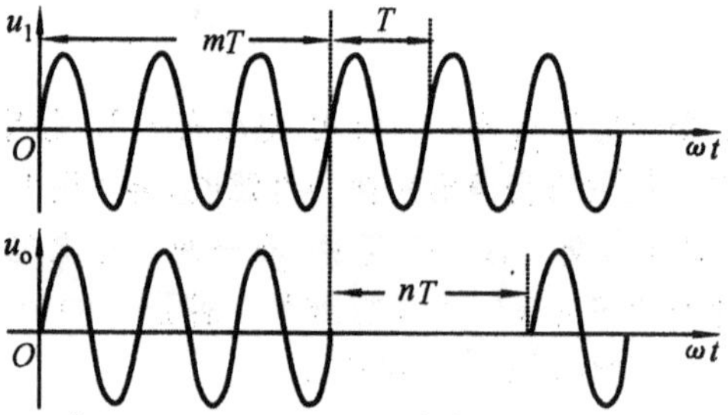

图 6-2 通断控制交流调压输出波形

采用通断控制方法的交流调压电路可用来控制输出功率，如电炉温度的控制，这类系统的时间常数往往很大，没有必要对每个电源周期都实施控制，只需要以若干周期为单位控制电路输出的平均功率即可满足应用。

2. 相位控制调压方法

1）电阻负载情形

设输入电压为

$$u_1 = U_m \sin \omega t = \sqrt{2}U \sin \omega t \tag{6-2}$$

在电源正半周时触发 T_1，控制角为 α_1；在电源负半周时触发 T_2，控制角为 α_2。设 $\alpha_1=\alpha_2=\alpha$。输出电压波形如图 6-3 所示，由图易知，输出电压有效值为

$$U_o = \sqrt{\frac{2}{2\pi}\int_\alpha^\pi (\sqrt{2}U\sin \omega t)^2 \,\mathrm{d}\,\omega t} = U\sqrt{\frac{1}{\pi}\left(\pi-\alpha+\frac{\sin 2\alpha}{2}\right)} \tag{6-3}$$

负载电流有效值为

$$I_o = \frac{U_o}{R}$$

流过每个晶闸管电流，有效值为

$$I_T=\frac{I_o}{\sqrt{2}}=0.714\ I_o$$

输入功率因数为

$$\cos\varphi=\frac{RI_o^2}{UI_o}=\frac{U_o}{U}=\sqrt{\frac{1}{\pi}\left(\pi-\alpha+\frac{\sin 2\alpha}{2}\right)} \tag{6-4}$$

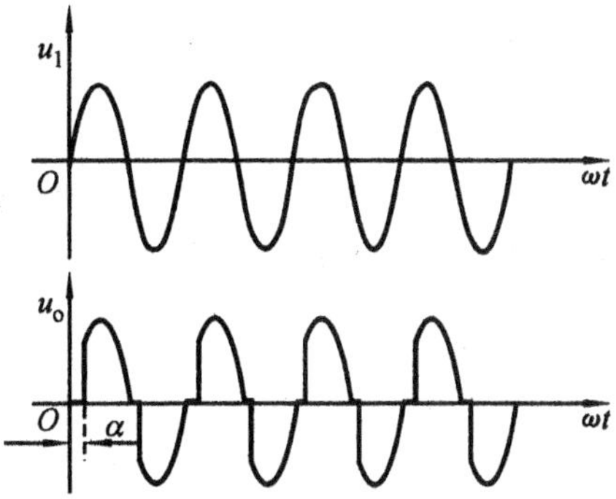

图 6-3 相位控制交流调压输出波形

随着控制角的增大，功率因数降低，同时输出电压、输入电流中的谐波分量增加。采用傅里叶级数分析方法可计算出输入、输出电量中谐波分量的大小。

当输出功率较大时，负载谐波可能引起电网电压波形畸变，影响其他用电设备正常工作，因此必要时应采取一定的谐波抑制措施，如加入电感电容滤波装置，以减小交流调压装置对电网的不利影响。

2) 阻感负载情形

如图 6-4 所示，若将晶闸管短接，稳态时负载电流为正弦波，其电流相位滞后于 u_1 的角度为 φ，φ 为负载阻抗角，$\varphi=\arctan(\omega L/R_L)$，负载电压、电流的波形如图 6-5 所示。

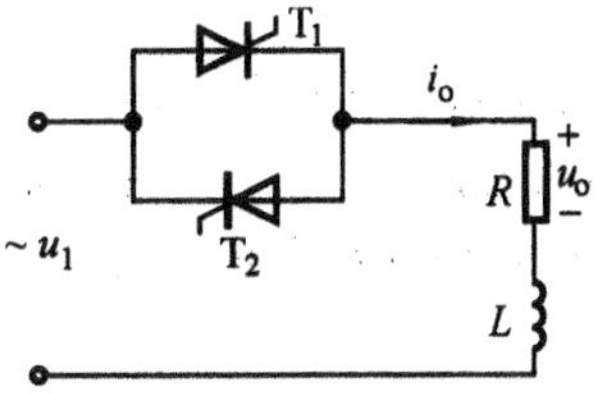

图 6-4 阻感负载时晶闸管单相交流调压电路

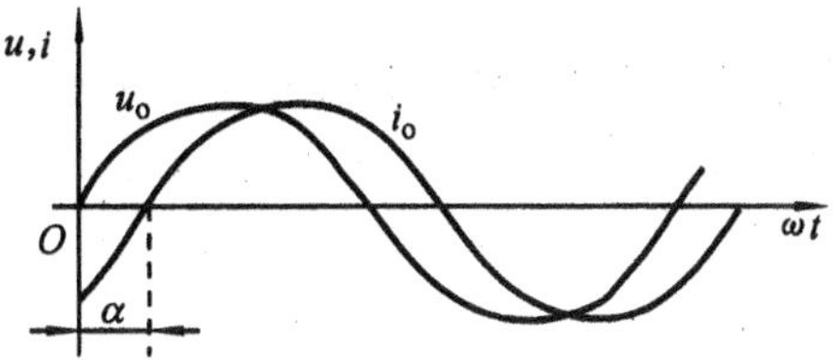

图 6-5 晶闸管短接时负载波形

在用晶闸管控制时，只能进行滞后控制，使负载电流更加滞后。应该指出，由于电感的存在，当控制角 $\alpha<\varphi$ 时，控制脉冲不能使晶闸管即时导通。此时控制角的有效变化范围是 $\varphi\leqslant\alpha\leqslant\pi$。特别是当 $\alpha=\varphi$ 时，负载电压、电流波形恰好如图 6-5 所示，与将晶闸管短接情形相同。

当 $\alpha>\varphi$ 时，通过求解晶闸管导通时对应的等效电路可得输出电流大小。如对输入电源的正半周，当 $\alpha\leqslant\omega t\leqslant\theta+\alpha$ 时（θ 为晶闸管导通角），输出电流满足如下方程：

$$L\frac{di_o}{dt}+R_L i_o=u_1=\sqrt{2}U_2\sin\omega t \tag{6-5}$$

$$\alpha\leqslant\omega t\leqslant\theta+\alpha$$

初值 $i_o(\alpha/\omega)=0$，解微分方程得

$$i_o(t)=\frac{\sqrt{2}U_2}{Z}\left[\sin(\omega t-\varphi)-\sin(\alpha-\varphi)e^{-R_L(\omega t-\alpha)/(\omega L)}\right] \tag{6-6}$$

式中，$Z=\sqrt{(\omega L)^2+R_L^2}$。此时负载电压、电流的波形如图 6-6 所示。

设 θ 为晶闸管导通角，θ 满足 $i_o\left(\frac{\alpha+\theta}{\omega}\right)=0$。由式(6-6)可解得 θ 满足

$$\sin(\alpha+\theta-\varphi)-\sin(\alpha-\varphi)\mathrm{e}^{-R_L\theta/(\omega L)}=0 \tag{6-7}$$

解式(6-7)即可求出导通角。θ 与 α、φ 的关系如图 6-7 所示。

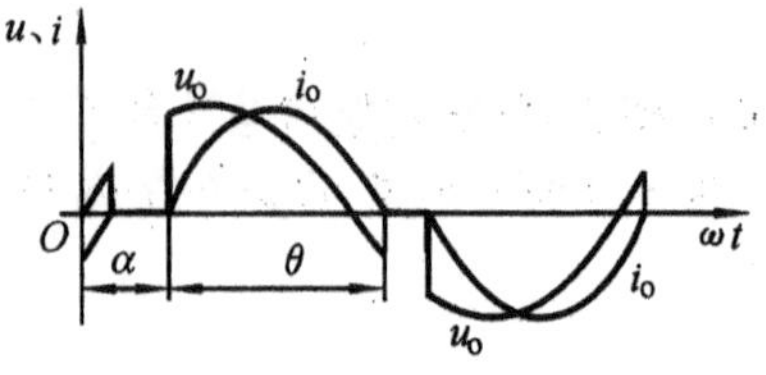

图 6-6 电压、电流波形

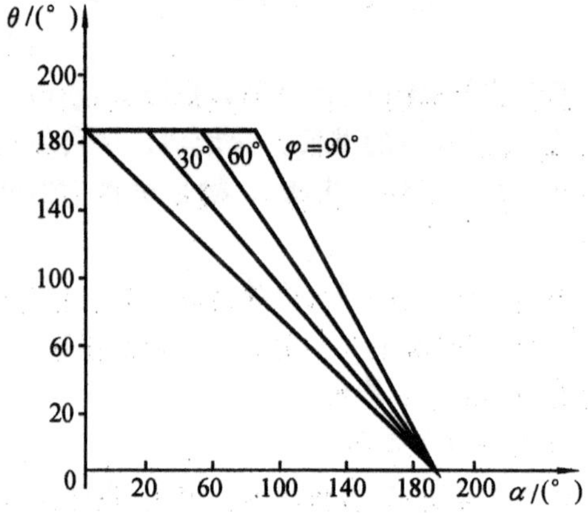

图 6-7 θ 与 α、φ 的关系曲线

6.1.2 三相交流调压电路

在大功率或三相负载情形，常采用三相交流调压变换器。三相交流调压变换器接线形式较多，各有其特点。主要接线形式有：负载三相四线连接，也称 Y_N 连接，如图 6-8 所示；三相三线连接，也称 Y 连接，如图 6-9 所示；以及三角形连接，也称△连接，如图 6-10 所示；等等。

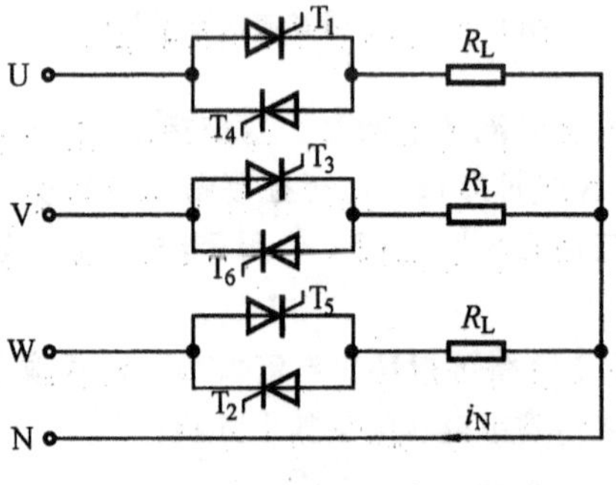

图 6-8 负载 Y_N 连接的三相交流调压电路

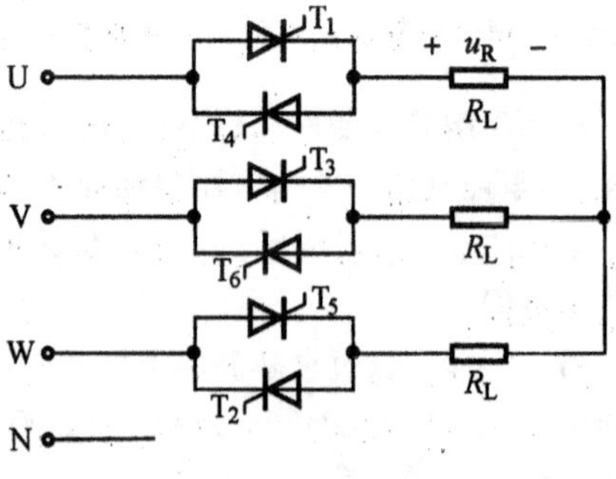

图 6-9 负载 Y 连接的三相交流调压电路

从图 6-8 可知，负载 Y_N 连接三相交流调压电路相当于三个单相交流调压电路的组合。它的触发脉冲控制规律为：同相两管触发脉冲互差 180°，三相间同方向晶闸管互差 120°。特别应指出，当 $\alpha>0°$时，零线中有电流通过。可应用电路理论进行各相电压、电流及零线电流计算。

由图 6-10 知，△连接的三相交流调压电路也相当于三个单相交流调压电路的组合，只是此时加在负载上的电压为线电压。触发脉冲控制规律和 Y_N 连接三相交流调压电路相同。

现以电阻负载为例分析图 6-9 所示的 Y 连接三相交流调压电路的工作原理。由于没有零线，每相电流必须和另一相构成回路，与三相全控桥式整流电路一样，应采用宽脉冲或双窄脉冲触发。设 U 是线电压有效值，三相线电压分别为

$$\left.\begin{aligned} u_{UV} &= \sqrt{2}U \sin \omega t \\ u_{VW} &= \sqrt{2}U \sin\left(\omega t - \frac{2\pi}{3}\right) \\ u_{WU} &= \sqrt{2}U \sin\left(\omega t - \frac{4\pi}{3}\right) \end{aligned}\right\} \tag{6-8}$$

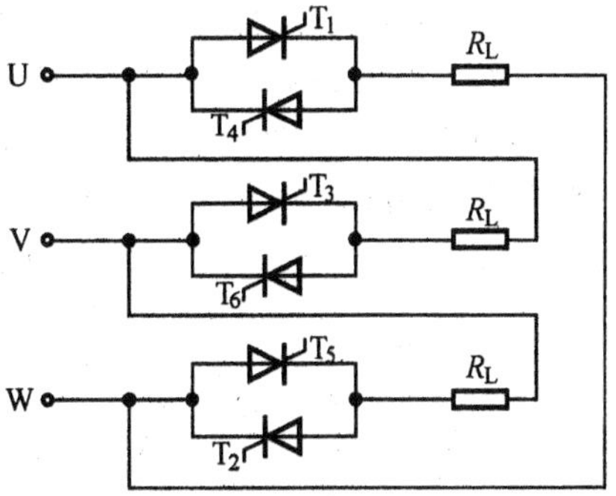

图 6-10 负载△连接三相交流调压电路

三相相电压则分别为

$$\left.\begin{aligned} u_{WU} &= \sqrt{\frac{2}{3}}U \sin\left(\omega t - \frac{\pi}{6}\right) \\ u_{VN} &= \sqrt{\frac{2}{3}}U \sin\left(\omega t - \frac{5\pi}{6}\right) \\ u_{WN} &= \sqrt{\frac{2}{3}}U \sin\left(\omega t - \frac{3\pi}{2}\right) \end{aligned}\right\} \tag{6-9}$$

首先要确定电路中门极起始控制点，即 $\alpha=0°$ 对应时刻。把图 6-9 中的晶闸管换成二极管，可看出在电阻负载时，从相电压过零时刻开始，相应的二极管就导通。因此，$\alpha=0°$ 的控制点应定在各相电压过零点。不论单相还是三相调压器，都是从相电压由负为正的零点处开始计算 α 的，这一点与三相桥式整流电路不同。

六个晶闸管门极触发的相序为：T_1、T_3、T_5 触发相位依次滞后 120°，T_4、T_6、T_2 的触发又分别滞后于 T_1、T_3、T_5 180°。这样，触发相位自 T_1 至 T_6，依次滞后间隔为 60°。

当改变 α 时，该调压器有两种不同的工作状态。在同一时刻，每一相均有一个晶闸管导通，称为 1 类工作状态，这时线电流分别为 i_{U1}、i_{V1}、i_{W1}；在同一时刻，有一相两个晶闸管都不导通，另两相各有一个晶闸管导通，称为 2 类工作状态，这时线电流分别为 i_{UV2}、i_{VW2}、i_{WU2}。

1）1 类工作状态

例如 $\alpha=0°$ 的工作状态即属此类工作状态，每相都有一个晶闸管导通，三相电压、电流及所有晶闸管的 α 都是对称的，因此三相电源中点 N 与三相负载中点 O 电位相等，所以在 1 类工作状态时线电流峰值等于相电压峰值除以电阻，即

$$i_{M1} = \frac{\sqrt{2}U}{\sqrt{3}R_L}$$

2）2 类工作状态

有一相的两个晶闸管都不导通，所以电流只能在导通的两相间构成回路，电流通过两

相负载电阻。这时，线电流峰值等于线电压峰值除以两倍电阻值，即

$$i_{M2}=\frac{\sqrt{2}U}{2R_L}=i_{M1}\sin 60°$$

根据晶闸管导通与阻断条件，可确定图 6-9 所示电路中不同控制角时的负载电压波形。$\alpha=0°$时，电路全部按 1 类工作状态工作，相电流是完整的正弦波；$\alpha=30°$时，属 1 类工作状态与 2 类工作状态每隔 30°交替的工作状态；$\alpha=60°$时，电路全部按 2 类工作状态工作；$\alpha=90°$时，电路全部按 2 类工作状态工作，且电流处于临界断续状态；$\alpha>90°$时，晶闸管每次导通都是断续的。图 6-11(a)、(b)所示的分别是 $\alpha=60°$和 $\alpha=120°$时 U 相负载电压波形。

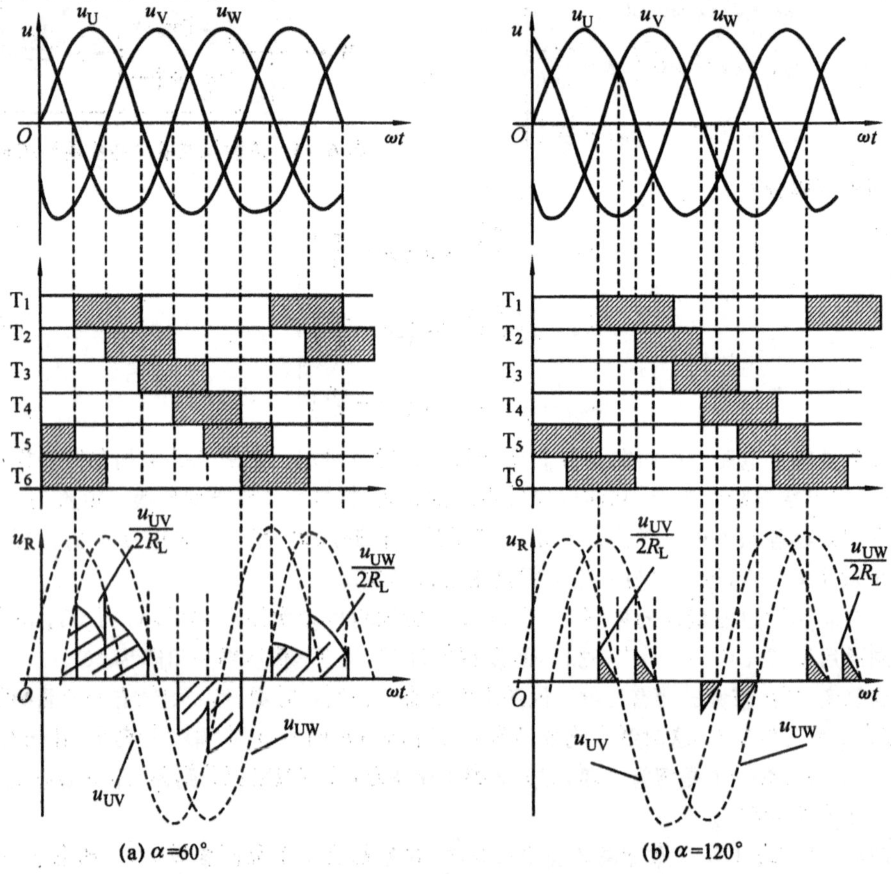

图 6-11 $\alpha=60°$和 $\alpha=120°$时晶闸管导通情况与负载电压波形

$\alpha=150°$时，各相输出电压和电流为零。因 α 是根据相电压定出的，线电压超前相电压 30°，在 $\alpha\geqslant150°$时，虽可使两相的两个晶闸管都有触发脉冲，但此时线电压却为零且即将变负值，晶闸管是不能导通的，故电阻负载时，$\alpha_{max}=150°$。

电感负载时工作原理可根据电阻负载时工作原理类似分析。

6.1.3 交流电力电子开关

与采用通断控制方法控制输出功率相似，利用晶闸管的导通可控和反向阻断特性，将反并联的晶闸管串联到电路中，可作为无触点开关来使用。与机械开关相比，这种电力电子开关响应速度快，不存在触点氧化等问题，因而使用寿命长。此时电路的目的不是控制输出平均功率，而是根据需要接通与断开电路，如无功补偿装置—晶闸管投切电容器(thyristor switched capcitor，简称 TSC)中利用晶闸管实现补偿电容的投入与切除，实现输入功率因数在期望值附近变化的目的。

图 6-12 所示的为采用晶闸管投切电容实现无功补偿的单相主电路，图中虚框内有可变电阻、电感模拟用电设备等。当负载发生变化使负载功率因数改变较大时，可利用晶闸管调整等效补偿电容的大小，如负载功率因数降低时则增加补偿电容容量，如负载功率因数增加时则减少补偿电容容量，利用电容电流超前电压的特点，可使负载电流与补偿电容电流合成后的网侧电流与电网电压的相位差总在允许的范围内。

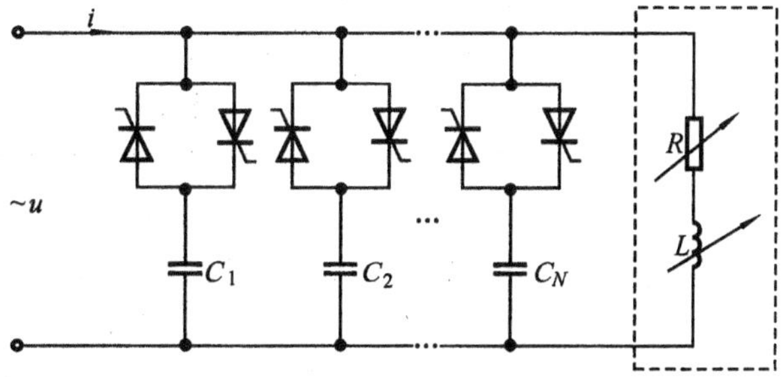

图 6-12 晶闸管投切电容实现无功补偿的单相主电路

实际应用的晶闸管投切电容器为三相电路，这时补偿电容可采用三角形连接形式，也可采用星形连接形式。同时，为避免补偿电容投入时产生较大冲击电流，通常将一小值电感与补偿电容串联。

6.2 相控 AC/AC 变频电路

采用晶闸管的直接 AC/AC 变频电路又称为周波变换器或相控变频器。这种变频器可用于交流电机变频调速系统，也用于风力发电机中产生变速恒频电源等场合。

6.2.1 单相 AC/AC 变频电路

1. 基本结构与工作原理

利用相控整流电路可获得直流电。如果将两个相控整流电路反并联，并控制它们分时向负载供电，则可在负载上获得交流电，电路原理如图 6-13 所示。控制整流器 P(正组)

和 N(反组)分时供电的时间间隔,即可在负载上获得频率可调的交流电。如果保持正、反组供电交替频率不变,且控制角均为 α,即可在负载上获得近似方波电压,如图 6-14 所示。注意,负载电压是由若干段电源拼接而成的。

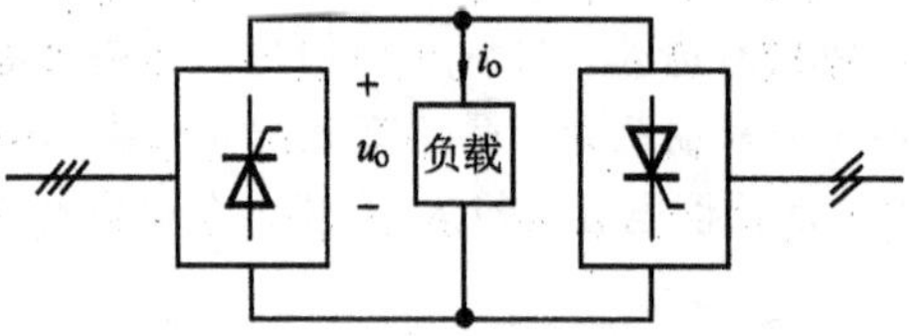

图 6-13 单相 AC/AC 变频电路原理

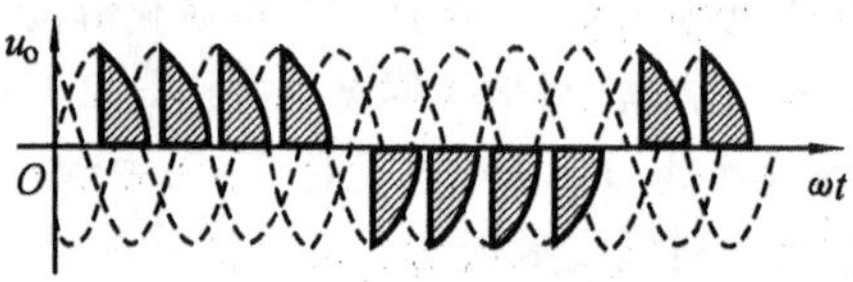

图 6-14 AC/AC 变频电路的输出波形

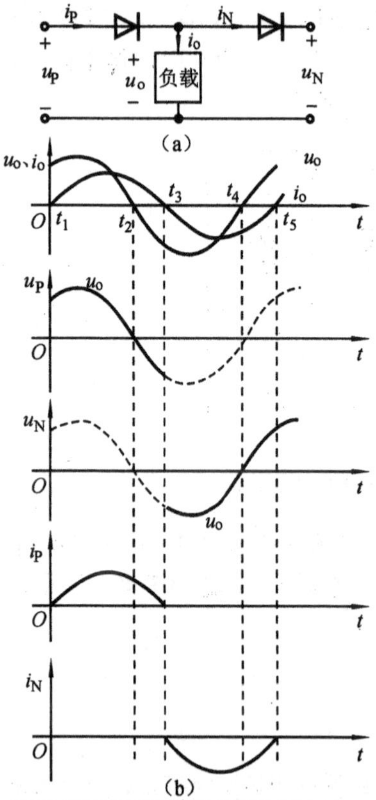

P	整流	逆变	阻断		整流
N	阻断		整流	逆变	阻断

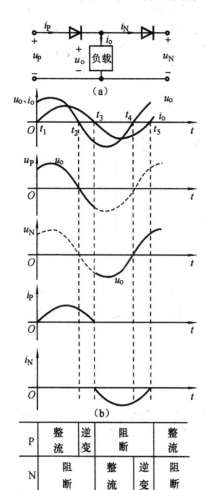

图 6-15 理想 AC/AC 变频电路及其工作状态

2. 整流与逆变工作状态

AC/AC 变频电路的负载可能是电感性、电阻性或电容性。下面以电感性负载为例说明 AC/AC 变频电路的整流与逆变工作状态。

如果把 AC/AC 变频电路理想化,忽略变流电路换相时输出电压的脉动分量,就可把它看成如图 6-15(a)所示的正弦波交流电源和二极管的串联。其中,交流电源表示变流电路可输出交流电压,二极管表示变流电路的电流流通方向。

假设负载的功率因数角为 φ,即输出电流滞后输出电压 φ 角。另外,两组变流电路在工作时采取无环流工作方式,即一组变流电路工作时,将封锁另一组变流电路的触发脉冲。

一个周期内负载电压、电流波形及正、反两组变流电路的电压、电流波形如图 6-15(b)所示。由于变流电路的单向导电性,在 $t_1 \sim t_3$ 期间的负载电流正半周,只能是正组变流电路工作,反组变流电路被封锁。其中,在 $t_1 \sim t_2$ 时段,输出电压和电流均为正,故正组变流电路输出功率为正,工作在整流状态;在 $t_2 \sim t_3$ 时段,负载电流仍为正,但输出电压已反向,故这一阶段正组变流电路输出功率为负,工作在逆变状态。在 $t_3 \sim t_5$ 期间,负载电流反向,反组变流电路工作,正组变流电路被封锁。其中,在 $t_3 \sim t_4$ 阶段,负载电流和电压均为负,反组变流电路工作在整流状态;在 $t_4 \sim t_5$ 阶段,负载电流为负而电压为正,反组变流电路工作在逆变状态。

可以看出，哪组变流电路处于工作状态是由输出电流的方向决定的，与输出电压极性无关。而变流电路是工作在整流状态还是逆变状态，则是由输出电压方向和输出电流方向的异同决定的。

从一个周期内电网和负载之间能量交换的平均值的正负来看，当输出电压和电流之间的相位角 $\varphi<90°$时，能量从电网流向负载；当 $\varphi>90°$时，能量从负载流向电网。作为负载的电动机工作在再生制动时即为后一种情况。

3. 输出正弦波电压的控制方法

许多负载需使用正弦电源波形，为此可采用余弦交点法或其他方法控制 AC/AC 变频电路输出期望的波形。

设图 6-13 所示的 AC/AC 变频电路期望输出的正弦电压波形为 $U_o=U_{om}\sin\omega_0 t$，整流电路输出平均电压为 $U_d=U_{do}\cos\alpha$。U_{do}为控制角 $\alpha=0°$时整流器理想空载电压。

为获得期望的输出电压，应使每次控制角改变的间隔内整流输出电压平均值 U_d 和期望输出电压 U_o 相等，即 α 值的选择应使 $U_d=U_o$，于是有 $\cos\alpha=(U_{om}/U_{do})\sin\omega_0 t$。设 $\gamma=U_{om}/U_{do}$，显然合理设计整流电路时应使 $\gamma\leqslant1$，故有

$$\alpha=\arccos(\gamma\sin\omega_0 t) \tag{6-10}$$

由式(6-10)即可根据期望的输出电压确定整流电路的控制角。

由式(6-10)可知，$\sin\omega_0 t=0$ 时，$\alpha=\pi/2$；$\sin\omega_0 t=1$ 时，$\alpha=\arccos\gamma$；$\sin\omega_0 t=-1$ 时，$\alpha=\pi-\arccos\gamma$。最小控制角为 $\arccos\gamma$，当 $\gamma=1$ 时，最小控制角为 0°。在图 6-12 所示的电路中，当输出电流 $i_o>0$ 时，正组工作，正组晶闸管的控制角 $\alpha_P=\alpha$；当输出电流 $i_o<0$ 时，反组工作。由于图 6-13 所示的电路中输出电压参考方向与反组整流输出电压正方向相反，故反组晶闸管的控制角为 $\alpha_N=\pi-\alpha$。

虽然由模拟电路可实现式(6-10)的计算，但由于电路结构复杂且难以实现准确控制，因此目前多采用计算机直接进行式(6-10)计算。

4. 无环流控制及有环流控制

图 6-13 所示的交流变频电路中，将两个相控整流电路反并联并控制它们分时向负载供电，就可以在负载上获得交流电。控制电路的作用是保证两个反并联的相控整流电路不同时工作，因此两个整流电路之间不存在电流同时通过的现象，这种控制方式称为无环流控制方式。在无环流控制方式下，为保证无环流，必须在负载电流换向、整流器切换工作状态时保留一定的死区时间，这就使得输出电压的波形畸变增大。为了减小死区的影响，应在确保无环流的前提下尽量缩短死区时间。

AC/AC 变频电路也可采用有环流控制方式。这种方式和直流可逆调速系统中的有环流方式类似，也是在正、反两组变流电路之间设置环流电抗器。运行时，两组变流电路都施加触发脉冲，并且使正组触发控制角 α_P 和反组触发控制角 α_N 之间保持 $\alpha_P+\alpha_N=180°$ 的关系。由于两组变流电路之间有环流，可以避免出现电流断续现象，并可消除电流死区，从而使变频电路的输出特性得以改善，还可提高输出上限频率。

有环流控制方式可以提高变频器的性能，在控制上也比无环流方式简单。但是，在两组变流电路之间要设置环流电抗器，变压器副边一般也需要双绕组，因此使设备成本增加。另外，在运行时，有环流方式的输入功率比无环流方式的略有增加，使效率有所降低，因此目前应用较多的还是无环流方式。

5. 输入输出特性

1）输出上限频率

AC/AC变频电路的输出电压是由若干段电网电压拼接而成的，当输出频率升高时，输出电压一个周期内电网电压的段数将会减少，所含的谐波分量就要增加，这种输出电压的波形畸变是限制输出频率提高的主要因素之一。此外，负载功率因数对输出特性也有一定影响。就输出波形畸变和输出频率来看，难以确定一个明确的界限。一般认为，变流电路采用6脉波的三相桥式电路时，最高输出频率不高于电网频率的1/3～1/2。电网频率为50 Hz时，AC/AC变频电路的输出上限频率约为20 Hz。

2）输入功率因数

AC/AC变频电路的输出是通过相位控制的方法来得到的，因此在输入端需要提供滞后的无功电流。即使负载功率因数为1且输出电压比γ也等于1，输入端也需提供无功电流。因为在输出电压的一个周期内α角是在0°到90°之间不断变化的，其平均值总大于0°。随着负载功率因数的降低或输出电压比γ的减小，所需要的无功电流都要增加。另外，不论负载是滞后的还是超前的功率因数，输入的无功电流总是滞后的。

输入功率因数较低，是AC/AC变频电路的一大缺点。

3）输出电压谐波与输入电流谐波

AC/AC变频电路输出电压是由若干段电网电压拼接而成的，因而必定包含谐波成分。要求输出电压是正弦波时谐波成分是非常复杂的，它既和电网频率f_i以及变流电路脉波数m有关，也和输出频率f_o有关。

AC/AC变频电路的输入电流波形的幅值和相位均按正弦规律被调制，和可控整流电路的输入波形相比，其所包含的谐波成分更复杂。

理论上输出电压谐波与输入电流谐波可采用傅里叶级数分析等方法进行分析。

6.2.2 三相AC/AC变频电路

AC/AC变频器主要用于交流调速系统中，因此实际使用的主要是三相AC/AC变频器。三相AC/AC变频电路是由三组输出电压相位各差120°的单相AC/AC变频电路组成的，因此单相AC/AC变频电路的许多分析方法和结论对三相AC/AC变频电路也是适用的。

1. 电路接线方式

三相AC/AC变频电路主要有公共交流母线进线的半波整流器构成的三相AC/AC变频电路、公共交流母线进线的桥式整流器构成的三相AC/AC变频电路、输入隔离输出星形连接的桥式整流器构成的三相AC/AC变频电路等方式。

1）公共交流母线进线的半波整流器构成的三相AC/AC变频电路

图6-16所示的是公共交流母线进线方式的半波整流器构成的三相AC/AC变频电路原理图。图中每个单相变频器由带环流电抗器的两个三相半波整流电路组成，三个单相变频器输出电压的相位互差120°。当负载相电流为正时，共阴极半波整流电路（称正组）工作，正组晶闸管触发脉冲互差120°；负载相电流为负时，共阳极半波整流电路（称反组）工作，反组晶闸管触发脉冲也互差120°。触发脉冲计算的起始点与三相半波整流电路相同。为了在负载中形成电流，应有至少两相不同组的晶闸管导通，晶闸管应采用宽脉冲或脉冲序列触发。环流电抗器主要是在有环流工作模式时用来限制环流，也可在因干扰出现误触发脉冲时用来限制短路电流。

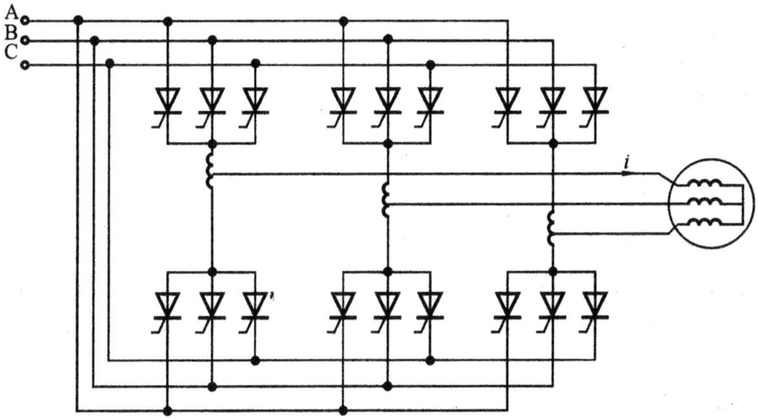

图6-16 公共交流母线进线方式的半波整流器构成的三相AC/AC变频电路原理图

2）公共交流母线进线的桥式整流器构成的三相AC/AC变频电路

图6-17所示的是公共交流母线进线方式的桥式整流器构成的三相AC/AC变频电路原理图。它由三组彼此独立的、输出电压相位相互错开120°的单相AC/AC变频电路组成，每个单相变频器由反并联的三相桥式整流电路组成，三个单相变频器的电源进线通过进线电抗器接在公共的交流母线上。因为电源进线端公用，所以三组单相变频电路的输出端必须隔离。为此，交流电动机的三个绕组必须拆开，共引出六根线。

公共交流母线进线方式的三相AC/AC变频电路主要用于中等容量的交流调速系统。

3）输入隔离输出星形连接的桥式整流器构成的三相AC/AC变频电路

图6-18所示的是输入隔离输出星形连接方式的三相AC/AC变频电路原理图。三组单相AC/AC变频电路的输出端星形连接，电动机的三个绕组也是星形连接，电动机中点不和变频器中点接在一起，电动机只引出三根线即可。采用三相桥式变流电路时，因三组单相变频器连接在一起，其电源进线就必须隔离，所以三组单相变频器分别用三个变压器供电。

由于变频器输出端中点不和负载中点相连接，所以在构成三相变频器的六组桥式电路中，至少要有不同相的两组桥中的四个晶闸管同时导通才能构成回路，形成电流。同一组桥内的两个晶闸管靠双脉冲保证同时导通，两桥之间靠足够的脉冲宽度来保证同时有触发脉冲。每组桥内各晶闸管触发脉冲的间隔为60°，如果每个脉冲宽度大于30°，那么无脉冲的间隙时间一定小于30°。这样，尽管两组桥脉冲之间的相对位置是任意变化的，但在每个脉冲持续的时间里，总会在其前部或后部与另一组桥的脉冲重合，使四个晶闸管同时有脉冲，形成导通回路。

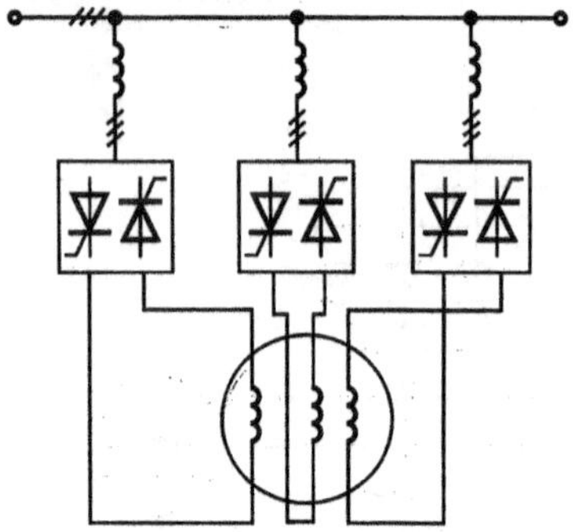

图 6-17 公共交流母线进线方式的桥式整流器构成的三相 AC/AC 变频器

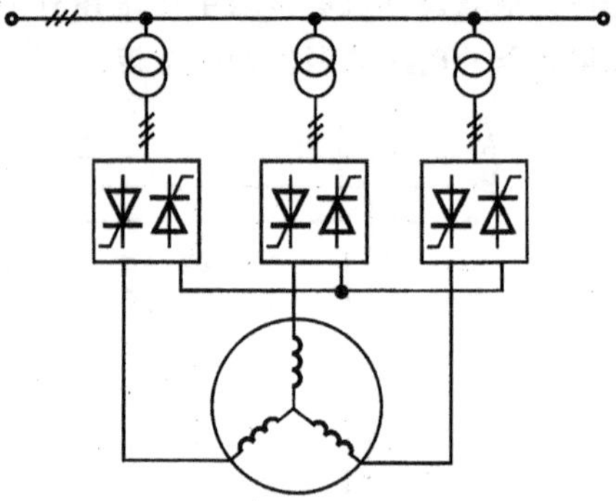

图 6-18 输入隔离输出星形连接的三相 AC/AC 变频器

2. 输入输出特性

就输出频率上限和输出电压中的谐波而言，三相 AC/AC 变频电路和单相 AC/AC 变频电路是一致的。但应指出的是，三相 AC/AC 变频电路输入电流谐波分量大为减少且输入功率因数有所提高。

下面主要分析三相 AC/AC 变频电路的输入功率因数。三相 AC/AC 变频电路由三组单相 AC/AC 变频电路组成，每组单相变频电路都有自己的有功、无功及视在功率，总输入功率因数应为

$$\lambda=\frac{P_{\Sigma}}{S_{\Sigma}} \tag{6-11}$$

式中，P_{Σ} 为各组单相变频电路有功功率之和。

因为相位不同，三组单相变频电路的视在功率不能简单相加，而应该由总输入电流和输入电压来计算。显然，总的视在功率 S_{Σ} 应比三组单相变频电路视在功率之和小。因此，三相 AC/AC 变频电路的总输入功率因数要高于单相变频电路的输入功率因数。

3. 改变输入功率因数和提高输出电压

输出星形连接的三相 AC/AC 变频等效电路如图 6-19 所示，如果三个输出相电压 $u_{UN'}$、$u_{VN'}$、$u_{WN'}$ 中含有同样的直流分量或3倍于输出频率的谐波分量，它们都不会在线电压中反映出来，因而也无法加到负载上。利用这一特性可以使输入功率因数得到改善并提

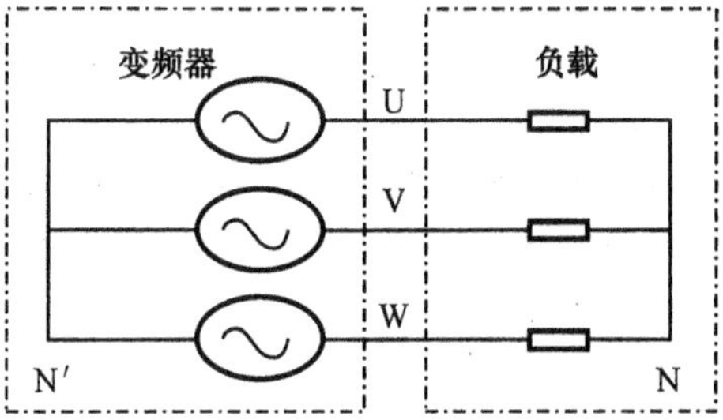

图 6-19 输出星形连接三相 AC/AC 变频器的等效电路

高输出电压。

当负载电动机低速运行时，变频器输出电压幅值很低，各组桥式变流电路的 α 角都在 90°附近，因此输入功率因数很低。如果给各相的输出电压 $u_{UN'}$、$u_{VN'}$、$u_{WN'}$ 都叠加上同样的直流分量，控制角 α 将减小，但变频器输出线电压并不改变。这样，既可以改善变频器的输入功率因数，又不影响电动机运行，这种方法称为直流偏置。对于长期低速下运行的电动机，这种方法对改善功率因数的作用较为明显。

另一种改善功率因数的方法是梯形波输出控制方式，即使三组单相变频器的输出电压均为梯形波(也称为准梯形波)。因为梯形波中的主要谐波成分是三次谐波，在线电压中，三次谐波相互抵消，结果线电压仍为正弦波。在梯形波输出控制方式中，因为较长时间工作在高输出电压区域，α 角较小，因此变频器输入功率因数能提高 15%左右。梯形波输出控制方式改善输入功率因数举例如表 6-1 所示。

表 6-1 梯形波输出控制方式改善输入功率因数举例

控制方式		梯形波输出	正弦波输出
单相输出	输入位移因数	0.817	0.683
	输入功率因数	0.651	0.547
三相输出	输入位移因数	0.817	0.683
	输入功率因数	0.785	0.666

和正弦波相比，在同样幅值的情况下，梯形波中的基波幅值可提高 15%左右。这样，采用梯形波输出控制方式就可以使变频器的输出电压提高 15%。

采用梯形波输出控制方式相当于给相电压中附加了三次谐波，相对于直流偏置，这种方法也称为交流偏置。

4. AC/AC 变频器和交流—直流—交流变频器的比较

和交流—直流—交流变频器相比，AC/AC 变频器有一些不同之处，主要表现如下。

1) 优点

(1)只用一次变流，提高了变流效率。在由桥式整流—逆变电路构成的三相交流—直流—交流变频器中，通过负载的电流通道至少经过四个功率器件。在图 6-16、图 6-17 所示的 AC/AC 变频器中，通过负载的电流通道只经过两个功率器件，晶闸管的通态压降比 IGBT 等全控器件的小，通态损耗低，同时 AC/AC 变频器中晶闸管使用电网换相，关断损耗低。

(2)和交流—直流—交流电压型变频器相比，可以方便地实现四个象限工作。相控整流装置既可整流，也可实现有源逆变，因此 AC/AC 变频器容易实现能量的双向流动。

(3)低频时输出波形接近正弦波。

2) 缺点

(1)接线复杂，使用的晶闸管较多。由三相桥式变流电路组成的三相 AC/AC 变频器至少需要 36 个晶闸管，同时其控制电路比交流—直流—交流电压型变频器的控制电路更复杂。

(2)受电网频率和变流电路脉波数的限制，输出频率较低、输出电压谐波成分大。

(3)采用相控方式，输入功率因数较低。

由于以上优缺点，AC/AC 变频器主要用于功率 500 kW 以上、转速 600 r/min 以下的大功率、低转速的交流调速装置中，目前已在矿石破碎机、水泥球磨机、卷扬机、鼓风机及轧机主传动装置中获得了较多的应用。它既可用于异步电动机传动，也可用于同步电动机传动。

6.3 矩阵式 AC/AC 变频电路

相控 AC/AC 变频电路具有输入功率因数低、输入电流谐波严重、输出频率低(低于输入频率)等缺陷，使其应用受到限制。采用全控器件的矩阵式 AC/AC 变频电路具有输出频率几乎不受限制、输入电流谐波成分少等优点，是一种具有应用前景的新型直接AC/AC 变频电路。

6.3.1 电路结构与工作原理

矩阵式 AC/AC 变频电路结构如图 6-20(a)所示。图中三相输入电压为 u_a、u_b 和 u_c，三相输出电压为 u_u、u_v 和 u_w。图中每个开关 S_{ij} 是可控的开关单元，可采用双向可控开关组成，图 6-20(b)中给出了一种典型的开关单元实现。

图 6-20(a)中 9 个开关单元组成 3×3 矩阵，因此该电路被称为矩阵式变频电路(matrix converter，MC)或矩阵变换器。

矩阵式 AC/AC 变频电路采用斩控工作方式，输出波形可看做输入信号的线性组合(组合系数是时间的函数)。

对输出相电压控制如对输出 u 相波形而言，当 S_{11}、S_{12}、S_{13} 中任一开关闭合时，相应输入相电压送到输出侧，如当 S_{ij} 闭合时记 $S_{ij}=1$，否则 $S_{ij}=0$，则输出 u 相电压为

$$u_u=S_{11}u_a+S_{12}u_b+S_{13}u_c \tag{6-12}$$

注意，这里组合系数 S_{11}、S_{12}、S_{13} 是随时间变化的。根据输出波形需要，通过控制系数

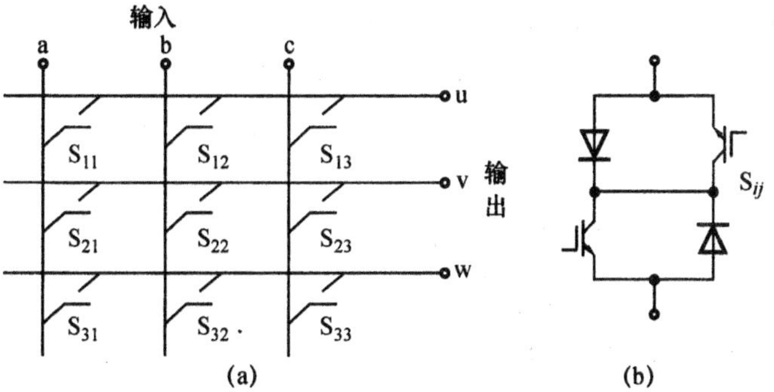

图 6-20　矩阵式 AC/AC 变频电路

S_{11}、S_{12}、S_{13}，可使 u_u 具有三相输入包络线内的任意波形，如图 6-21(b) 中阴影部分所示。理论上所构造的 u_u 的频率可不受限制，但如果 u_u 必须为正弦波，则其最大幅值仅为输入相电压幅值的 0.5 倍。

根据 PWM 控制的基本原理，如果开关器件工作频率较高，则在一个开关周期内，式(6-12)可近似表示为

$$u_u = \sigma_{11} u_a + \sigma_{12} u_b + \sigma_{13} u_c \tag{6-13}$$

式中，σ_{11}、σ_{12} 和 σ_{13} 分别表示一个开关周期内开关 S_{11}、S_{12}、S_{13} 的导通占空比。

设负载是阻感负载，负载电流具有电流源性质。为使负载不开路，任一时刻必须有一个开关接通，即有

$$\sigma_{11} + \sigma_{12} + \sigma_{13} = 1 \tag{6-14}$$

由式(6-13)可知，通过控制开关的导通占空比可控制输出电压。

对输出线电压控制如对 uv 线电压波形而言，可用图 6-20(a) 中第一行和第二行的 6 个开关共同作用来构造输出线电压 u_{uv}。此时可使 u_{uv} 具有图 6-21(c) 中 6 个线电压包络线内的任意波形，如图 6-21(c) 中阴影部分所示。当 u_{uv} 必须为正弦波时，最大幅值可达到输入线电压幅值的 0.866 倍。

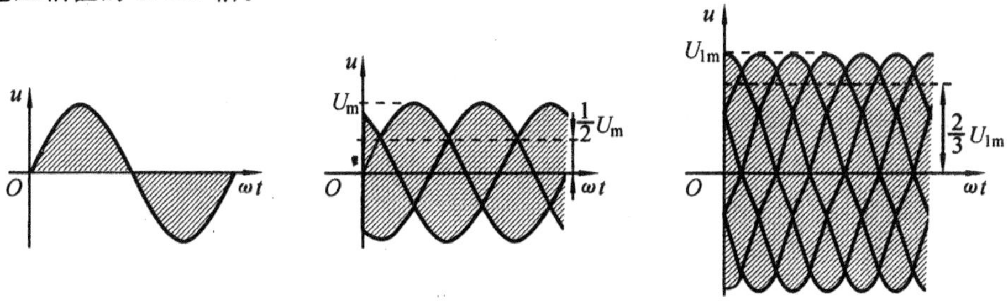

(a) 单相输入构造输出相电压　(b) 三相输入构造输出相电压　(c) 三相输入构造输出线电压

图 6-21　构造输出电压时可利用的输入电压部分

同样，当采用单相输入电压(如 a 相电压)构造输出相电压时，根据输出波形需要，通过控制系数 S_{11} 可使 u_u 近似为图 6-21(a) 中阴影部分内的任意波形。

特别应指出，同一行开关 S_{i1}、S_{i2}、S_{i3} 中不能有两个开关同时闭合，否则将使输入电源短路，造成电路损坏。

6.3.2 矩阵式 AC/AC 变频电路的控制

如何根据期望的输出电压、电流波形及输入电压的瞬时值实施对主器件的开关控制，是矩阵式 AC/AC 变频电路控制的核心问题。本节以输出相电压控制为例，讨论获得期望输出电流波形的矩阵式 AC/AC 变频电路的控制方法。

设输入电压为

$$\begin{bmatrix} u_a \\ u_b \\ u_c \end{bmatrix} = \begin{bmatrix} U_{im}\cos\omega_i t \\ U_{im}\cos\left(\omega_i t - \frac{2\pi}{3}\right) \\ U_{im}\cos\left(\omega_i t - \frac{4\pi}{3}\right) \end{bmatrix} \tag{6-15}$$

式中，U_{im} 为输入电压的幅值，ω_i 为输入电压的角频率。

期望的输出电压、电流波形通常根据生产工艺的实际需要来确定，设期望的输出电流为

$$\begin{bmatrix} i_u \\ i_v \\ i_w \end{bmatrix} = \begin{bmatrix} I_{om}\cos(\omega_o t - \varphi_o) \\ I_{om}\cos\left(\omega_o t - \frac{2\pi}{3} - \varphi_o\right) \\ I_{om}\cos\left(\omega_o t - \frac{4\pi}{3} - \varphi_o\right) \end{bmatrix} \tag{6-16}$$

式中，I_{om} 为输出电流的幅值；ω_o 为输出电流的角频率；φ_o 为相应于输出频率的负载阻抗角，由负载性质决定。设相应于输出频率的负载阻抗为 $\boldsymbol{Z}$($\boldsymbol{Z}$ 为 3×3 矩阵，对确定的负载，$\boldsymbol{Z}$ 是已知的)，则输出电压为

$$\begin{bmatrix} u_u \\ u_v \\ u_w \end{bmatrix} = \boldsymbol{Z}\begin{bmatrix} i_u \\ i_v \\ i_w \end{bmatrix} \tag{6-17}$$

由电路形式可知，u 相输出电压 u_u 和各相输入电压的关系为

$$u_u = \sigma_{11}u_a + \sigma_{12}u_b + \sigma_{13}u_c \tag{6-18}$$

同理可得到 u_v、u_w 的表达式为

$$u_v = \sigma_{21}u_a + \sigma_{22}u_b + \sigma_{23}u_c \tag{6-19}$$

$$u_w = \sigma_{31}u_a + \sigma_{32}u_b + \sigma_{33}u_c \tag{6-20}$$

式中，$\sigma_{21}+\sigma_{22}+\sigma_{23}=1$，$\sigma_{31}+\sigma_{32}+\sigma_{33}=1$，$\sigma_{ij}$ 表示一个开关周期内开关 S_{ij} ($i=2,3$；$j=1,2,3$) 的导通占空比。

将 u_u、u_v、u_w 表达式合写成矩阵的形式，有

$$\begin{bmatrix} u_u \\ u_v \\ u_w \end{bmatrix} = \begin{bmatrix} \sigma_{11} & \sigma_{12} & \sigma_{13} \\ \sigma_{21} & \sigma_{22} & \sigma_{23} \\ \sigma_{31} & \sigma_{32} & \sigma_{33} \end{bmatrix} \begin{bmatrix} u_a \\ u_b \\ u_c \end{bmatrix} \tag{6-21}$$

上述方程可缩写为

$$\boldsymbol{u}_o = \boldsymbol{\sigma} \boldsymbol{u}_i \tag{6-22}$$

式中，$\boldsymbol{u}_o = \begin{bmatrix} u_u \\ u_v \\ u_w \end{bmatrix}$，$\boldsymbol{u}_i = \begin{bmatrix} u_a \\ u_b \\ u_c \end{bmatrix}$，$\boldsymbol{\sigma} = \begin{bmatrix} \sigma_{11} & \sigma_{12} & \sigma_{13} \\ \sigma_{21} & \sigma_{22} & \sigma_{23} \\ \sigma_{31} & \sigma_{32} & \sigma_{33} \end{bmatrix}$，$\boldsymbol{\sigma}$ 称为调制矩阵。

矩阵式变频电路确定后，输入电流和输出电流的关系也确定了，即

$$\boldsymbol{i}_i = \begin{bmatrix} i_a \\ i_b \\ i_c \end{bmatrix} = \begin{bmatrix} \sigma_{11} & \sigma_{12} & \sigma_{13} \\ \sigma_{21} & \sigma_{22} & \sigma_{23} \\ \sigma_{31} & \sigma_{32} & \sigma_{33} \end{bmatrix} \begin{bmatrix} i_u \\ i_v \\ i_w \end{bmatrix} \tag{6-23}$$

同样，式(6-23)可写为

$$\boldsymbol{i}_i = \boldsymbol{\sigma}^T \boldsymbol{i}_o \tag{6-24}$$

式中，$\boldsymbol{i}_o = \begin{bmatrix} i_u \\ i_v \\ i_w \end{bmatrix}$，$\boldsymbol{i}_i = \begin{bmatrix} i_a \\ i_b \\ i_c \end{bmatrix}$，$\boldsymbol{\sigma}^T$ 表示矩阵 $\boldsymbol{\sigma}$ 的转置。

变频电路的输入基波电流形式为

$$\begin{bmatrix} i_a \\ i_b \\ i_c \end{bmatrix} = \begin{bmatrix} I_{im} \cos\left(\omega_i t - \varphi_i\right) \\ I_{im} \cos\left(\omega_i t - \frac{2\pi}{3} - \varphi_i\right) \\ I_{im} \cos\left(\omega_i t - \frac{4\pi}{3} - \varphi_i\right) \end{bmatrix} \tag{6-25}$$

式中，φ_i 为期望的电压电流相位差，I_{im} 为输入基波电流幅值，I_{im} 待定。当期望的输入功率因数为 1 时，$\varphi_i = 0°$。

现在要求矩阵 $\boldsymbol{\sigma}$ 及 I_{im}，使得下述方程组成立

$$\left.\begin{aligned} \boldsymbol{Z}\boldsymbol{i}_o &= \boldsymbol{\sigma}\boldsymbol{u}_i \\ \boldsymbol{i}_i &= \boldsymbol{\sigma}^T\boldsymbol{i}_o \\ \sigma_{11} + \sigma_{12} + \sigma_{13} &= 1 \\ \sigma_{21} + \sigma_{22} + \sigma_{23} &= 1 \\ \sigma_{31} + \sigma_{32} + \sigma_{33} &= 1 \end{aligned}\right\} \tag{6-26}$$

上述方程组有 9 个方程，10 个待定变量，通常具有无穷组解。求得调制矩阵 $\boldsymbol{\sigma}$ 后，可据此控制各开关的通断，从而控制输出电压及输出电流。

调制矩阵 $\boldsymbol{\sigma}$ 的确定从理论上解决了矩阵式 AC/AC 变频电路的实现问题，然而要使矩阵式变频电路能够很好地工作，还需解决开关切换时如何避免交流电源两相短路的问题，又要避免感性负载开路引起过电压等问题，在大功率应用场合这些问题还需要进一步研究。

本章小结

采用晶闸管的AC/AC调压电路本质是利用晶闸管的阻断特性周期性地将负载与输入电源隔开，即周期性地使输入电源不能作用在负载上，因此AC/AC调压电路的输出电压有效值一定低于输入电压的有效值，同时通过控制触发角或通断比来调节输出电压。由于相控AC/AC调压电路输出电压谐波成分较大，输入侧电流的谐波成分也较大，因此相控AC/AC调压电路多用于中小功率的电动机调速、电加热或大中型电动机的启动设备等装置中。采用通断控制方案的AC/AC调压电路可用来控制输出功率或作电力电子开关使用。

相控AC/AC变频器的电路结构基本上都采用反并联的整流装置作为AC/AC变频的核心，其基本思想是利用相控整流装置既可整流，也可以有源逆变来实现AC/AC变频。AC/AC变频器中的反并联的整流装置通过控制可在有环流或无环流状态下工作。相控AC/AC变频器只用一次变流，提高了变流效率，同时实现了能量的双向流动。然而，相控AC/AC变频器具有输出频率较低、输出电压谐波成分大、输入功率因数较低、控制电路复杂等缺陷。目前，AC/AC变频器主要用于大功率、低转速的交流调速装置中。

采用晶闸管的AC/AC变换电路都使用电网换相。

矩阵式变频电路采用全控器件作为开关器件，采用PWM控制方式，具有十分理想的电气性能：几乎能输出任意期望的波形、可实现能量双向流动、直接实现变频、效率较高，同时输入功率因数可以控制。避免了相控AC/AC变频器的输出频率较低、输出电压谐波成分大、输入功率因数较低等缺陷。矩阵式变频电路有很好的发展前景。

思考题与习题

6-1 一电阻性加热炉由单相交流调压电路供电，控制角 $\alpha=0°$ 时输出最大功率。试分别求输出为80%、50%最大功率时的控制角。

6-2 一单相交流调压电路给 $R=1\ \Omega$，$L=50\ \text{mH}$ 的串联阻感负载供电。试求：

(1)控制角范围；

(2)负载电流的最大有效值；

(3)最大输出功率及对应的输入功率因数；

(4)$\alpha=\pi/2$ 时晶闸管电流的有效值、导通角及输入功率因数。

6-3 对Y连接的三相交流调压电路，电阻负载，试绘制 $\alpha=\pi/2$ 时的负载电压波形。

6-4 单相AC/AC变频电路和直流电动机传动用反并联可控硅整流电路有什么不同？

6-5 相控AC/AC变频电路有哪些接线方式？它们有什么差别？

6-6 相控AC/AC变频电路有环流控制和无环流控制各有何优缺点？

6-7 相控AC/AC变频器有何优缺点？

6-8 为什么相控AC/AC变频器只能降频、降压而不能升频、升压？

6-9 阐述矩阵式变频电路的工作原理，说明其主要特点。

7 谐振变换电路

本章介绍典型谐振变换电路的特点和工作原理，主要内容包括软开关技术的基本概念、谐振变换电路的分类和特点，谐振电路的基本理论及电压型串联谐振变换电路分析，零电压开关准谐振电路和零电流开关准谐振电路，移相全桥型零电压开关 PWM 电路的原理，Boost 型零转换 PWM DC/DC 变换电路的特点、工作原理和设计方法等。

目前，电力电子器件的开关一般采用硬开关和软开关两种方式。开关器件在承受很高电压或很大电流的情况下开通或关断的方式称为硬开关方式。相应地，开关器件在承受零电压或零电流的情况下开通或关断的方式称为软开关方式。由于开关器件的非理想性，其状态变化需要一个过程，即开关器件上的电压和电流不能突变，因此硬开关在开通或关断过程中伴随着较大的损耗。变流器工作频率一定时，开关管开通或关断一次的损耗也是一定的，所以开关频率越高，开关损耗就越大，因而硬开关变换器的开关频率不能太高。相比之下，软开关在零电压或零电流条件下开通或关断器件，这种开关方式明显减小了开关损耗，允许更高的开关频率以及更宽的控制带宽，同时又可以降低电磁干扰。因此，与硬开关技术的电力电子装置相比，采用软开关技术的电力电子装置可以做到效率更高、体积更小、重量更轻、电磁兼容性更好。

由于软开关是采用谐振电路实现的，因此软开关又称为谐振开关，采用软开关的电路又称为谐振变换电路。

7.1 谐振变换电路概述

7.1.1 硬开关与软开关

半导体电力开关器件的导通和阻断状态之间的转换，是各类电力电子变换技术和控制技术的基本要求。在很多电路中，开关器件在电压很高或电流很大的条件下，由栅极（或基极）控制其开通或关断，典型的开关过程如图 7-1 所示。开关过程中电压 u、电流 i 均不为零，出现了 u 和 i 的重叠区，因而产生开关损耗。而且 u 和 i 变化很快，会产生高的 $\mathrm{d}u/\mathrm{d}t$ 和 $\mathrm{d}i/\mathrm{d}t$，电压、电流波形出现了明显的过冲和振荡，这些导致了开关噪声的产生。具有上述开关过程的开关被称为硬开关（hard switching），它分为硬开通和硬关断两种。开关器件在其端电压不为零时开通电路称为硬开通，开关器件在其承载电流不为零时关断电路则称为硬关断。在硬开关过程中，会产生较大的开关损耗和开关噪声。在一定条件下，开关器件在每个开关周期内的开关损耗是一定的。因此开关频率越高，开关损耗越大，电路效率越低；此外还会产生严重的电磁干扰噪声，且很难与其他敏感电子设备的电磁兼容。

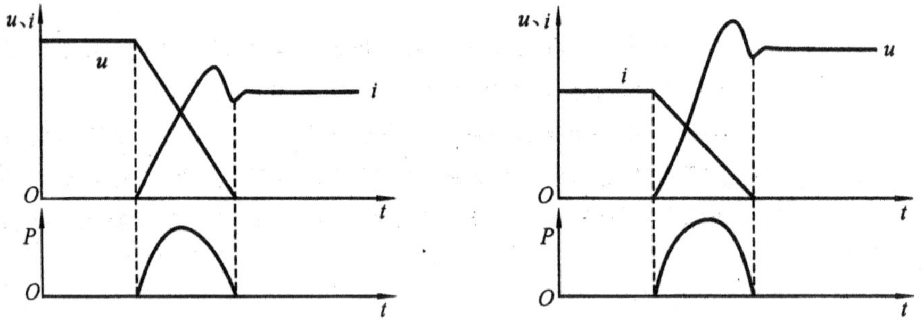

(a) 硬开关的开通过程　　(b) 硬开关的关断过程

图 7-1　硬开关的开关过程典型波形

20 世纪 80 年代初，美国弗吉尼亚电力电子研究中心（virginia power electronic center，简称 VPEC）李泽元（F. C. Lee）等人提出了软开关（soft switching）的概念。简言之，软开关技术是通过在硬开关电路中增加很小的电感、电容等谐振元件，构成辅助换相网络的技术。在开关过程前后引入谐振过程，使开关开通前电压先降为零，或关断前电流先降为零，就可以消除开关过程中电压、电流的重叠，降低它们的变化率，从而大大减小甚至消除损耗和开关噪声，这样的电路称为软开关电路。如果开关开通前其两端电压为零，则开关开通时不会产生损耗和噪声，这种开通方式称为零电压开通；开关关断前其电流为零，则开关关断时也不会产生损耗和噪声，这种关断方式称为零电流关断。在很多情况下，不再指出开通或关断，仅称零电压开关（zero voltage switching，简称 ZVS）和零电流开关（zero current switching，简称 ZCS）。零电压开通和零电流关断主要依靠电路中的谐振实现，它们是最理想的软开关，其开关过程中无开关损耗。如果开关器件在开通过程中其两端的电压很小，或在关断过程中流经其本身电流也很小，则这种开关过程的开关损耗也不大，称为软开关。虽然软开关不像零电压开通、零电流关断那样开关损耗为零，但也能使电力电子器件变换和控制高频化所引起的问题大为缓解。软开关有时也被称为谐振开关。

7.1.2 谐振变换电路的分类及特点

自谐振变换技术问世以来，出现了多种谐振变换电路，新型的软开关的拓扑结构更是层出不穷。由主要的开关器件是零电压开通还是零电流关断，可以将谐振变换电路分为零电压电路和零电流电路两大类。一般的谐振变换电路或者属于零电压电路，或者属于零电流电路。但在有些应用场合，电路中有多个开关器件，有些工作在零电压条件下，而另一些工作在零电流条件下。

适用于 DC/DC 和 DC/AC 的谐振变换电路（软开关电路）有全谐振型变换电路、准谐振电路、零开关 PWM 电路、零转换 PWM 电路和谐振型直流环节逆变电路五种。

由于每一种软开关电路都可以用于降压型、升压型等不同电路，这些电路中的开关单元都是由主开关器件、电感、二极管构成的，因此可引入基本开关单元的概念来表示实际电路中的开关，而不必画出各种具体电路，如图 7-2 所示。实际使用时，可以从开关单元导出具体电路，注意开关器件和二极管的方向应根据电流的方向相应调整。

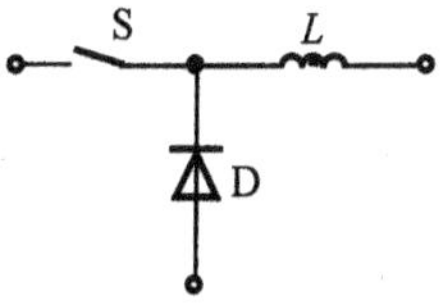

(a) 基本开关单元

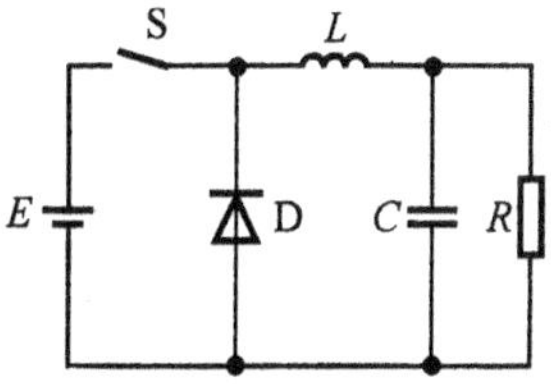

(b) 降压斩波器中的基本开关单元

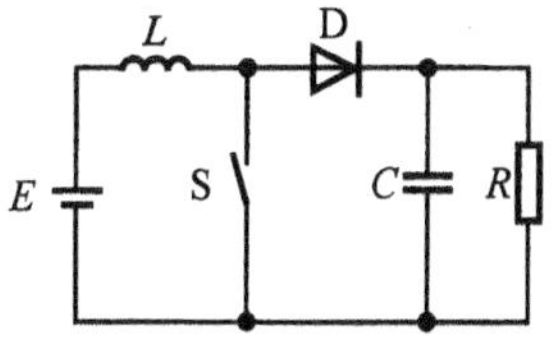

(c) 升压斩波器中的基本开关单元

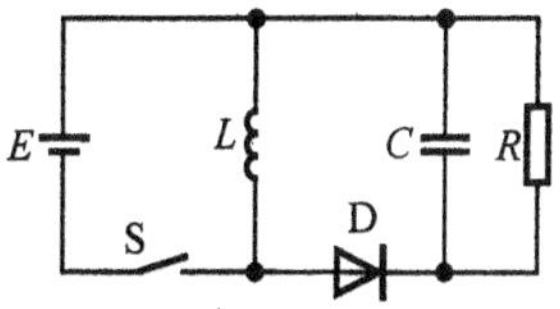

(d) 升降压斩波器中的基本开关单元

图 7-2 基本开关单元的电路

1. 全谐振型变换电路

全谐振型变换电路（resonant converters）通常被称为谐振型变换电路，它是负载 R 与 L、C 组成的负载谐振型变换器。按照谐振元件的连接方式分为两类：一类是谐振元件与谐振回路相串联，称为串联谐振变换电路（series resonant converters）；另一类是谐振元件与谐振回路相并联，称为并联谐振变换电路（parallel resonant converters）。在谐振型变换电路中，谐振元件在整个开关周期中一直谐振工作，参与能量变换的全过程。该变换电路的输出性能与负载关系很大，对负载的变化很敏感，一般采用脉冲频率调制（pulse frequency modulation，简称 PFM）方法调节电压和输出功率。这类电路由于输出频率可变，滤波电路参数难以选择，并且电路稍显复杂。

2. 准谐振电路

20 世纪 80 年代提出的准谐振电路(quasi-resonant converters)是软开关技术的一次飞跃。人们在准谐振电路中提出了谐振开关单元的概念，即在硬开关单元上增加谐振电感和谐振电容，构成谐振开关单元来替代硬开关单元，实现软开关功能。由于运行中电路工作在谐振模式的时间只占一个开关周期中的一部分，而其余时间都是运行在非谐振模式，因此“谐振”一词用“准谐振”代替。根据硬开关单元与谐振电感和谐振电容的不同组合，准谐振电路可分为零电流开关准谐振电路（zero current switching quasi-resonant converters，简称 ZCS－QRC)、零电压开关准谐振电路（zero voltage switching quasi-resonant converters，简称 ZVS－QRC)和零电压开关多谐振电路(zero voltage switching multi-resonant converters，简称 ZVS－MRC)。

准谐振软开关单元如图 7-3 所示，由这些开关单元替代硬开关单元，可以派生出一系列准谐振电路。

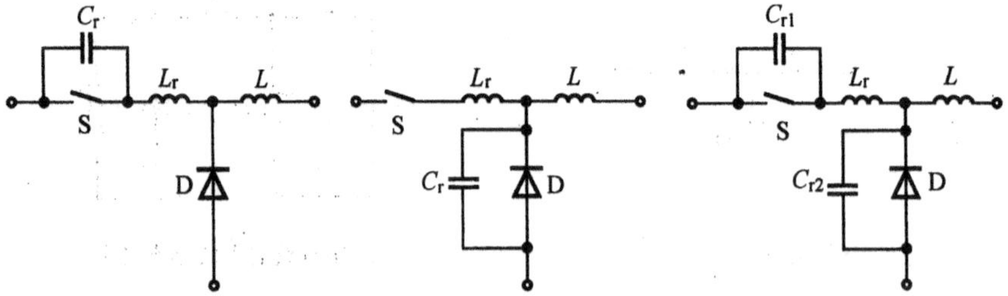

(a) 零电压开关准谐振电路的基本开关单元　(b) 零电流开关准谐振电路的基本开关单元　(c) 零电压开关多谐振电路的基本开关单元

图 7-3 准谐振电路的基本开关单元

谐振的引入使得电路的开关损耗和开关噪声都大大下降，但也有不足的方面：谐振电压峰值很高，要求提高器件的耐压性能；谐振电流的有效值很大，电路中存在大量的无功功率的交换，造成电路导通损耗加大；谐振周期随输入电压、负载变化而改变，因此准谐振电路只能采用脉冲频率调制 PFM 方式来控制，变化的开关频率造成变压器、电感等磁性元件不能最优化，给电路设计带来困难。

3. 零开关 PWM 电路

20 世纪 80 年代末，提出了恒频控制的零开关 PWM 变换技术。采用这种技术的零开关 PWM 电路(zero switching PWM converters，简称 ZS－PWM)，在准谐振电路基础上加入一个辅助开关用来控制谐振的开始时刻，使谐振仅发生在开关过程前后。这种电路同时具有 PWM 控制和准谐振电路的优点：在开关器件开通和关断时，开关器件工作在零电压或零电流开关状态；其余时间，开关器件工作在 PWM 状态。

零开关 PWM 电路可分为零电压开关 PWM 变换电路(zero voltage switching PWM

converters，简称 ZVS－PWM）和零电流开关 PWM 变换电路（zero current switching PWM converters，简称 ZCS－PWM）两种，这两种电路的基本开关单元如图 7-4 所示。由图 7-4 可见，在零电压谐振开关单元内的谐振电感 L_r 上并联一个辅助开关 S_1，就得到 ZVS－PWM开关单元；在零电流谐振开关单元内的谐振电容 C_r 上串联一个辅助开关 S_1，就得到 ZCS－PWM 开关单元。

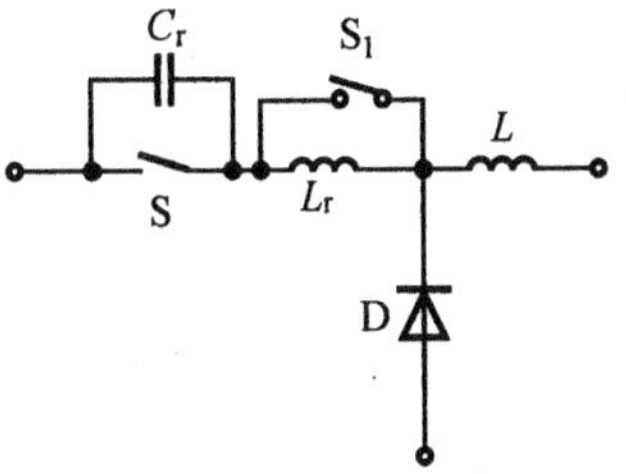

(a) 零电压开关PWM电路的基本开关单元

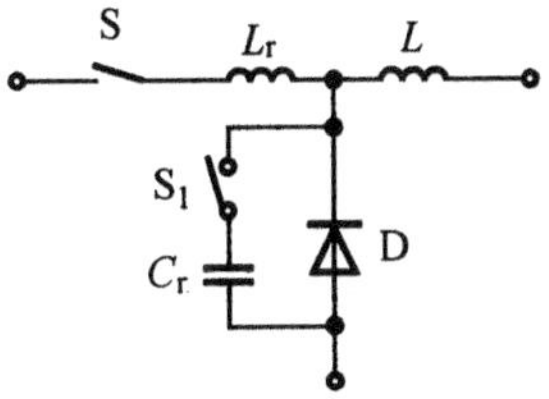

(b) 零电流开关PWM电路的基本开关单元

图 7-4 零开关 PWM 电路的基本开关单元

与准谐振电路相比，零开关 PWM 电路有很多明显的优势：电压和电流基本是方波，只是上升沿和下降沿较慢；开关器件承受的电压明显降低。移相全桥型软开关电路、有源钳位正激型电路等常用软开关电路都属于零开关 PWM 电路。这类电路可以采用开关频率固定的 PWM 控制方式。然而，这种变换器也有其自身的缺点，如零电压 PWM 变换电路与零电压开关准谐振变换电路的共同特点就是开关器件和谐振电容、谐振电感的电压和电流应力是完全一样的，也就是说要承受很高的电压，这对于开关器件来说是一个明显的缺点。

4. 零转换 PWM 电路

准谐振电路开关单元和零开关 PWM 电路开关单元的谐振电感 L_r 均与主开关 S 串联，并参与功率的传递，如图 7-3 和图 7-4 所示。这种开关电路使得软开关的实现是以增加开关器件的电压、电流应力即增加器件承受的最高电压或最大电流作为代价的；并且软开关实现的条件受输入电压和负载变化影响较大，轻载时可能无法实现软开关方式。为了解决这些问题，20 世纪 90 年代初，李泽元等人又提出了零转换 PWM 电路（zero transition PWM converters，简称 ZT－PWM）的概念，这是软开关技术的又一次飞跃。

零转换 PWM 变换电路是在零开关 PWM 变换电路基础上发展起来的，仍然采用辅助开关控制谐振的开始时刻，所不同的是，谐振电感 L_r 及其辅助开关电路是与主开关并联的，如图 7-5 所示。主开关通态时，L_r 中不流过负载电流，仅在“开通“与“关断“时启动辅助开关电路，形成主开关器件的零电压或零电流条件，改变主开关通、断状态，实现开通或关断电路。这时辅助电路的工作不会增加主开关器件的电压和电流应力，功耗也较小。

零转换 PWM 电路可以分为零电压转换 PWM 电路（zero-voltage transition PWM

converter，简称 ZVT－PWM）和零电流转换 PWM 电路（zero-current transition PWM converter，简称 ZCT－PWM）两种。

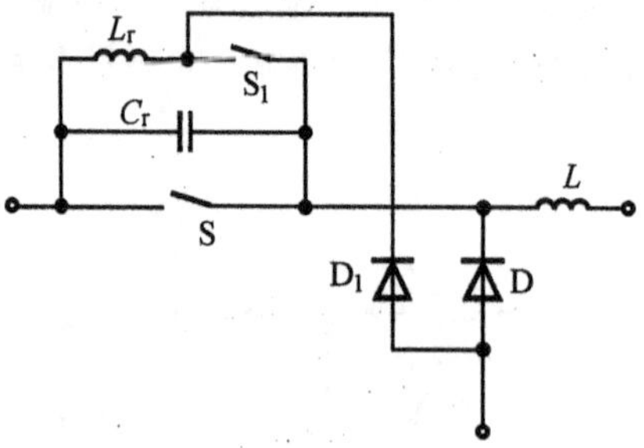

(a) 零电压转换PWM电路的基本开关单元

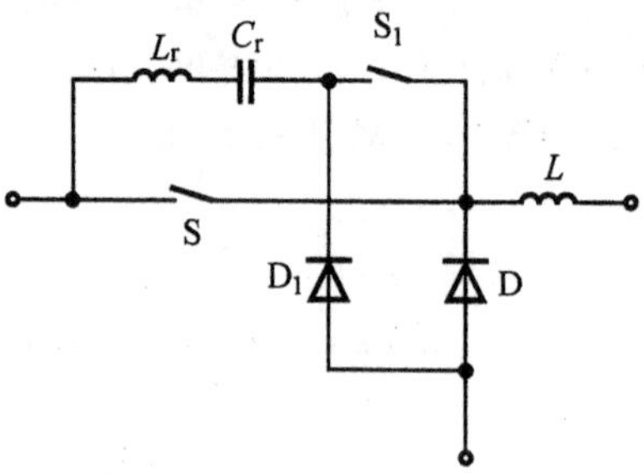

(b) 零电流转换PWM电路的基本开关单元

图 7-5 零转换 PWM 电路的基本开关单元

零转换 PWM 电路不仅保留了零开关 PWM 电路的优点，还有如下特点：在实现软开关的同时又不增加开关器件的电压、电流应力；输入电压和负载电流对电路的谐振过程的影响很小；电路在很宽的输入电压范围内（从零负载到满载）都能工作在软开关状态；开关损耗最小。与以往的各种软开关技术相比，零转换 PWM 技术更适合高电压、大功率的变换电路。

5. 谐振型直流环节逆变电路

谐振型直流环节逆变电路（resonant DC link inverter）从 20 世纪 80 年代末提出至今，其电路结构和控制策略都还在不断发展、改进之中，有可能成为一种性能更优良的 DC/AC 逆变器高频软开关电路。

谐振直流环节电路应用于交流—直流—交流变换电路的中间直流环节（DC-Link），通过在直流环节中引入谐振，使电路中的整流或逆变环节工作在软开关的条件下。图 7-6 所示的为用于电压型逆变器的谐振直流环节的电路，它用一个辅助开关 S 就可以使逆变桥中所有的开关工作在零电压开通的条件下。应注意的是，此电路仅用于原理分析，实际电路中不需要开关 S，S 的开关动作可以用逆变电路中开关器件的开通和关断来代替。

本章主要讨论典型的全谐振型变换电路、准谐振电路、移相全桥型零开关 PWM 电路及零转换 PWM 电路的结构、工作原理。谐振型直流环节逆变电路的分析请参考有关教材。

7.2 谐振变换电路基础

7.2.1 RLC 串联谐振电路

谐振现象是正弦稳态电路的一种特定的工作状况。对于图 7-7 所示的 RLC 串联电路，在正弦激励下，当端口的电压相量与电流相量同相时，这一工作状况称为谐振，发生谐

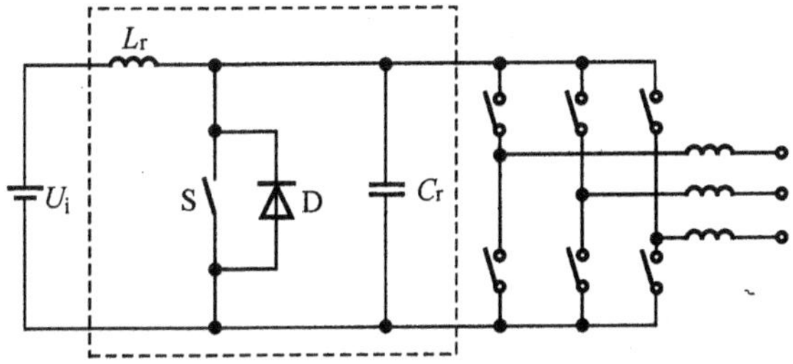

图 7-6 谐振型直流环节逆变电路原理图

振时的电源频率称为电路的谐振频率。因此，RLC 串联电路发生谐振的条件是其电抗 $X(\omega_0)=0$，即

$$\mathrm{Im}[Z(\mathrm{j}\omega)]=0 \quad 或 \quad \arg[Z(\mathrm{j}\omega)]=0 \tag{7-1}$$

式中，$Z(\mathrm{j}\omega)$为该串联电路阻抗，即有

$$\omega_0 L-\frac{1}{\omega_0 C}=0 \tag{7-2}$$

式中，ω_0 为 RLC 串联谐振电路的谐振角频率，可求得

$$\omega_0=\frac{1}{\sqrt{LC}} \tag{7-3}$$

串联谐振电路的特性阻抗为

$$\rho=\omega_0 L=\frac{1}{\omega_0 C}=\sqrt{\frac{L}{C}} \tag{7-4}$$

由式(7-4)可知，特性阻抗是一个由电路的 L、C 参数决定的量。

串联谐振电路的品质因数或谐振系数为

$$Q=\frac{\rho}{R}=\frac{\omega_0 L}{R}=\frac{1}{\omega_0 C}\cdot\frac{1}{R}=\frac{1}{R}\sqrt{\frac{L}{C}} \tag{7-5}$$

它是一个无量纲的量，工程中简称为 Q 值。在无线电技术中，通常可根据 Q 值来讨论谐振电路的性能。

串联谐振电路的导纳为

$$Y(\mathrm{j}\omega)=\frac{1}{R}\cdot\frac{\mathrm{j}2\alpha\omega}{\omega_0^2-\omega^2+\mathrm{j}2\alpha\omega} \tag{7-6}$$

或

$$Y(S)=\frac{1}{R}\cdot\frac{2\alpha S}{S^2+2\alpha S+\omega_0^2}=\frac{1}{R}\cdot\frac{\dfrac{S}{Q\omega_0}}{\dfrac{S^2}{\omega_0^2}+\dfrac{S}{Q\omega_0}+1} \tag{7-7}$$

式中，系数 α 为

$$\alpha=\frac{R}{2L}=\frac{\omega_0 R}{2L\omega_0}=\frac{\omega_0}{2}\cdot\frac{1}{\omega_0 L/R}=\frac{\omega_0}{2Q} \tag{7-8}$$

当 $\omega=\omega_0$ 时，感抗 $\omega_0 L$ 等于容抗 $1/(\omega_0 C)$，此时 RLC 串联电路阻抗最小为 $Z_0=R$，导

纳最大为 $Y_0=1/R$；电阻 R 上的电压 U_R 等于电源电压 U_1，RLC 串联电路电流最大，电流为正弦波且与电源电压同相；电阻 R 上的功率（即输出功率）最大。

根据式(7-5)可得，串联谐振电路的品质因数为

$$Q=\frac{\omega_0 L}{R}=\frac{I_0\omega_0 L}{I_0 R}=\frac{U_L}{U_R}=\frac{U_L}{U_1} \tag{7-9}$$

或

$$Q=\frac{1}{\omega_0 C}\cdot\frac{1}{R}=\frac{I_0}{\omega_0 C}\cdot\frac{1}{I_0 R}=\frac{U_C}{U_R}=\frac{U_C}{U_1} \tag{7-10}$$

故

$$U_L=U_C=QU_1=QU_R \tag{7-11}$$

即串联谐振时电感、电容的电压为电源电压的 Q 倍，负载电阻电压 U_R 等于电源电压 U_1。

当 $\omega\neq\omega_0$ 时，感抗 $\omega_0 L$ 与容抗 $1/(\omega_0 C)$ 不相等，此时 RLC 串联电路阻抗大于 R，导纳小于 $1/R$；电流小于 $\omega=\omega_0$ 时的谐振电流 i_0，电阻 R 上的功率也减小。当 $\omega>\omega_0$ 时，感抗大于容抗，RLC 串联电路呈感性；当 $\omega<\omega_0$ 时，RLC 串联电路呈容性。

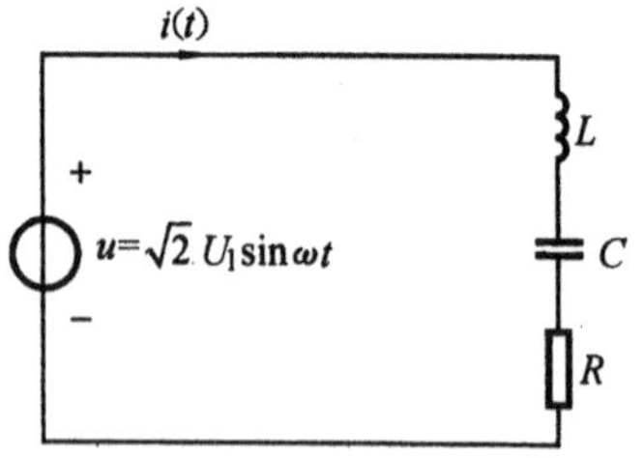

(a) RLC串联谐振电路

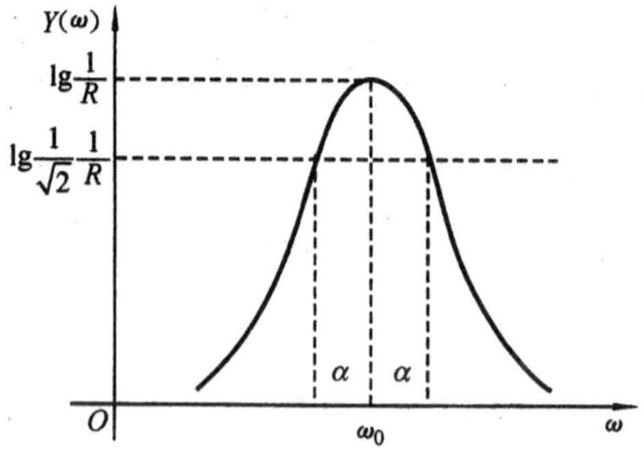

(b) 频率响应特性

图 7-7 RLC 串联谐振电路及其频率响应特性

图 7-7(b)为按式(7-6)画出的导纳 Y 与频率 ω 的函数关系，称为频率响应特性。

当 $\omega=\omega_0\pm\alpha$ 时，根据式(7-6)，导纳 $Y=Y_0/\sqrt{2}$，电流 $i=i_0/\sqrt{2}$，输出功率比 $\omega=\omega_0$ 时的输出功率减小一半或衰减 3 dB，所以 α 被称为半功率(或 3 dB 衰减)带宽系数。图 7-7(b)中的 2α 区域称为半功率点或 3 dB 点的频区。

当品质因数 Q 较大时，带宽 2α 小，频率响应特性衰减很快，ω 偏离 ω_0，电阻 R 上的功率急剧减小。如果交流电源是逆变电路输出电压，可以通过改变逆变电路工作频率来改变电阻负载上的电压和功率，即调频调压或调频调功。

7.2.2 RLC 并联谐振电路

图 7-8 所示的为最简单的 RLC 并联谐振电路，其导纳 $Y(S)$ 和阻抗 $Z(S)$ 可表示为

$$Y(S)=\frac{1}{R}+SC+1/(SL)=\frac{SL+S^2LCR+R}{SLR} \tag{7-12}$$

$$Z(S)=1/Y(S)=R\cdot\frac{S/(Q\omega_0)}{S^2/\omega_0^2+S/(Q\omega_0)+1} \tag{7-13}$$

或

$$Z(\mathrm{j}\omega)=R\cdot\frac{\mathrm{j}\omega/(Q\omega_0)}{1+\mathrm{j}\omega/(Q\omega_0)-(\omega/\omega_0)^2} \tag{7-14}$$

式中，谐振角频率 $\omega_0=1/\sqrt{LC}$。

并联谐振电路的品质因数为

$$Q=\frac{R}{1/(\omega_0 C)}=R(\omega_0 C)=\frac{R}{\omega_0 L} \tag{7-15}$$

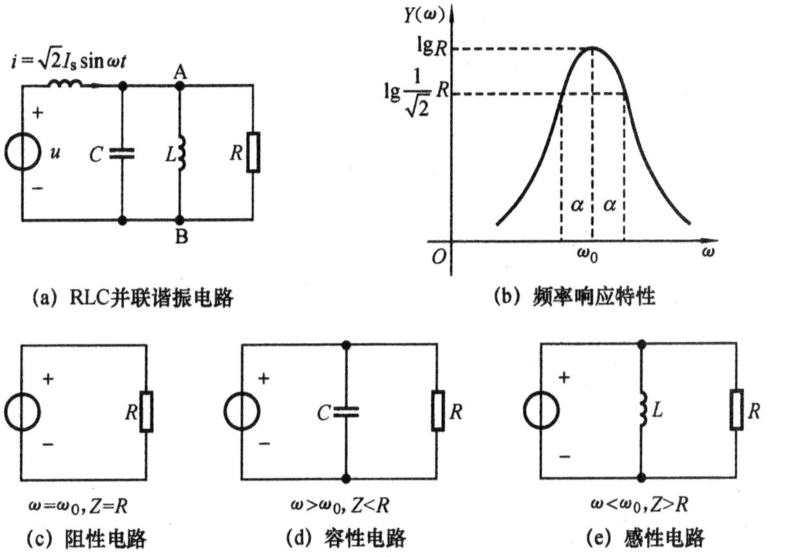

图 7-8 RLC **并联谐振电路及其频率响应**

当 $\omega=\omega_0$ 时，并联谐振电路的感抗和容抗相等，它们均为电阻 R 的 $1/Q$ 倍，因而电抗电流、电容电流均为负载电阻 R 电流（也就是电源输入电流）的 Q 倍。

比较式(7-7)和式(7-13)可知，并联谐振时的阻抗频率特性和串联谐振时的导纳频率特性曲线的形状相同，如图 7-8(b)所示。与串联谐振相似，当 $\omega=\omega_0$ 时，由式(7-14)得到 $Z=R$；当 $\omega=\omega_0\pm\alpha$ 时，令 $\alpha=\omega_0/(2Q)$，有阻抗 $Z=R/\sqrt{2}$，从而可知在输入电流一定时电压下降$\sqrt{2}$倍，功率下降 50%。品质因数 Q 越大，α 越小，则图 7-8(b)所示的曲线越陡，ω 偏离 ω_0 时阻抗 Z 急剧减少。

当 $\omega\neq\omega_0$ 时，感抗 $\omega_0 L$ 与容抗 $1/(\omega_0 C)$ 不相等。当 $\omega>\omega_0$ 时，容抗小于感抗，电容电流大于电抗电流，L、C 并联等效于一个电容 C_e，RLC 并联电路呈容性；当 $\omega<\omega_0$ 时，感抗小于容抗，电感电流大于电容电流，L、C 并联等效于一个电感 L_e，RLC 并联电路呈感性。在上述两种情况下，RLC 并联电路阻抗 $Z<R$，导纳 $Y>1/R$，一定的电源电流 i 在负载电阻 R 上产生的电压、功率都要小于 $\omega=\omega_0$、$Z=R$ 时的电压和功率。改变电流源输入电流的频率，使之偏离谐振频率，可以调控 RLC 并联谐振电路的输出电压和输出功率。ω 偏离 ω_0 越远，则输出电压、功率越小。

7.2.3 电压型串联谐振逆变电路

在第 5 章中介绍逆变电路时，曾简要分析了电流型并联谐振逆变电路的工作原理，本节利用谐振电路理论分析电压型串联谐振逆变电路的工作原理，如图 7-9 所示。令晶闸管 T_1、T_4 和 T_2、T_3 轮流工作半个逆变周期，则 A、B 两端可以得到宽度为 180°、幅值为 U_D 的交流方波电压。通过三次谐波阻抗和三次谐波电流的计算，可以得知三次谐波电流小于基波电流的 5%。因此可以忽略谐波电流，近似认为负载电流为正弦基波电流。该电路的工作特性取决于逆变电路输出电压的角频率 $\omega(\omega=2\pi f)$ 与 LC 谐振角频率 ω_0（$\omega_0=1/(LC)$的关系。

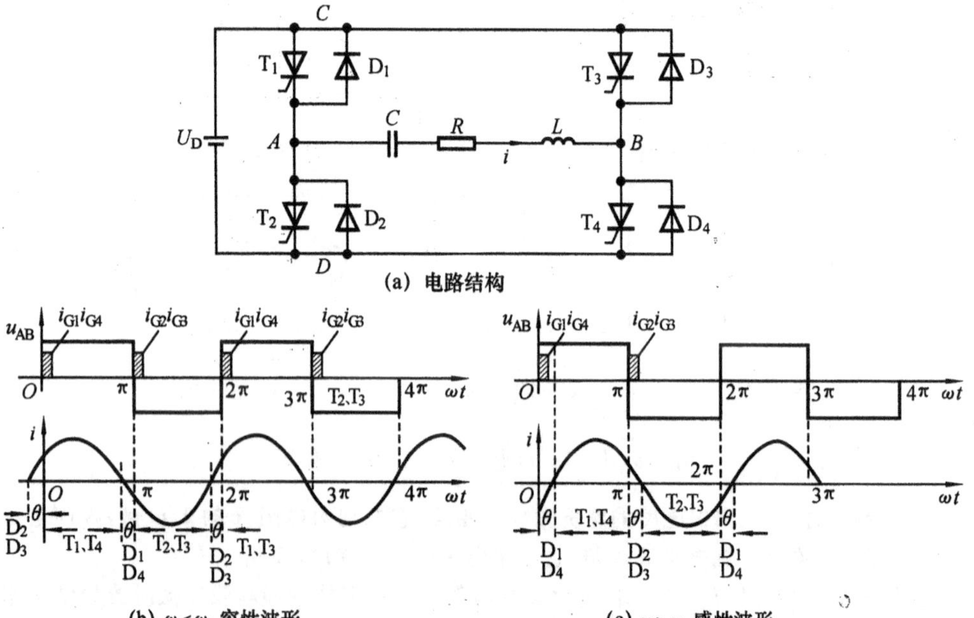

(a) 电路结构

(b) $\omega<\omega_0$ 容性波形　　(c) $\omega>\omega_0$ 感性波形

图 7-9 电压型串联谐振晶闸管全桥逆变电路

图 7-9(a)中，在 $\omega t=0°$ 和 $\omega t=2\pi$ 时对 T_1、T_4 施加触发脉冲，在 $\omega t=\pi$ 和 $\omega t=3\pi$ 时对 T_2、T_3 施加触发脉冲，下面分析 $\omega<\omega_0$ 和 $\omega>\omega_0$ 两种工作情况。

(1)当 $\omega<\omega_0$ 时，RLC 串联电路中感抗小于容抗，电路呈容性，电流 $i(t)$ 超前电压 $u_{AB}(t)$ 一个相角 θ，波形如图 7-9(b)所示：在 $0\leqslant\omega t\leqslant\pi$ 期间，$u_{AB}>0$，点 A 电位比点 B 电位高；在 $\pi\leqslant\omega t\leqslant 2\pi$ 期间，$u_{AB}<0$，点 A 电位比点 B 电位低。在 $0\leqslant\omega t\leqslant(\pi-\theta)$ 期间，$i>0$，电流从点 A 流到点 B，T_1、T_4 导通，T_2、T_3 关断。当 $\omega t=(\pi-\theta)$ 时，$i=0$，T_1、T_4 自然关断，但

T_2、T_3 尚未被触发导通，当 i 由正变负时，D_1、D_4 续流导通，使 T_1、T_4 端电压为零，这时仍有 $u_{AB}>0$，点 A 电位比点 B 电位高，直到 $\omega t=\pi$，T_2、T_3 被触发导通，负电流从 D_4、D_1 转到 T_3、T_2（T_3、T_2 建立电流过程中，电压不为零而有开通损耗），u_{AB}反向为负，T_2、T_3 的导通一直延续到 $\omega t=2\pi-\theta$，i 从负变到正，T_2、T_3 自然关断。由于此时 T_1、T_4 的触发脉冲尚未来到，故 i 经 D_2、D_3 续流，直到 $\omega t=2\pi$，T_1、T_4 被触发导通，正电流从 D_2、D_3 转到 T_1、T_4。因此，在 u_{AB}正半周的 θ 期间 D_1、D_4 导通，而在$(\pi-\theta)$期间 T_1、T_4 导通；在 u_{AB}负半周的 θ 期间 D_2、D_3 导通，而在$(\pi-\theta)$期间 T_2、T_3 导通，即在 u_{AB}正半周有 $T_1(D_1)$、$T_4(D_4)$导通，而在 u_{AB}负半周有 $T_2(D_2)$、$T_3(D_3)$导通。晶闸管的关断是在其电流谐振过零的自然条件下实现的，此时晶闸管的电压也为零（晶闸管的反并联二极管导通，端电压为零）。因此，晶闸管的关断过程无损耗，这种关断称为软关断。

在 $\omega t=\pi-\theta$，T_1、T_4 零电流关断后，为了恢复 T_1、T_4 阻断正向电压的能力，安全可靠地关断，必须在其电流为零后的一段时间内，晶闸管继续承受反向电压而不加正向电压。安全关断所需反向电压时间 t_{off}所对应的角度 θ_0 称为安全换流超前角，$\theta_0=\omega t_{off}$，t_{off}称为安全换流时间。由图 7-9(b)可以看到，从 $\omega t=\pi-\theta$，$i=0$ 开始直到 $\omega t=\pi$ 的 θ 期间，由于 D_1、D_4 导通，因而 T_1、T_4 两端有 1～2 V 的反向电压，使 T_1、T_4 能恢复其阻断正向电压的能力。$\omega t=\pi$ 时，T_2、T_3 被触发导通后二极管 D_1、D_4 导通结束，T_2、T_3 导通使 $u_{BA}=U_D>0$，T_1、T_4 又被施加正向电压 U_D，为了使 T_1、T_4 能安全可靠关断，应使实际电路中电流超前角 θ 大于安全换流超前角 θ_0，或者说应使 θ 所对应的时间 $t=\theta/\omega>t_{off}$。因此，安全可靠换流的条件是

$$\theta=\omega t>\theta_0=\omega t_{off} \tag{7-16}$$

$$t=\theta/\omega>t_{off}=\theta_0/\omega$$

(2)当 $\omega>\omega_0$ 时，RLC 串联电路感抗大于容抗，电路呈感性，电流 $i(t)$滞后电压 $u_{AB}(t)$一个相角 θ'，波形如图 7-9(c)所示：在 $\theta'\leqslant\omega t\leqslant\pi$ 期间，$u_{AB}>0$，点 A 电位比点 B 电位高，$i(t)>0$，T_1、T_4 导通，T_2、T_3 关断。当 $\omega t>\pi$ 时，触发 T_2、T_3，此时仍有 $i>0$，T_1、T_4 仍在导通而不会自行关断，因而会引起短路事故。所以在 $\omega>\omega_0$ 情况下，为了能使图 7-9(a)所示的电路正常工作，必须对四个晶闸管附加强迫换流电路，在 $\omega t=\pi$ 时强迫关断 T_1、T_4，在 $\omega t=2\pi$ 时强迫关断 T_2、T_3。这时晶闸管的关断不再是电流谐振过零自然关断，而是在一定的电流下强迫关断，因而会有较大的关断损耗，即使四个开关器件不采用晶闸管而采用自关断器件能使电路换流工作正常，其关断损耗也比谐振电流过零软关断时大得多。

由此可见，图 7-9(a)所示的电路采用晶闸管作开关器件时，只适于在 $\omega<\omega_0$ 的容性电路条件下工作，以获得谐振电流过零时晶闸管的零电流软关断条件。这种电压型串联谐振逆变电路的特点是：电压源供电，R、L、C 串联谐振；电路输出电压是矩形波，L、C 的电压高于电源电压好几倍，负载变化时 L、C 的电压也很大，du/dt 大；电流接近正弦波，晶闸管自然关断，工作频率可以高一些，安全换流条件易实现，开关器件的触发频率（即运行频率）ω 低时，容性更强、换流更安全，因此低频起动简单。所以这种电路适用于起动频繁但负载较稳定、工作频率较高的应用场合。

7.3 准谐振 DC/DC 变换电路

由于全谐振型变换电路中存在开关器件上的电压和电流峰值很高、对开关器件的定额要求高，而硬开关管 PWM 电路存在开关损耗大等严重不足，因此，人们将这两种变换技术相结合，创造出准谐振变换（或称为双零开关逆变技术）电路。它既能实现软开关、零开关损耗，又使得开关器件上的电压、电流峰值不会很高。本节介绍零电压开关准谐振电路和零电流开关准谐振电路。

7.3.1 零电压开关准谐振电路

下面以降压（Buck）型零电压开关（ZVS）准谐振电路为例说明其基本的工作原理，电路原理图如图 7-10 所示。由输入电源 U_i、主开关 S、续流二极管 D、输出滤波电感 L、滤波电容 C 组成降压型电路 D_S；D_S 为开关 S 的反并联二极管；谐振电感 L_r、谐振电容 C_r 和开关 S 组成准谐振开关单元。为简化分析过程，认为电感 L 和电容 C 都很大，可以等效为电流源和电压源，并忽略电路中的损耗。ZVS 准谐振电路的理想化波形如图 7-11 所示。

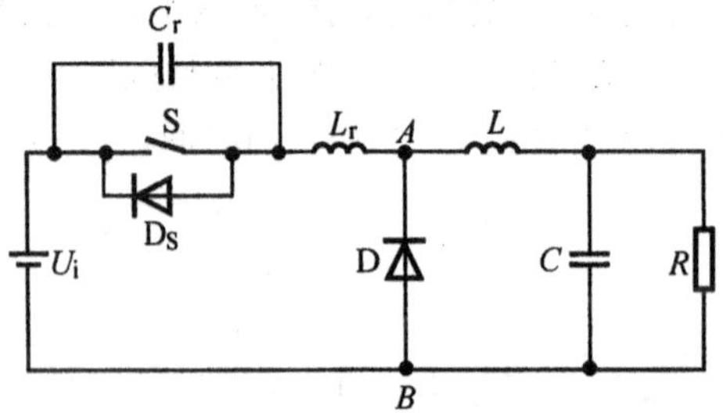

图 7-10 ZVS 准谐振电路原理图

选择开关 S 的关断时刻为起点，下面逐段分析 ZVS 准谐振电路在一个开关周期内的工作过程。

(1)$t_0 \sim t_1$ 时段：谐振电容 C_r 线性充电，开关 S 零电压关断。

t_0 时刻之前，开关 S 为通态，二极管 D 为断态，$u_{Cr}=0$，$i_{Lr}=I_L$。t_0 时刻 S 关断，与其并联的电容 C_r 使 S 关断后电压上升减缓，因此 S 的关断损耗减小。S 关断后，D 尚未导通，图 7-12 所示的为其等效电路图。电感 L_r+L 向 C_r 充电，u_{Cr} 线性上升，同时 D 两端电压 u_{AB} 逐渐下降，直到 t_1 时刻，$u_{AB}=0$，D 导通。这一时段 u_{Cr} 的上升率为

$$\frac{du_r}{dt}=\frac{I_L}{C_r} \tag{7-17}$$

(2)$t_1 \sim t_4$ 时段：L_r 和 C_r 谐振。

t_1 时刻二极管 D 导通，电感 L 通过 D 续流，L_r、C_r、U_i 形成谐振回路，如图 7-13 所示。谐振过程中，L_r 向 C_r 充电，u_{Cr} 按正弦规律上升，i_{Lr} 按正弦规律下降，直到 t_2 时刻，i_{Lr} 下降到

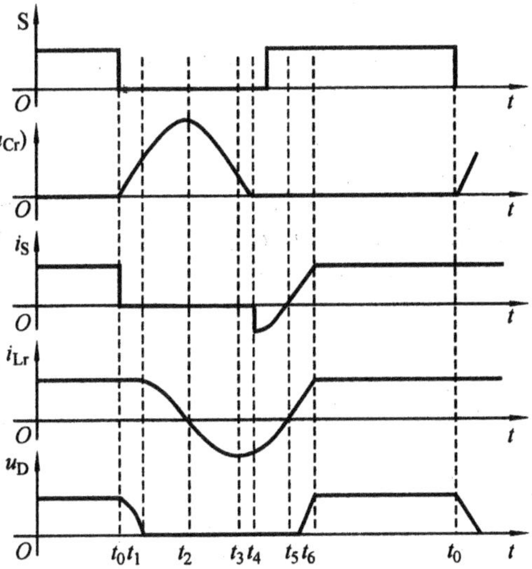

图 7-11 ZVS 准谐振电路的理想化波形

零，u_{Cr}达到谐振峰值。t_2 时刻后，L_r 和 C_r 继续谐振，此时 C_r 向 L_r 放电，i_{Lr}改变方向上升，u_{Cr}下降，直到 t_3 时刻，$u_{Cr}=U_i$，这时，L_r 两端电压为零，i_{Lr}达到反向谐振峰值。t_3 时刻以后，L_r 对 C_r 反向充电，u_{Cr}继续下降，直到 t_4 时刻 $u_{Cr}=0$。

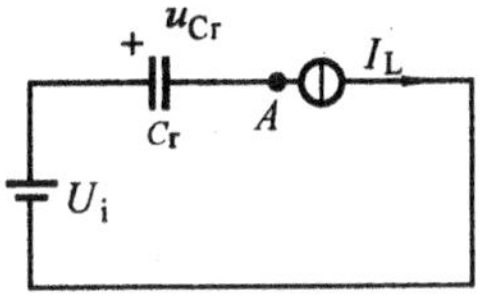

图 7-12 准谐振电路在 $t_0\sim t_1$ 时段的等效电路

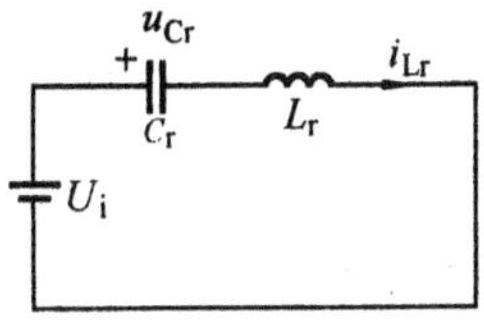

图 7-13 准谐振电路在 $t_1\sim t_2$ 时段的等效电路

$t_1\sim t_4$ 时段电路谐振过程的方程为

$$L_r\frac{\mathrm{d}i_{Lr}}{\mathrm{d}t}+u_{Cr}=U_i$$

$$C_r\frac{\mathrm{d}u_{Cr}}{\mathrm{d}t}=i_{Lr}$$

故

$$u_{Cr}\big|_{t=t_1}=U_i,\quad i_{Lr}\big|_{t=t_1}=I_L,\quad t\in[t_1,t_4] \tag{7-18}$$

谐振过程是软开关电路工作过程中最重要的部分，通过分析谐振过程可以得到很多对软开关电路的分析、设计和应用具有指导意义的重要结论。下面对 ZVS 准谐振电路 $t_1\sim t_4$ 时段的谐振过程进行定量分析。

求解式(7-18)可得 u_{Cr}(即开关 S 的电压 u_S)的表达式为

$$u_{Cr}(t)=\sqrt{\frac{L_r}{C_r}}I_L\sin\omega_r(t-t_1)+U_i\quad(t\in[t_1,t_4]) \tag{7-19}$$

式中，$\omega_r = 1/\sqrt{L_r C_r}$。

求其在$[t_1, t_4]$上的最大值得到u_{Cr}的谐振峰值（即开关S承受的峰值电压）表达式为

$$U_p = \sqrt{\frac{L_r}{C_r}} I_L + U_i \tag{7-20}$$

(3)$t_4 \sim t_6$ 时段：谐振电感 L_r 线性充、放电，开关S零电压开通。

由于开关S的反并联二极管 D_S 导通，u_{Cr}被箝位于零，L_r 两端电压为 U_i，i_{Lr}线性衰减，直到 t_5 时刻，$i_{Lr}=0$。由于这一时段S两端电压为零，所以必须在 $t_4 \sim t_5$ 时段使开关S开通，才不会产生开通损耗。

从式(7-19)可以看出，如果正弦项的幅值小于零，u_{Cr}就不可能谐振到零，开关S也就不可能实现零电压开通，因此，ZVS准谐振电路实现软开关的条件为

$$\sqrt{\frac{L_r}{C_r}} I_L \geqslant U_i \tag{7-21}$$

S开通后，i_{Lr}线性上升，直到 t_6 时刻，$i_{Lr}=I_L$，D关断。

$t_4 \sim t_6$ 时段电流 i_{Lr}的变化率为

$$\frac{di_{Lr}}{dt} = \frac{U_i}{L_r} \tag{7-22}$$

(4)$t_6 \sim t_0$ 时段：开关S继续为通态，D为断态，$i_{Lr}=I_L$，$u_{Cr}=0$。t_0 时刻关断S，开始下一个开关周期。

综合式(7-20)和式(7-21)可知，谐振电压峰值将高于输入电压 U_i 的2倍，开关S的耐压必须相应提高。这样会增加电路的成本，降低电路的可靠性，这是ZVS准谐振电路的一大缺点。

7.3.2 零电流关断准谐振电路

1. 零电流关断准谐振电路的工作原理

降压式全波型零电流关断(ZCS)准谐振电路应用比较广，因此以该电路为例来说明其基本的工作原理，如图7-14所示，该电路在一个开关周期的工作波形如图7-15所示。图中，u_G 为开关管的驱动电压波形，u_T 为开关管的端电压。

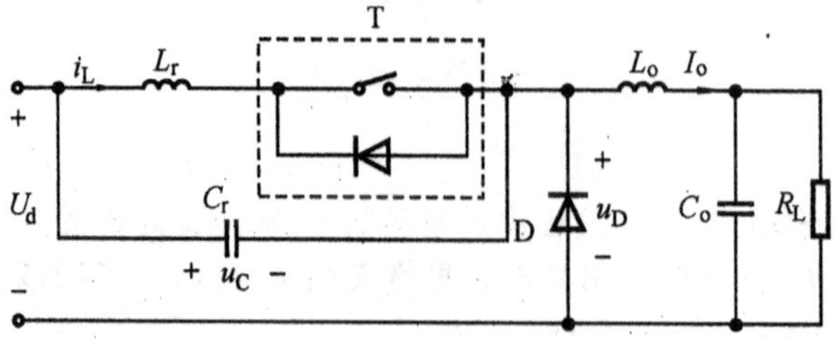

图7-14 降压式全波型ZCS准谐振电路

逐段分析全波型ZCS准谐振电路在一个开关周期内的工作过程如下。

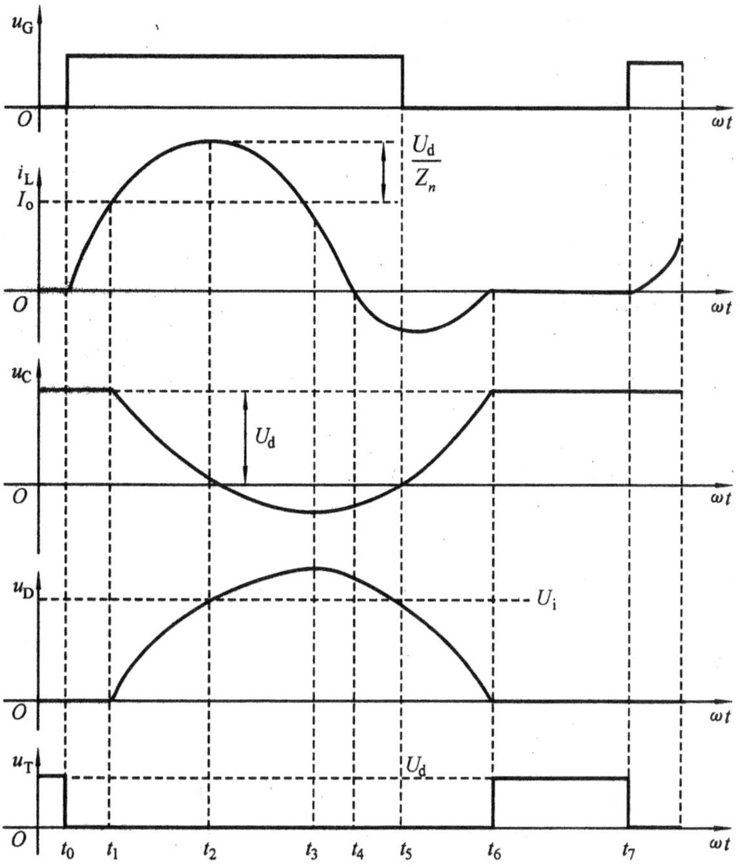

图 7-15 降压式全波 ZCS 准谐振电路工作波形

在 t_0 时刻，开关管加驱动电压，开始导通。

在 $t_0 \sim t_1$ 时段：i_L 线性上升，$di_L/dt = U_d/L_r$；

在 $t_1 \sim t_3$ 时段：C_r 与 L_r 谐振，i_L 为正弦半波，在 t_2 时达到峰值 I_p，有

$$I_p = I_o + U_d/Z_n \tag{7-23}$$

式中，$Z_n = \sqrt{L_r/C_r}$。

在 $t_3 \sim t_4$ 时段：L_r 续流，C_r 放电，共同提供 I_o，在 t_4 时刻 i_L 下降为零；

在 $t_4 \sim t_6$ 时段：C_r 放电提供 I_o 的同时，与 L_r 反向谐振，在 t_5 时刻，i_L 达到反向谐振峰值，i_L 流过二极管，到 t_6 时刻回到零。

若在 t_4 或 t_6 时刻，驱动电压消失而使 S 关断，为零电流开关，但是很难控制关断时刻。如果在 $t_3 \sim t_4$ 时段内，使 S 关断，不是零电流关断，但由于 $i_L = i_S$ 很小，端电压又是零，关断损耗也为零。由此可见，全波型 ZCS 准谐振电路不一定能实现 ZCS，但是可以实现零电流开通，零电压关断，开关损耗也为零。

2. 零电流关断准谐振电路的基本特性

通过以上分析，可以得出 ZCS 准谐振电路有以下基本特性。

(1)谐振频率 f_r 和角频率 ω_r 为

$$f_r=1/(2\pi\sqrt{L_rC_r}),\quad \omega_r=2\pi f_r=1/\sqrt{L_rC_r} \tag{7-24}$$

(2) 开关管可以实现零电流关断，开关损耗为零，效率高，对外电磁干扰(EMI)小，容易高频化。

(3) 开关管的耐压定额不高，与硬开关 PWM 变换一样，由 U_d 决定。

(4)开关管流过的电流峰值比较高。对降压型 ZCS 电路有

$$I_p=I_o+U_d/Z_n \tag{7-25}$$

对升压型 ZCS 电路有

$$I_p=(I_o+U_d/Z_n)U_o/U_d \tag{7-26}$$

(5)实现零电流关断的条件是负载电流满足

$$I_o\leqslant U_d/Z_n \tag{7-27}$$

因此，$I_p\geqslant 2I_o$。

(6)以调频方式(PFM)工作，实现稳定输出。对降压型全波电路，有

$$U_o/U_d=f_s/f_r \tag{7-28}$$

对升压型全波电路，有

$$U_o/U_d=1/(1-f_s/f_r) \tag{7-29}$$

式中，f_s 为实际开关频率。

由式(7-28)和式(7-29)可以看出：当输入、输出电压变化范围比较大时，要把输出电压 U_o 滤得很平，纹波很小，需要很大的电感 L、电容 C；U_o/U_d 只与 f_s/f_r 有关，与负载电阻 R_L 无关，所以全波 ZCS 电路稳压精度高，负载调整率低。

准谐振电路可以用于各种拓扑形式的降压型或升压型变换电路。频率较高时，ZVS 比 ZCS 更适用。因为 ZCS 关断时，开关管结电容上存有能量，在开关管导通时，结电容上的能量要直接通过开关管释放，造成开通损耗，而 ZVS 中开关管结电容上的能量随着谐振过程在开通时已经释放完毕，不会造成开通损耗。所以，ZVS 变换比 ZCS 变换更容易高频化，更具有应用价值。

7.4 移相全桥型零电压开关 PWM 电路

零开关 PWM 电路采用辅助开关管配合 LC 参数的部分谐振，使得开关管实现零电压导通或零电流关断。前者称为零电压导通 PWM DC/DC 变换电路(简称 ZVS-PWM)，后者称为零电流关断 PWM 变换电路(简称 ZCS-PWM)。零开关 PWM 电路具有 PWM 控制和准谐振电路的优点：在开关器件导通和关断时，开关器件工作在零电压或零电流开关方式；在其余时间，开关器件工作在 PWM 状态。

移相全桥型零电压开关 PWM 电路是目前应用最广泛的软开关电路之一。由于其输

出功率大，可应用于各种类型的功率变换电路。在硬开关 PWM 全桥变换电路中，开关管的等效输出电容、变压器的原边漏抗、回路引线电感等，不仅会增加开关损耗、制约开关频率的提高，还会产生电压尖峰，叠加在开关管两端，影响其工作可靠性。将 ZVS-PWM 变换技术用于全桥逆变电路，能够解决硬开关 PWM 电路变换时存在的几个问题，从而减小开关损耗，提高逆变工作频率。

移相全桥型零电压开关 PWM 电路的原理图如图 7-16 所示，它的特点是电路结构简单，同硬开关全桥电路相比，仅增加了一个谐振电感，就使四个开关都在零电压条件下导通，这得益于其独特的控制方法。

移相全桥型零电压开关 PWM 电路的控制方式有如下特点。

(1)在一个开关周期 T_S 内，每个开关处于通态和断态的时间是固定不变的。导通时间稍小于 $T_S/2$，而关断时间略大于 $T_S/2$。

(2)在同一半桥中，上、下两个开关不能同时处于通态，每一个开关关断到另一个开关导通都要经过一定的死区时间。

(3)比较互为对角的两对开关 S_1、S_4 和 S_2、S_3 可知，S_1 的波形比 S_4 超前 $0\sim T_S/2$ 时间，而 S_2 的波形比 S_3 超前 $0\sim T_S/2$ 时间，因此称 S_1 和 S_2 为超前的桥臂，而称 S_3 和 S_4 为滞后的桥臂。

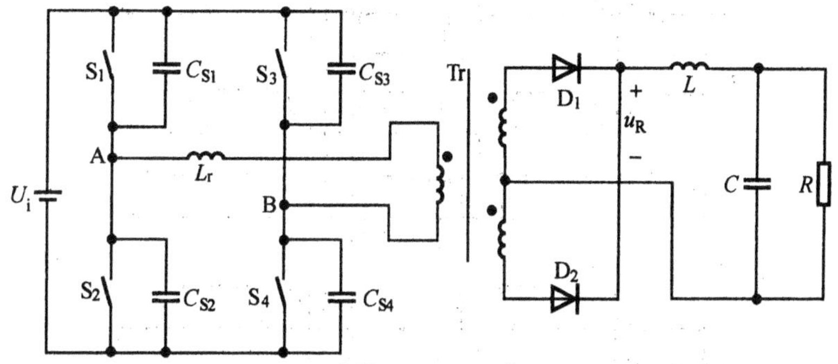

图 7-16 移相全桥型零电压开关 PWM 电路

移相全桥型零电压开关 PWM 电路的理想化波形：如图 7-17 所示。在一个开关周期内，该电路的工作过程可分为十个时段，但 $t_0\sim t_5$ 和 $t_5\sim t_0$ 这两个时段工作过程完全对称，因此只要分析前半个周期 $t_0\sim t_5$ 时段即可了解整个周期的工作过程。在分析中，假设开关都是理想的，并忽略电路中的损耗。

$t_0\sim t_1$ 时段：S_1 与 S_4 导通，直到 t_1 时刻，S_1 关断。

$t_1\sim t_2$ 时段：t_1 时刻开关 S_1 关断后，电容 C_{S1}、C_{S2} 与电感 L_r、L 构成谐振回路，其中副边电感 L 折算到原边回路参与谐振，电路状态的等效电路如图 7-18 所示。谐振开始时，$u_A(t_1)=U_i$。在谐振过程中，$u_A(t)$ 不断下降，直到 $u_A(t)=0$，开关 S_2 的反并联二极管 D_{S2} 导通，电流 i_{Lr} 通过 D_{S2} 续流。

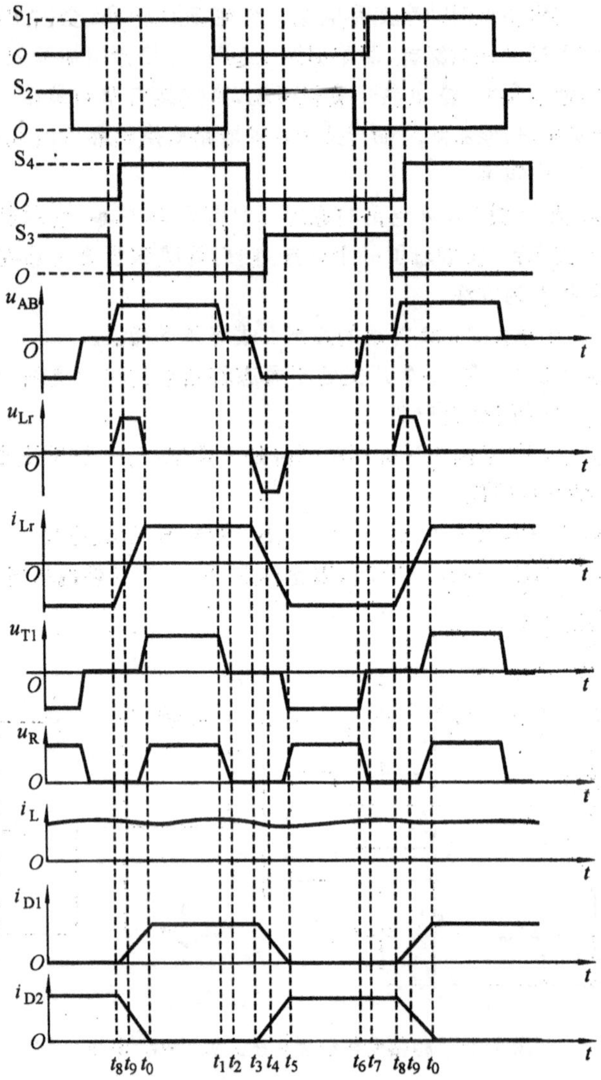

7-17 移相全桥型零电压开关 PWM 电路的理想化波形

t_2～t_3 时段：t_2 时刻开关 S_2 导通，由于此时其反并联二极管 D_{S2} 正处于导通状态，因此 S_2 导通时电压为零，为零电压导通，导通过程中不会产生开关损耗。S_2 导通后，电路状态也不会改变，继续保持到 t_3 时刻，S_4 关断。

t_3～t_4 时段：t_4 时刻开关 S_4 关断后，电路状态的等效电路如图 7-19 所示。这时变压器副边 D_1 和 D_2 同时导通，变压器原边和副边电压均为零，相当于短路，因此变压器原边 C_{S3}、C_{S4} 与 L_r 构成谐振回路。谐振过程中，L_r 的电流不断减小，点 B 电压不断上升，直到 S_3 的反并联二极管 D_{S3} 导通。这种状态维持到 t_4 时刻，S_3 导通时 D_{S3} 导通。因此 S_3 为零电压导通。

$t_4 \sim t_5$ 时段：S_3 开通后，L_r 的电流继续减小。i_{Lr}下降到零后反向，并不断增大，直到 t_5 时刻，$i_{Lr}=I_L/k_T$，变压器副边 D_1 的电流下降到零而关断，电流 I_L 全部转移到 D_2 中。

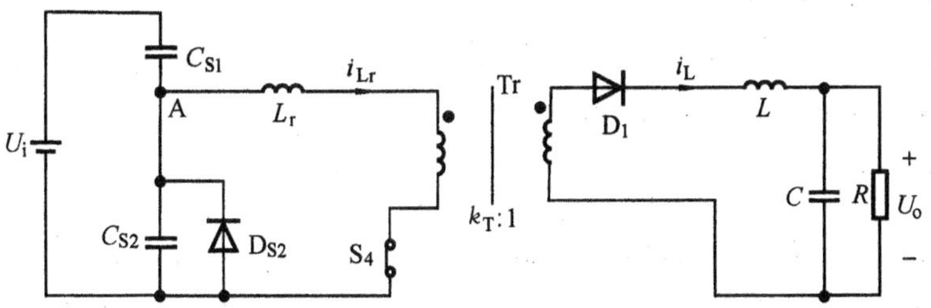

图 7-18　移相全桥型零电压开关 PWM 电路在 $t_1 \sim t_2$ 阶段的等效电路

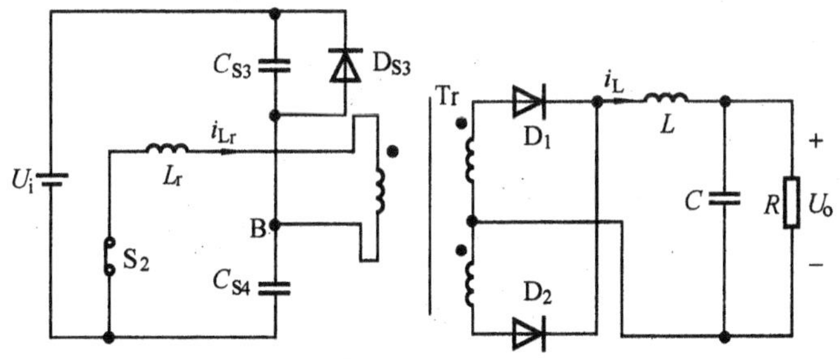

图 7-19　移相全桥型零电压开关 PWM 电路在 $t_3 \sim t_4$ 阶段的等效电路

上述 $t_0 \sim t_5$ 时段正好为开关周期的一半，而在另一半开关周期 $t_5 \sim t_0$ 时段，电路的工作过程与 $t_0 \sim t_5$ 时段完全对称，不再叙述。

7.5 零电流转换 PWM DC/DC 变换电路

零电流转换 PWM(ZCT-PWM)变换技术可以用于隔离式和非隔离式的变换电路。对于隔离式的变换电路，ZCT-PWM 变换技术可用于单端式、半桥式和全桥式逆变电路；对于非隔离式的变换电路，该技术可用于 Buck，Boost，Buck-Boost，Cuk 等各种形式的逆变电路。各种 ZCT-PWM 电路的基本工作原理相似，都是在 PWM 工作方式下，在主开关管关断之前，先开通辅助开关管，利用 LC 谐振技术将流过主开关管的电流慢慢转换到辅助开关管中，当电流下降到零后关断主开关管，然后再关断辅助开关管，使之实现零电流关断。ZCT-PWM 变换电路具有如下特点。

(1)定额 PWM 工作方式，输出滤波比准谐振变换容易。

(2)近似零电流关断(又是零电压关断)，关断损耗很小，开通损耗也比硬开关 PWM

变换小得多,因此效率高,并且 EMI 小,易高频化。

(3)开关管电流、电压定额不高,几乎等于硬开关 PWM 变换。

(4)谐振能量小,利用 L_r 和 C_r 的谐振只是将主开关管的电流转换到辅助开关管中,而不需要在谐振时间内将主回路电流变为零,所以谐振周期短,参数 L_r、C_r 小。

在 ZCT-PWM 变换电路中,Boost 型基本电路可以用于典型的软开关高频有源功率因数校正(power factor corrector,PFC)电路。下面以 Boost 型 ZCT-PWM 变换电路为例介绍 ZCT-PWM 变换电路的基本工作原理和设计方法。

7.5.1 基本工作原理

Boost 型 ZCT-PWM 变换电路如图 7-20 所示。图中,T_r 为主开关管,它与 L 和 D 共同担负变换和传送能量的任务。T_{r1} 为辅助开关管,L_r、C_r 谐振,使 T_r 实现 ZCT。假如电感 L 很大,流过 L 的电流保持不变,即 $i_L=I_S$,则各元件的工作电流波形如图 7-21 所示,其工作过程分为如下三个时段。

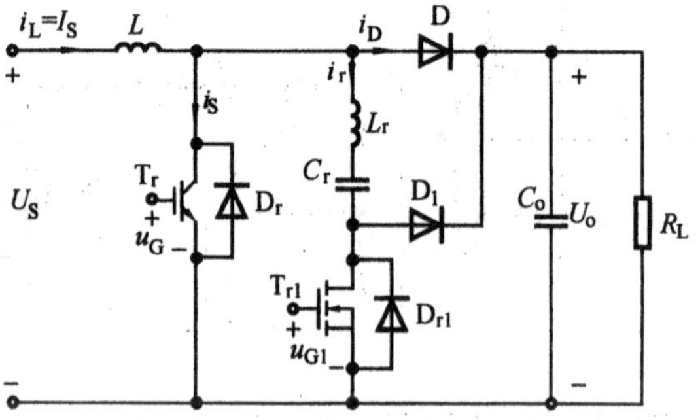

图 7-20 Boost 型 ZCT-PWM 变换电路

(1)谐振过渡时段 $t_0 \sim t_5$:在 t_0 时刻以前,主开关管 T_r 导通,T_{r1} 关断,U_S 加在 L 上,L 储能,C_r 初始电压 $u_{Cr}<0$。在 t_0 时刻,T_{r1} 导通,L_r、C_r 谐振,i_{Lr}上升。在 t_1 时刻,i_{Lr}上升到 I_S,主开关管 i_S 下降为零,i_D仍然为零。由于谐振关系,i_{Lr}继续上升,在 t_2 时刻到达峰值,然后下降,在 t_3 时刻下降到 I_S。在 $t_1 \sim t_3$ 时段流过 T_r 的电流为零,与 T_r 反并联的二极管 D_r 导通。在 $t_1 \sim t_3$ 内关断 T_r,可保证流经 T_r 电流为零(但 i_S 不为零),同时保证是零电压关断。t_3 时刻后,i_{Lr}继续下降,$i_S=0$,i_D开始上升。在 t_4 时刻 i_{Lr}下降到零,i_D上升到 I_S,主电路进入升压(Boost)输出状态。在 $t_3 \sim t_4$ 内关断 T_{r1}。ZCT 变换的同时使二极管 D 实现零电流开通。

(2)Boost 输出 PWM 工作时段 $t_4 \sim t_5$:T_r 关断,D 导通,I_S 为输出提供能量,与普通硬开关 Boost 电路一样,由于 C_r 上电压 $u_{Cr}<U_o$,所以 $u_{Cr}=U_C$ 保持不变。

(3)主开关管开通准谐振过渡时段 $t_5 \sim t_7$:在 t_5 时刻,主开关管 T_r 导通,T_r 上的电流 i_S 变为 I_S,即主开关管 T_r 是硬导通。由于 C_r 上有正向电压,L_r、C_r 通过 T_r、D_{r1}谐振,i_{Lr}为

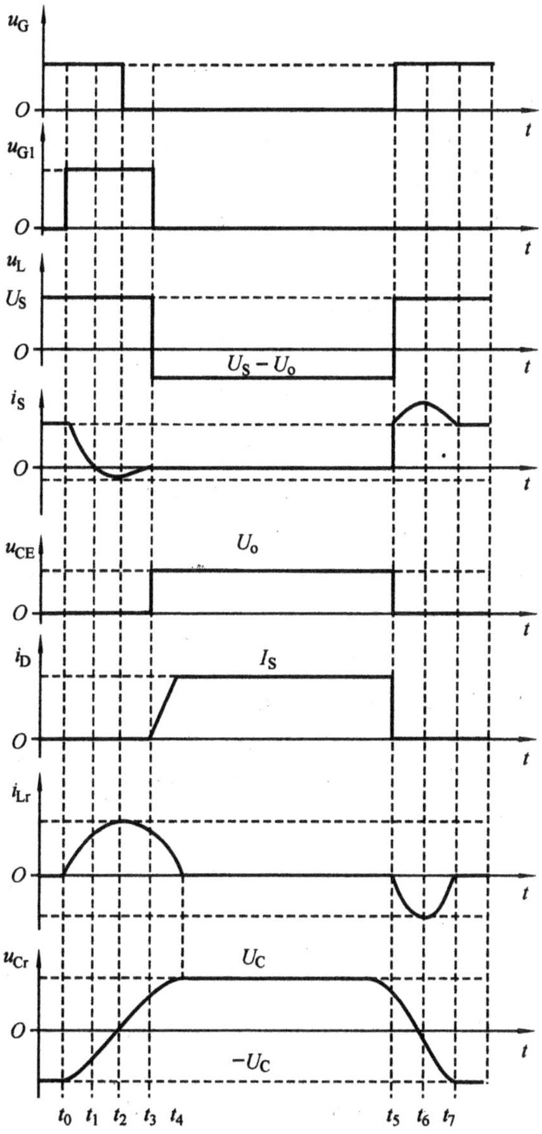

图 7-21 Boost 型 ZCT-PWM 变换电路工作波形

反向电流，因而，$i_S=I_S+(-i_{Lr})$，到 t_6 时刻 i_{Lr} 达到反向峰值，$u_{Cr}=0$；到 t_7 时刻 $i_{Lr}=0$，u_{Cr} 由正变为 $-U_C$，并且因 T_{r1} 阻断而保持不变。在 t_7 时刻后，U_S 加在 L 上，L 储能，与 t_0 时刻以前一样，到下次 T_{r1} 导通为一个周期。

7.5.2 ZCT-PWM 电路的主要参数设计

ZCT-PWM 变换电路的设计包括主电路设计和控制电路设计两部分，其设计步骤如下。

(1) 根据输入、输出电压等级和输出功率，确定主电路拓扑形式，选择开关器件的种类，然后确定开关频率 f_S。

(2) 选择主电路开关器件。二极管和主开关管的电流、电压定额选择与硬开关 PWM 型变换电路类似。虽然在准谐振过渡阶段内，主开关管 T_r 流过的电流是硬开关 PWM 型变换电路的 2 倍左右，但因时间短，故对 T_r 导通损耗的影响不大。辅助开关管电流定额一般取主开关管的 1/3。

(3) 设计主电抗 L。如果主电感是普通的 Boost 电感，假设主开关管导通时间为 T_{on}，关断时间为 T_{off}，在 T_{on} 内 i_L 的变化量允许值为 ΔI_L，则由电感的基本公式可求出电感量 L，即

$$L=\frac{U_S T_{onmax}}{\Delta I_L} \tag{7-30}$$

但对于用于软开关高频有源功率因数校正的 Boost 型 ZCT-PWM 变换电路，L 的设计不能采用上述公式，需按工频电感设计。

(4) 选定谐振周期 T_r，确定谐振参数 L_r、C_r。假设主开关管关断所需的时间为 t_{off}，则可以选取谐振周期 T_r 为其 2～3 倍，即

$$T_r=(2\sim3)t_{off}=2\pi\sqrt{L_r C_r} \tag{7-31}$$

选定 T_r 后，还要确定谐振电流峰值 i_{rM}，一般取

$$i_{rM}=1.1 i_{Lmin} \tag{7-32}$$

式中，i_{Lmin} 为一个开关周期内 i_L 的最小值，该值有时变换。

根据 LC 串联谐振理论和式(7-31)、式(7-32)确定的参数，再选取一个适当的电容电压峰值 U_C，就能由式(7-31)和

$$Z_R=\sqrt{\frac{L_r}{C_r}}=\frac{U_C}{\sqrt{2}\, i_{rM}} \tag{7-33}$$

确定谐振元件参数 L_r、C_r。

(5) PWM 控制电路设计。根据输入、输出之间的关系确定占空比的变化范围，然后进行环路设计。选定 PWM 控制集成芯片及其应用电路。需要指出，控制电路既要产生主开关管 T_r 的驱动脉冲，也要产生辅助开关管 T_{r1} 的驱动脉冲，并且使辅助开关管导通到主开关管关断的时间为(0.5～0.55)T_r。

7.6 零电压转换 PWM DC/DC 变换电路

零电压转换 PWM(ZVT－PWM)变换技术已经广泛应用在单端 Boost 型变换电路，隔离式单端正激、反激变换电路和移相全桥式变换电路。各种零电压转换 PWM 变换电路的基本工作原理也是相似的，都是在 PWM 工作方式下，由 L_r、C_r、T_{r1} 配合工作，使主开关管 T_r 实现零电压开通和关断。具体说，就是在主开关管 T_r 导通之前，先导通辅助开关管

T_{r1}，在 L_r、C_r 的谐振过程中，将主开关管两端的电压转换到 L_r 上，当 T_r 端电压下降到零后导通，使之实现零电压导通，然后再关断辅助开关管。在主开关管关断时，由于谐振电容 C_r 的作用，其端电压慢慢上升，基本也是零电压关断。但是如果 C_r 很小，T_r 端电压上升较快，在关断过程中电压会有上升，会有一定的关断损耗。

和 ZCT-PWM 变换电路一样，ZVT-PWM 变换电路具有开关管电流、电压应力低、定额 PWM 工作滤波容易、谐振能量小等优点。

7.6.1 Boost 型 ZVT-PWM 变换电路的基本工作原理

Boost 型 ZVT-PWM 变换电路如图 7-22 所示。假设主电感 L 很大，流过它的电流基本保持 $I_L = I_S$。该电路的工作波形如图 7-23 所示，图中 u_G、u_{G1} 分别为 T_r、T_{r1} 的驱动电压信号，其基本工作过程分析如下。

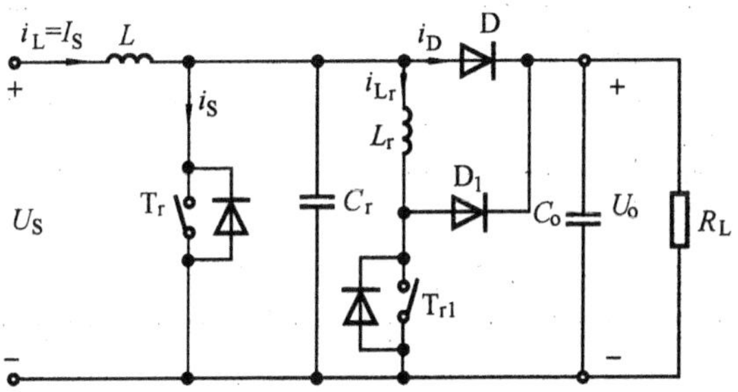

图 7-22　Boost 型 ZCT—PWM 变换电路

(1) 电流转移时段 $t_0 \sim t_1$：在 t_0 时刻以前，T_r 和 T_{r1} 都关断，其端电压 u_{DS} 都等于 U_o，$i_{Lr}=0$，在 t_0 时刻，T_{r1} 导通，U_o 突加在 L_r 两端，其电流 i_{Lr} 线性上升，i_D 线性减小，到 t_1 时刻，i_{Lr} 上升到 I_S，i_D 下降到零。Boost 二极管 D 零关断，这段时间为

$$t_{01} = L_r I_S / U_o \tag{7-34}$$

(2) 谐振时段(电压转换)$t_1 \sim t_2$：i_{Lr} 到达 I_S 后，由于 L_r、C_r 将产生谐振，i_{Lr} 继续上升，u_{DS} 由 U_o 下降，经过大约 1/4 谐振周期后，i_{Lr} 达到峰值，$u_{Cr}=u_{DS}$ 下降到零。该阶段电流 i_{Lr} 为

$$i_{Lr} = I_S + \frac{U_o}{Z_R}\sin\omega(t - t_1) \tag{7-35}$$

式中，$Z_R = \sqrt{L_r/C_r}$，$\omega = 1/\sqrt{L_r C_r}$。

(3) 主开关软开通时段 $t_2 \sim t_3$：i_{Lr} 大于 I_S 的部分流经 T_r 中的反并联二极管，基本不消耗能量，$u_{Cr}=u_{DS}\approx 0$。所以，在这段时间开通 T_r 都是零电压开通。

(4) 电流转移阶段 $t_3 \sim t_4$：L_r 中的电流开始向 T_r 转换，该转换电流为线性电流。为了减小 T_{r1} 的关断损耗，要求在 i_S 上升到 I_S 后，再关断 T_{r1}，这时 L_r 中的较小电流成分经输出负载释放掉。

(5) 储能时段 $t_4 \sim t_5$：由于 L 不可能为无穷大，i_L 也不可能不变，恒流 I_S 是理想情况，实际上 i_L 稍微上升，电抗器 L 储存能量。

(6) 开关管关断时段 $t_5 \sim t_6$：在 t_5 时刻，关断主开关管，由于谐振电容 C_r 线性充电的作用，$u_{DS}=u_C$ 慢慢上升，主开关管为零电压关断。到 t_6 时刻，C_r 充满电，$u_C=U_o$，D 导通。

(7) 续流输出时段 $t_6 \sim t_7$：在这个阶段，L 续流，电抗器 L 储能通过 D 向负载 R_L 输出能量，并对 C_o 充电。在 t_7 时刻进入下一个开关周期。

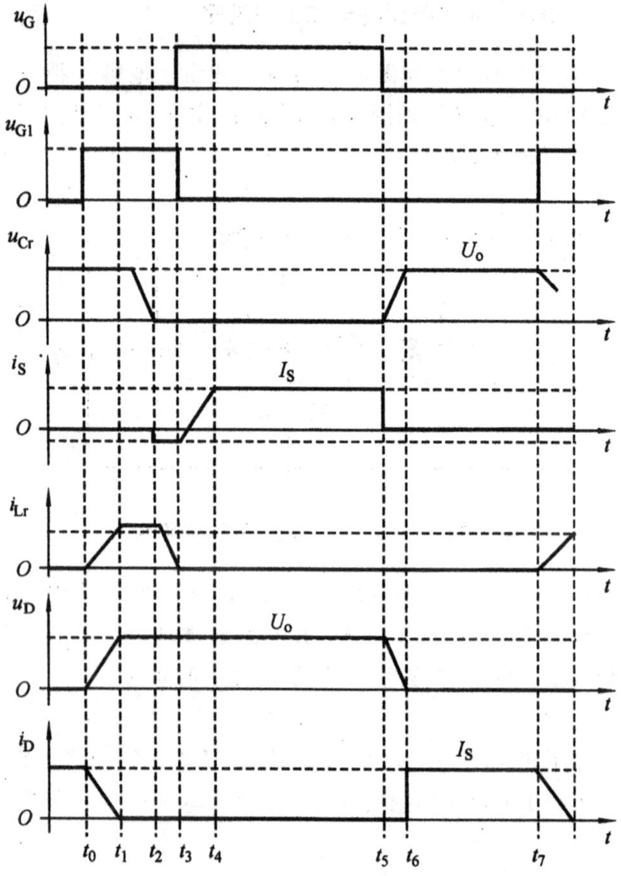

图 7-23 Boost 型 ZVT-PWM 变换电路工作波形

7.6.2 Boost 型 ZVT-PWM 变换电路的主要参数设计

Boost 型 ZVT-PWM 变换电路的设计和 ZCT-PWM 变换电路的设计类似，主要包括主电路、ZVT 电路和控制电路三部分设计。

(1)根据输入、输出电压等级和输出功率，确定主开关器件的类型和开关工作频率 f_S（或开关周期 $T=1/f$）。

(2)由以下两式计算电感量 L 和输出滤波电容 C_o：

$$L=\frac{U_S\delta}{\Delta I_L f_s} \tag{7-36}$$

$$C_o=\frac{2P_o\delta}{(U_o^2-U_S^2)f_s} \tag{7-37}$$

式中，δ 为占空比，$\delta=T_{on}f_s=(U_o-U_S)/U_o$；$\Delta I_L$ 为电感电流变化量，P_o 为电路输出功率。

同样，当用于高频 PFC 电路时，L 的设计需按工频电感设计。

(3) 按输出电压、电流选定主开关管参数定额和型号。辅助开关管的电流峰值比主开关管高，但是由于导通时间短，故其有效值 I_{Lr} 小，有

$$I_{Lr}=I_{LrM}\sqrt{t_{ZVT}/T} \tag{7-38}$$

式中，t_{ZVT} 为零电压转化时间，计算公式为

$$t_{ZVT}=t_{01}+\frac{\pi}{2}\sqrt{L_rC_r} \tag{7-39}$$

(4) 确定谐振参数 L_r、C_r。假设二极管 D 的反向恢复时间为 t_{rr}，再确定谐振电感电流峰值 I_{LrM}，则可由下式估算 L_r 为

$$L_r=(2\sim3)t_{rr}\cdot U_o/I_{Lr} \tag{7-40}$$

谐振电容 C_r 的大小决定主开关管端电压的变化率。根据选定的开关频率和最大占空比，确定零电压转化时间 t_{ZVT}，然后由式(7-34)、式(7-39)求出 C_r。注意，C_r 要选等效串联阻抗小的无极性高频电容器。

(5) PWM 控制电路设计。控制电路的主要功能是根据输入、输出电压变化，产生主开关管 T_r 和辅助开关管 T_{r1} 的驱动脉冲，它们的相位要满足上面的要求。控制电路还包括误差放大器、环路补偿校正环节保护电路和辅助电源等。

本章小结

本章讲述了软开关技术的基本概念、典型谐振变换电路的结构及其工作原理等。与硬开关不同，软开关在零电压或零电流条件下开通、关断器件。

本章介绍了谐振电路的基本理论。谐振电路由负载 R 与 L、C 组成。谐振现象是正弦稳态电路的一种特定的工作状况，发生谐振时，电路的容抗和感抗相等，此时电路输出功率最大。

全谐振电路的特点是谐振元件在整个开关周期一直谐振工作，参与能量变换的全过程。这种变换电路的输出性能与负载关系很大。晶闸管电压型串联谐振式变换电路能在 $\omega<\omega_0$ 下自然换向、正常工作并能实现晶闸管的软关断。

准谐振电路在硬开关单元上增加谐振电感和谐振电容，构成谐振开关单元来替代硬开关单元，实现软开关。准谐振电路工作在谐振模式的时间只占一个开关周期中的一部分，而其余时间都运行在非谐振模式。准谐振电路分为零电流关断准谐振电路、零电压开通准谐振电路、零电压开关准谐振电路等。准谐振电路中主开关器件承受的电压、电流较高，且通常采用脉冲频率控制方式。

零开关 PWM 电路采用辅助开关管配合 L、C 参数的部分谐振使得开关管实现零电压开通或零电流关断，并只在主电路需要进行状态转换时开通辅助开关管启动谐振。零开关 PWM 电路具有 PWM 控制和准谐振电路的优点：在开关器件开通和关断时，开关器件工作在零电压或零电流开关方式；在其余时间，开关器件工作在 PWM 状态。因此零开关 PWM 电路主要采用 PWM 技术控制输出电压、输出功率。本章分析了应用广泛的零开关 PWM 电路——移相全桥型零电压开关 PWM 电路的工作原理。

零转换 PWM 变换中谐振电感 L_r 及其辅助开关与主开关并联，并在主电路需要进行状态转换时才开通辅助开关管启动谐振，形成主开关管开关的零电压或零电流条件，改变主开关的开关条件。与零开关 PWM 电路不同，零转换 PWM 变换中辅助电路的工作不会增加主开关管的电压和电流压力，功耗也较小。零转换 PWM 电路在大功率场合具有良好的应用前景。

与硬开关技术的电力电子装置相比，采用软开关技术的电力电子装置可以做到效率更高、体积更小、重量更轻、电磁兼容性更好。

思考题与习题

7-1 软开关电路可以分为哪几类？各有什么特点？

7-2 怎样才能实现完全无损耗的软开关过程？

7-3 零开关，即零电压开通和零电流关断的含义是什么？

7-4 电压型串联谐振式变换电路为什么只能在 $\omega<\omega_0$ 下自然换向、正常工作并能实现晶闸管的软关断？

7-5 电流型并联谐振式逆变电路为什么只能在 $\omega>\omega_0$ 下正常工作，但不能实现晶闸管的零电流关断？

7-6 准谐振变换电路与全谐振变换电路的区别是什么？

7-7 试简述零电流关断准谐振变换电路 ZCS－QRCs 的工作原理。

7-8 试简述零电压开通准谐振变换电路 ZVS－QRCs 的工作原理。

7-9 零电流转换 ZCT－PWM 变换电路与零电流关断准谐振变换电路 ZCS－QRCs 在电路结构上有什么区别？零电压转换 ZVT－PWM 变换电路与零电压开通准谐振变换电路 ZVS－QRCs 在电路结构上有什么区别？

7-10 在移相全桥型零电压开关 PWM 中，如果没有谐振电感 L_r，电路的工作状况将发生哪些改变，哪些开关仍是软开关，哪些开关将成为硬开关？

参考文献

[1] 陈坚. 电力电子学——电力电子变换和控制技术[M]. 北京:高等教育出版社,2002.

[2] 王兆安,黄俊. 电力电子技术[M]. 4 版. 北京:机械工业出版社,2003.

[3] 林辉,王辉. 电力电子技术[M]. 武汉:武汉理工大学出版社,2002.

[4] 贺益康,潘再平. 电力电子技术[M]. 北京:科学出版社,2004.

[5] J P Agrawal. 电力电子系统——理论与设计[M]. 北京:清华大学出版社,2001.

[6] N Mohan. 电力电子学——变换器、应用和设计[M]. 北京:高等教育出版社,2004.

[7] 林渭勋. 现代电力电子技术[M]. 北京:机械工业出版社,2006.

[8] 蔡宣三,龚绍文. 高频功率电子学——直流—直流变换部分[M]. 北京:科学出版社,1993.

[9] 徐以荣,冷增祥. 电力电子技术基础[M]. 南京:东南大学出版社,1999.

[10] B K Bose. 电力电子学与交流传动[M]. 西安:西安交通大学出版社,1990.

[11] 徐德鸿. 电力电子系统建模及控制[M]. 北京:机械工业出版社,2005.

[12] 张崇巍,张兴. PWM 整流器及其控制[M]. 北京:机械工业出版社,2003.

[13] 吴小华. 电力电子技术典型题解析及自测试题[M]. 西安:西北工业大学出版社,2002.

[14] 杨玉岗. 现代电力电子的磁技术[M]. 北京:科学出版社,2003.

[15] 张皓. 高压大功率交流变频调速技术[M]. 北京:机械工业出版社,2006.

[16] 田敬民,李守智. 大功率集成器件的新发展—— IGCT[J]. 国外电子元器件,2001(3):10-13.

[17] 朱长纯. 集成门极换流晶闸管驱动电路的研究[J]. 西安交通大学学报,2005,39(8):844-847.

[18] 庄荣. 浅谈电力电子技术应用状况及其对电力系统的影响[J]. 中国电机工程学会2004年年会论文集. 海南,2004:543-547.

[19] 李永东. PWM 技术——回顾、现状及展望[J]. 电气传动,1996,26(3):2-12.

[20] 张占松,蔡宣三. 开关电源的原理与设计[M]. 北京:电子工业出版社,1998.

[21] 赵良炳. 现代电力电子技术基础[M]. 北京:清华大学出版社,1995.

[22] 丁道宏. 电力电子技术[M]. 北京:航空工业出版社,1999.

[23] 金海明,郑安平. 电力电子技术[M]. 北京:北京邮电出版社,2006.

[24] 徐立娟,张莹. 电力电子技术[M]. 北京:高等教育出版社,2006.

[25] 曲永印. 电力电子变流技术[M]. 北京:冶金工业出版社,2002.

[26] 李爱文,张承慧. 现代逆变技术及其应用[M]. 北京:科学出版社,2000.

[27] 李序葆，赵永健. 电力电子器件及其应用[M]. 北京：机械工业出版社，1998.

[28] 李宏. 电力电子设备用器件与集成电路应用指南[M]. 北京：机械工业出版社，2001.